U0351931

中国气象局软科学研究项目
——"加强基层气象社会管理和公共服务的对策研究"（[2012]第007号）课题资助

基层气象社会管理与公共服务
对策研究

主　编　王银民　李良福
副主编　覃彬全　杨利敏

李良福　王银民　杨利敏　覃彬全
青吉铭　冯　萍　刘　飞　盖长松　著

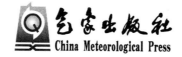

气象出版社
China Meteorological Press

内容简介

本书包括六章和一个附录，分别对基层气象社会管理与公共气象服务基本概念、基层气象社会管理与公共气象服务现状、加强基层气象社会管理与公共气象服务的对策措施、加强基层气象社会管理与公共气象服务的GLDLSP网格立体管理模型及其应用案例、重庆市加强基层气象社会管理与公共气象服务的实践等方面进行了详细论述。可供气象行业从事气象社会管理与公共气象服务等方面管理人员、理论研究人员、一线工程技术人员参考，同时也可供防灾救灾部门、安全生产监督管理部门和其他经济行业从事社会管理与公共服务工作的管理人员和科研人员参考。

图书在版编目(CIP)数据

基层气象社会管理与公共服务对策研究/王银民，李良福主编.
—北京：气象出版社，2013.4
ISBN 978-7-5029-5697-4

Ⅰ.①基…　Ⅱ.①王…　Ⅲ.①气象学-管理学-研究
②气象服务-研究　Ⅳ.①P4

中国版本图书馆 CIP 数据核字(2013)第 072408 号

出版发行：气象出版社
地　　址：北京市海淀区中关村南大街 46 号　　　邮政编码：100081
总 编 室：010-68407112　　　　　　　　　　　发 行 部：010-68409198
网　　址：http://www.cmp.cma.gov.cn　　　　　E-mail：qxcbs@cma.gov.cn
责任编辑：张锐锐　吴晓鹏　　　　　　　　　　终　　审：黄润恒
封面设计：易普锐创意
责任校对：石　仁　　　　　　　　　　　　　　责任技编：吴庭芳
印　　刷：北京京科印刷有限公司
开　　本：700 mm×1000 mm　1/16　　　　　　印　　张：16
字　　数：320 千字
版　　次：2013 年 4 月第 1 版　　　　　　　　印　　次：2013 年 4 月第 1 次印刷
定　　价：60.00 元

以人为本 创新驱动
切实推进气象社会管理和公共服务工作
（代序）

　　加快经济发展方式转变，是贯彻落实科学发展观，推动科学发展的迫切要求。中国共产党第十八次全国代表大会报告再次强调，要加快转变经济发展方式，深化行政体制改革。中国气象局党组审时度势，在2011年全国气象局局长工作研讨会上明确地提出了加快转变气象事业发展方式，坚持改革创新，加快推进气象现代化建设步伐，强化社会管理和公共服务职能，积极稳妥地推进气象事业结构调整。

　　新时期新阶段对气象社会管理和公共服务提出了新的要求。如何解决好人民群众最关心、最直接、最现实的利益问题，维护最广大人民的根本利益，维护好社会稳定和谐，既是科学发展观的核心立场，也是社会管理和公共服务、公共利益最大化的价值取向。近年来，重庆市气象局在这些方面开展了一些有益探索，着力推动气象防灾、减灾体制机制建设，着力推动气象工作政府化、气象业务现代化、气象服务社会化，着力推动气象工作融入经济社会发展、融入广大人民群众生产生活，取得了较为明显的进展，比如：创建了"永川模式"的自然灾害预警联动体系，真正体现了政府在防灾减灾中的主导地位、真正发挥了各部门各行业的联动作用；又如：推进气象灾害敏感单位安全管理，强调了社会各单位、各行业在防灾减灾中的主体责任，夯实了气象防灾、减灾的社会基础，再如：防雷工程和空飘气球的资质管理和安全管理等。气象部门起到组织者和参与者的作用，社会管理和公共服务职能得到了体现和发挥。

　　当前，中国气象局正在推进全国基层气象机构综合改革，其重点和难点是强化基层公共服务和社会管理职能，使气象部门全面融入当地政府的基层管理和公共服务体系,逐步形成由气象行政管理、气象业务服务和社会化气象服务三部分组成的新型事业结构,同时建立适应国家改革要求的气象事业管理体制和运行机制。

本书较为系统地总结了重庆市基层气象机构在履行社会管理和公共服务职能方面的探索实践,并从这些实践中抽象出理论,同时提出了一些新的理念和管理模式,比如:基层气象部门要树立从气象灾害风险区划向气象灾害风险区划与气象灾害敏感单位的气象灾害风险评估并重转变,从追求服务产品的预报预测准确率向追求服务产品的预报预测准确率与服务产品的应用效率并重转变;通过依法建立健全气象防灾减灾服务全过程的"安全气象责任链条",明确各有关部门、社会单位在基层公共气象服务与防灾减灾服务每个环节的责任;创设了气象社会管理与公共服务工作"政府主导,自上而下,部门联动,横向到边、纵向到底,社会参与到点(具体社会单位)的GLDLSP网格立体管理模型;创建了学校灾害风险评估的使用模型—CQMES等。通过这些研究和探索,在推动重庆市气象事业科学发展的同时,凝练成了本研究成果,希望能为中国气象事业的发展、改革提供一些有益的借鉴和参考。

中国共产党第十八次全国代表大会报告提出了今后一段时期行政体制改革的目标要求,这就是:"要按照建立中国特色社会主义行政体制目标,深入推进政企分开、政资分开、政事分开、政社分开,建设职能科学、结构优化、廉洁高效、人民满意的服务型政府。"对照这个总体目标要求,基层气象机构综合改革任重而道远。基层气象社会管理和公共服务是一项复杂的系统工程,需要不断去探索和创新,本书蕴含的研究成果,为我们深入开展这方面的工作打下了良好的基础,我们将百尺竿头更进一步,推动重庆市气象社会管理和公共服务工作再上新台阶。

王银民

2012 年 12 月 25 日

前　言

目前中国政府正处于强化政府公共服务和社会管理职能,以人为本,建设服务型政府,逐步实现基本公共服务均等化的行政管理体制改革时期。因此中国共产党第十七届五中全会提出"着力保障和改善民生,必须逐步完善符合国情,比较完整、覆盖城乡、可持续的基本公共服务体系,提高政府保障能力,推进基本公共服务均等化。要加强社会建设、建立健全基本公共服务体系。加强和创新社会管理,正确处理人民内部矛盾,切实维护社会和谐稳定"。中国共产党第十八次全国代表大会报告强调"必须从维护最广大人民根本利益的高度,加快健全基本公共服务体系,加强和创新社会管理,推动社会主义和谐社会建设。要围绕构建中国特色社会主义社会管理体系,加快形成党委领导、政府负责、社会协同、公众参与、法治保障的社会管理体制,加快形成政府主导、覆盖城乡、可持续的基本公共服务体系,加快形成政社分开、权责明确、依法自治的现代社会组织体制,加快形成源头治理、动态管理、应急处置相结合的社会管理机制。完善促进基本公共服务的均等化。健全基层公共服务和社会管理网络。提高社会管理科学化水平,必须加强社会管理法律、体制机制、能力、人才队伍和信息化建设。改进政府提供公共服务方式,加强基层社会管理和服务体系建设,增强城乡社区服务功能,充分发挥群众参与社会管理的基础作用。"胡锦涛总书记在2011年的《中央党校省部级主要领导干部"社会管理及其创新"专题研讨班》开班仪式上,就当前"加强和创新社会管理"的重点工作,强调"进一步加强和完善社会管理格局,切实加强党的领导,强化政府管理职能,强化各类企事业单位社会管理和服务职责,引导各类社会组织加强自身建设、增强服务社会能力,支持人民团体参与社会管理和公共服务,发挥群众参与社会管理的基础作用。进一步加强和完善基层社会管理和服务体系,把人力、财力、物力更多投到基层,努力夯实基层组织、壮大基层力量、整合基层资源、强化基础工作、强化城乡社区自治和服务功能,健全新型社区管理和服务体制"。温家宝总理在2011年的《政府工作报告》中也强调"各级政府一定要把社会管理和公共服务摆到更加重要的位置,切实解决人民群众最关心最直接最现实的利益问题"。

气象部门是经各级政府行政授权,既是承担气象工作行政管理职责的政府机构,又是承担公共气象服务的事业单位,当然也离不开强化公共气象服务和气象社会管理职能,面向决策、面向民生、面向生产提供优质的、均等化的公共气象服务的行政管理体制改革。因此,中国气象局早在2007年12月,组织了部分省(区、市)气象局局长专题研讨"强化公共气象服务和社会管理职能"问题;2008年全国气象局局长会议专门就强化气象社会职能和科学管理进行部署,强调要把强化公共气象服务和社会管理职能作为重要任务抓紧抓好,并且当年中国气象局在直属事业单位中增设了国家级的公共气象服务机构,随后各省气象部门相继成立了公共气象服务机构;2008年4月中国气象局党组中心组学习会议再次研究"强化公共气象服务和社会管理职能"的问题;2009年中国气象局机关机构和职能调整中还专门成立了气象社会管理机构——中国气象局政策法规司社会管理处;2010年3月中国气象局郑国光局长在中国气象局司局级领导干部提高"四个能力"学习与研讨班上,做了关于"转变发展方式提升四个能力,不断提高气象工作的地位和水平"的报告,就"发展公共气象服务与加强社会管理问题"做了专题论述;2011年中国气象局党组向各省(区、市)气象局党组下发了《关于开展基层气象台站综合改革调查研究工作的通知》,基层气象台站综合改革调查研究的重点内容是"面对新形势、新要求、新挑战,如何科学认识基层气象台站在经济社会发展中的职能作用和在气象事业发展中的功能定位,如何正确把握基层气象台站综合改革的方向、重点和着力点,如何推动基层气象台站事业结构、服务结构、业务结构、管理结构的调整。"其核心是基层气象的"职能作用"、"功能定位"、"事业结构"、"服务结构"、"业务结构"、"管理结构"的调查研究;2012年中国气象局党组向各省(区、市)气象局党组、各直属单位党委、各内设机构下发了《中国气象局党组关于推进县级气象机构综合改革指导意见》，其核心就是坚持公共气象的发展方向，全面履行公共服务和社会管理职能；尤其是2012年11月郑国光局长在中国气象局党组中心组学习党的十八大精神专题会上的《深刻领会党的十八大精神，坚持和拓展中国特色气象发展道路》专题报告中，就加强和创新公共气象服务和气象社会管理还专门强调"建立健全基层公共气象服务组织机构；加快实现服务业务现代化、服务队伍专业化、服务机构实体化、服务管理规范化。充分调动社会资源，发展公共气象服务。要进一步统筹社会资源，充分利用社会资源参与气象服务，增加公共气象服务提供主体，增强公共气象服务供给能力，实现城乡基本公共气象服务均等化，满足全面建成小康社会对公共气象服务的需求，使公共气象服务的效益最大化。做好防灾、减灾工作是各级政府履行公共服务和社会管理职能的重要组成部分。气象服务社会化是国家社会事业体制改革的重要内容，是公共气象服务改革发展的主要方向，是提高气象服务能力和效益的必然选择。要真正把发展公共气象服务作为一项重要的社会事业，作为公共气象服务持续健康发展的一条重要途径，把人民群众的满意度作为衡量公共气象服务水平的一项重要指标，使气象工作真正融入社会，融入经济社会发展各行各业，融入百姓生产、生活。要着力做到社会各界充分参与、社会力量充分调动、社会资源充分利用、社会需求充分满足。加快形成政府主导，覆盖城乡，可持续的基本公共服务体系。"

气象社会管理和公共气象服务是政府实施社会管理和公共服务的重要组成部分，而基层气象是气象业务服务的基础，是气象事业发展的基石，是加强和创新气象社会管理与公共气象服务的基点，同时也是气象部门行使气象社会管理职能和公共气象服务的最基本载体和一线窗口。因此，基层气象的公共气象服务和气象社会管理综合改革是气象部门改革的重点和难点，也是实现气象现代化的关键环节。虽然近年来中国气象局和省级气象局先后出台了一系列加强基层气象事业发展的意见，取得了较为明显的成效，为基层气象的公共气象服务和气象社会管理综合改革与发展提供了可以推广借鉴的经验和做法,但是,基层气象事业发展还面临着一系列严峻的挑战和棘手的难题。在加快气象事业发展、深化事业单位改革、强化基层基础工作、推进统筹集约等的要求下,完善基层气象的工作格局、运行机制和政策措施面临较大压力。尤其在经济社会发展对气象工作的需求越来越大、要求越来越高的背景下,强化基层气象社会管理职能、完善业务技术体制、健全基层公共气象服务机制,面临很大挑战。所以加强区(县)、乡(镇、街道办事处)、村民委员会(居民委员会)三级基层行政管理机构和区(县)、乡(镇、街道办事处)二级基层行业管理机构的气象社会管理和公共气象服务水平的对策研究,对强化三级基层行政管理机构、二级基层行业管理机构和基层行政管理机构管理辖区内基本社会单位的气象建设,明确三级基层行政管理机构和二级基层行业管理机构的公共气象服务和气象社会管理责任,落实基本社会单位防御气象灾害主体责任,认清基层气象部门的公共气象服务和气象社会管理改革发展面临的新形势、新要求、新任务、新挑战,发现制约基层气象事业发展的关键问题和薄弱环节,找准基层公共气象服务和气象社会管理综合改革的着力点与突破口,夯实基层气象发展的基础与实力,提升基层气象社会管理和公共气象服务水平具有重大的现实意义和理论价值。

为进一步贯彻落实《中华人民共和国气象法》、《气象灾害防御条例》、《人工影响天气管理条例》、《气象设施和气象探测环境保护条例》以及党中央、国务院关于加强气象工作的指示精神,进一步转变职能、理顺关系、提高效能,强化基层气象公共服务和气象社会管理职能,提升基层气象防灾减灾工作水平,夯实基层气象现代化基础,促进基层气象事业科学发展,中国气象局党组制定了"关于推进县级气象机构综合改革指导意见",其指导思想就是"深入贯彻落实科学发展观,坚持公共气象的发展方向,坚持面向民生、面向生产、面向决策,完善规模适当、结构优化、布局合理、管理规范、保障有力、运转高效的县级气象机构,围绕气象防灾减灾中心任务和全面履行公共服务和社会管理职能的需要,优化县级气象事业格局,加快气象现代化建设,完善气象部门与地方政府双重领导、以部门领导为主的管理体制和运行保障机制,使气象工作更好地融入和服务当地经济社会发展大局。"其实质就是通过县级气象机构综合改革,推动基层气象事业结构、服务结构、业务结构、管理结构的调整,从而有效加强与创新基层气象社会管理和公共气象服务职能。

为此,本书作者应用宏观思维方法,采取统计、归纳、分层、排除、表格调查、案例分析、信息等方法,结合近几年重庆市气象局探索基层气象社会管理和公共气象服务的实践经验,参考有关基层社会管理和公共服务、基层气象社会管理和公共气象服务等方面的文献资料及《重庆市气象局党组关于基层气象机构综合改革调研情况的报告》与《加强基层气象社会管理和公共服务的对策研究》课题的研究成果,以系统的观念,在国家和全球的视野中,在历史、现在、未来经济社会发展的大格局中,在经济社会整体联系中,从"基层气象社会管理和公共气象服务基本概念"、"基层气象社会管理和公共气象服务现状分析"、"加强基层气象社会管理的对策措施研究"、"加强基层公共气象服务的对策措施研究"、"加强基层气象社会管理和公共气象服务的 GLDLSP 网格立体管理模型研究"、"重庆加强基层气象社会管理和公共气象服务的实践"等方面,就加强基层气象社会管理和公共气象服务的对策措施进行了详细论述。

本书编写过程中使用了重庆市气象局办公室、应急与减灾处、观测与网络处、科技与预报处、计划财务处、人事处、政策法规处,重庆市气象台、气候中心、信息与技术保障中心、气象服务中心、防雷中心、人工影响天气办公室,重庆市黔江区气象局、北碚区气象局、沙坪坝区气象局、铜梁县气象局、彭水县气象局等单位提供的加强基层气象社会管理和公共气象服务的具体实践资料;本书还引用了郑国光局长在 2012 年全国气象局局长工作研讨会议上的《继续解放思想,坚持改革创新,全面推进气象现代化建设》报告、许小峰副局长在 2012 年全国气象局局长工作研讨会议上的《总结》报告、于新文副局长在 2012 年中国气象局计财管理高级研修班上的《落实规划,强化管理,全面推进气象现代化建设》报告以及在 2012 年中国气象局党组中心组学习党的十八大精神专题会上郑国光局长的《深刻领会党的十八大精神,坚持和拓展中国特色气象发展道路》的报告与《总结》报告、许小峰副局长的《认真贯彻学习党的十八大精神,切实加强气象人才体系建设》报告、宇如聪副局长的《认真学习和深入贯彻十八大精神,强化科技创新驱动事业发展战略》报告、沈晓农副局长的《学习领会十八大精神,努力推进气候变化工作,为生态文明建设做出积极贡献》报告、矫梅燕副局长的《公共气象服务与防灾减灾发展回顾与展望——联系实际学习贯彻十八大精神》报告、于新文副局长的《学习贯彻党的十八大精神,全面推进气象现代化建设》报告等研究成果;重庆市人民政府应急管理办公室张邦平主任、重庆市人民政府法制办公室李华强副主任、重庆市林业局张洪副局长、重庆市地质环境监测总站任幼蓉教授级高工、中国气象科学研究院博士生导师董万胜研究员、西南大学资源环境学院博士生导师李航教授、重庆大学电气工程学院博士生导师司马文霞教授、重庆师范大学管理学院汪涛副教授等审阅了本书,并提出了许多宝贵意见,在此一并致谢。此外,本书引用了同行在基层社会管理与公共服务、机场气象社会管理与公共气象服务等方面的研究成果和经验总结,除个别文献外,均列出了参考文献,在此向文献作者致以衷心的感谢。

　　本书的第一章和第三章由杨利敏执笔撰写,第二章、第四章和第六章由李良福执笔撰写,第五章和附录由杨利敏、李良福共同执笔撰写,王银民参与第二章第五节、第四章第二节、第六章编写工作,唐学术参与第二章第五节编写工作,向波参与第三章第九节编写工作,段溯舸参与第四章第二节编写工作,盖长松参与第五章第三节第二部分编写工作,覃彬全、青吉铭、冯萍、刘虹、李锡福、付钟、李平、杨智、周国兵参与第六章有关部分编写工作,覃彬全、冯萍、刘飞参与附录编写工作,全书由李良福统稿和校订。

　　由于作者水平有限,时间仓促,本书难免有不足之处,敬请读者批评指正。

李良福

2012 年 12 月 17 日于重庆

目　录

第一章　基层气象社会管理与基层
公共气象服务的基本概念

第一节　基层气象社会管理

一、基层气象社会管理的定义

气象社会管理是指各级气象部门以公益为目的,经过政府授权,依据相关法律法规和部门规章对全社会气象工作进行计划、组织、指导、协调、控制和监督的活动与过程。因此,基层气象社会管理是指区(县、旗)级气象管理部门以公益为目的,经过县级人民政府或县级以上气象管理部门授权,依据相关法律法规和部门规章对区(县)和乡(镇、街道办事处)级有关部门、乡(镇、街道办事处)、村民委员会(居民委员会)以及村民委员会(居民委员会)管理辖区内基本社会单位的气象工作进行计划、组织、指导、协调、控制和监督的活动与过程。基层气象社会管理的主体是县级气象管理部门,管理的对象是国家和地方气象事业。基层气象社会管理是县级气象管理部门履行政府社会管理职能、实现基层气象工作政府化的必然选择。

二、各级气象部门与气象社会管理的关系

气象社会管理主要由国家、省(区、市)、地(市、盟)、县(市、区、旗)四级气象部门的气象社会管理构成。因此,基层气象社会管理是国家、省(区、市)、地(市、盟)级气象部门气象社会管理的有机组成部分,是国家、省(区、市)、地(市、盟)级气象部门履行气象社会管理的基础,是加强和创新气象社会管理的基点;基层气象社会管理是国家、省(区、市)、地(市、盟)级气象部门在基层履行气象社会管理的具体表现形式,没有完善的基层气象社会管理,国家、省(区、市)、地(市、盟)级气象部门的气象社会管理职能的履行就存在局限,很难完整履职,就是不完整的气象社会管理。而国家、省(区、市)、地(市、盟)级气象社会管理与基层气象社会管理的区别主要是在履行气象社会管理的行政区域大小、管理具体气象事务环节的宏观性、具体性、微观性的差异,

但其法律法规和政策依据完全一致,并且国家、省(区、市)、地(市、盟)级气象部门的气象社会管理对基层气象部门的气象社会管理具有指导性,而基层气象部门的气象社会管理对国家、省(区、市)、地(市、盟)级气象部门的气象社会管理具有拓展性、牵引性和检验性。因此,没有基层气象社会管理,各级气象部门的气象社会管理就很难融入当地政府加强和创新社会管理中,很难促进气象工作政府化。

三、基层气象社会管理的职能

基层气象社会管理是指区(县、旗)级气象管理部门经过区(县、旗)级人民政府或区(县、旗)级以上气象管理部门授权,按照《中华人民共和国气象法》(中华人民共和国主席令第 23 号)、《人工影响天气管理条例》(中华人民共和国国务院令第 348 号)、《气象灾害防御条例》(中华人民共和国国务院令第 570 号)、《气象设施和气象探测环境保护条例》(中华人民共和国国务院令第 623 号)、《气象行业管理若干规定》(中国气象局令第 12 号)、《气象行政许可实施办法(修订)》(中国气象局令第 17 号)、《气候可行性管理办法》(中国气象局令第 18 号)、《气象行政处罚办法(修订)》(中国气象局令第 19 号)、《防雷减灾管理办法》(中国气象局令第 20 号)等国家法律、法规和部门规章以及类似的《重庆市气象条例》(重庆市人民代表大会常务委员会公告第 118 号)、《重庆市气象灾害防御条例》(重庆市人民代表大会常务委员会公告第 204 号)、《重庆市防御雷电灾害管理办法》(重庆市人民政府令第 78 号)、《重庆市气象灾害预警信号发布与传播办法》(重庆市人民政府令第 224 号)、《重庆市人工影响天气管理办法》(重庆市人民政府令第 250 号)等地方法律、法规的规定,对本行政区域内的气象探测管理、气象预报管理、气象灾害防御管理、气象灾害应急管理、应对气候变化管理、气候资源开发利用等行使社会管理。并且主要通过政策制定与实施、行政许可、行政处罚、行政强制、行政备案、行政执法监督等方式行使基层气象社会管理。下面以重庆市区、县气象局行使气象社会管理为例,简单介绍基层气象社会管理的具体职能和基层气象社会管理的具体方式。

(一)基层气象社会管理的具体职能

1.负责本行政区域内气象事业发展规划、计划以及气象灾害防御规划的制定和组织实施;对辖区内的气象活动及气象设施建设进行指导、监督和行业管理及其技术指导。

2.负责本行政区域内的综合气象观测业务运行和管理;负责依法保护辖区内的气象探测环境;负责辖区内的气象观测设备与设施的日常管理工作;负责辖区内的气象信息网络运行的日常管理工作,并对辖区内的观测资料初审、收集、上传和质量控制工作进行管理。

3.负责对本行政区域内天气预报、气候预测、灾害性天气警报、环境气象预报等专业预报的制作发布和气象信息传播工作进行管理。

4.负责本行政区域内决策气象服务、公众气象服务、专业专项气象服务工作的管理和开展重大活动、突发公共事件气象保障服务工作的管理。

5.负责本行政区域内气象为农服务工作的组织管理,组织开展农村气象灾害防御体系建设、农业气象服务体系建设,对农业气象灾害监测预警、农业气象情报预报、农业气候资源开发利用等服务工作进行管理。负责辖区内的气象为农服务工作的组织领导、统筹协调工作。组织开展农业气象服务、农村气象灾害防御、人工影响天气的技术研究,加强气象为农服务科技创新基础条件建设,提升气象为农服务支撑能力。

6.参与政府气象防灾、减灾决策,负责本行政区域内的气象防灾、减灾工作,组织开展气象灾害风险普查、风险区划和风险评估工作;组织编制气象灾害应急预案,负责辖区内的气象灾害防御应急管理服务工作;组织开展辖区内的气象灾害监测预警信息发布和重大突发性公共事件预警信息发布工作。

7.负责组织并审查本行政区域内重点工程、重大区域性经济开发项目和城乡建设规划的气象条件论证;参与应对辖区内的气候变化工作指导。

8.负责本行政区域内人工影响天气工作的组织实施和指导管理;承担雷电灾害防御组织管理与技术服务工作的管理;负责本行政区域内无人驾驶自由气球和空飘气球安全管理工作;负责本行政区域内气象灾害敏感单位安全管理与乡镇(街道)气象应急准备认证工作;负责本行政区域内气象信息员的管理工作。

9.承担本行政区域内气象行政执法工作;组织开展气象法制宣传教育。

10.负责基层气象部门的计划财务、人事管理、精神文明建设、党的建设、党风廉政建设、离退休干部管理、气象宣传、气象科普、安全生产等工作。

11.负责对本行政区域内区(县)级有关部门,街道办事处与乡镇人民政府,居民委员会与村民委员会,以及村民委员会或居民委员会管理辖区内基本社会单位的气象工作的行政监管和技术指导。

12.承担上级气象管理部门和地方党委、政府交办的其他工作。

(二)基层气象社会管理的具体方式

1.气象社会管理的政策制定与实施

(1)制定本行政区域内气象工作的方针政策、工作制度等;

(2)组织编制气象事业发展战略和长远规划,如气象事业发展规划、气象灾害防御规划、气象灾害应急预案等;

(3)组织实施法律、法规、规章和规范性文件,如建立气象防灾减灾体制机制、加强气象灾害联防、开展气象灾害敏感单位安全管理和气象灾害应急准备认证、管理气象探测资料、建立应急响应机制等;

(4)组织实施技术标准和规范；

(5)开展气象科普宣传教育。

2.气象社会管理的行政许可

(1)建设项目大气环境影响评价使用气象资料的审查；

(2)升放无人驾驶自由气球或者系留气球活动的审批；

(3)升放无人驾驶自由气球、系留气球单位资质认定；

(4)防雷装置设计审核、竣工验收。

3.气象社会管理的行政处罚

(1)气象探测环境保护类

1)对"侵占、损毁或者未经批准擅自移动气象设施的"，"侵占、损毁或者擅自移动预警信号专用传播设施的"进行处罚；

2)对"在气象探测环境保护范围内设置障碍物的"进行处罚；

3)对"设置影响气象探测设施工作效能的高频电磁辐射装置的"进行处罚；

4)对"在气象探测环境保护范围内进行爆破、采砂(石)、取土、焚烧、放牧等行为的"进行处罚；

5)对"在气象探测环境保护范围内种植影响气象探测环境和设施的作物、树木的"进行处罚；

6)对"进入气象台站实施影响气象探测工作活动的"进行处罚；

7)对"其他危害气象探测环境和设施行为的"进行处罚；

(2)防雷行政管理类

8)对"安装不符合要求的雷电灾害防护装置的"进行警告；

9)对"无资质或者超越资质许可范围从事雷电防护装置设计、施工、检测的"进行罚款、没收违法所得；

10)对"在雷电防护装置设计、施工、检测中弄虚作假的"进行罚款、没收违法所得；

11)对"申请单位隐瞒有关情况、提供虚假材料申请设计审核或者竣工验收许可的"进行警告；

12)对"申请单位隐瞒有关情况、提供虚假材料申请资质认定的"进行警告

13)对"申请单位以欺骗、贿赂等不正当手段通过设计审核或者竣工验收的"进行警告、罚款；

14)对"被许可单位以欺骗、贿赂等不正当手段取得资质的"进行警告、罚款；

15)对"涂改、伪造防雷装置设计审核和竣工验收有关材料或者文件的"，进行警告、罚款；

16)对"伪造、涂改、出租、出借、挂靠、转让防雷工程专业设计或者施工资质证书

的"进行警告、罚款、没收违法所得；

17）对"向负责监督检查的机构隐瞒有关情况、提供虚假材料或者拒绝提供反映其活动情况真实材料的"进行警告、罚款；

18）对"未经备案承接本省、自治区、直辖市行政区域外防雷工程的"进行警告、罚款、没收违法所得；

19）对"防雷工程资质单位承接工程后转包或者违法分包的"进行警告、罚款、没收违法所得；

20）对"防雷装置设计未经当地气象主管机构审核或者审核未通过，擅自施工的"进行警告、罚款；

21）对"防雷装置未经当地气象主管机构验收或者未取得验收文件，擅自投入使用的"进行警告、罚款；

22）对"应当安装防雷装置而拒不安装的"进行警告、罚款；

23）对"使用不符合要求的防雷装置或者产品的"进行警告、罚款；

24）对"已有防雷装置，拒绝进行检测或者经检测不合格又拒不整改的"进行警告、罚款；

25）对"重大雷电灾害事故隐瞒不报的"进行警告、罚款；

（3）施放气球管理类

26）对"未经批准擅自施放气球的"进行警告、罚款；

27）对"未按照批准的申请升放气球的"进行警告、罚款；

28）对"施放气球未按照规定设置识别标志的"进行警告、罚款；

29）对"未及时报告升放动态或者系留气球意外脱离时未按照规定及时报告的"进行警告、罚款；

30）对"在规定的禁止区域内施放系留气球的"进行警告、罚款；

31）对"申请单位隐瞒有关情况、提供虚假材料申请施放气球资质认定或者施放活动许可的"进行警告；

32）对"被许可单位以欺骗、贿赂等不正当手段取得施放气球资质或者施放活动许可的"进行警告、罚款；

33）对"涂改、伪造、倒卖、出租、出借《施放气球资质证》、《施放气球资格证》或者其它许可文件的"进行警告、罚款；

34）对"隐瞒有关情况、提供虚假材料或者拒绝提供反映其施放气球活动情况真实材料的"进行警告、罚款；

35）对"未取得施放气球资质证从事施放气球活动的"进行罚款；

36）对"年检不合格的施放气球单位在整改期间施放气球的"进行警告、罚款；

37）对"违反施放气球技术规范和标准的"进行警告、罚款；

38) 对"开展施放气球活动未指定专人值守的"进行警告、罚款;

39) 对"施放系留气球未加装快速放气装置的"进行警告、罚款;

40) 对"利用气球开展各种活动的单位和个人,使用无《施放气球资质证》的单位施放气球的"进行警告、罚款;

41) 对"在安全事故发生后隐瞒不报、谎报、故意迟延不报、故意破坏现场,或者拒绝接受调查以及拒绝提供有关情况和资料的"进行警告、罚款;

42) 对"违反施放气球安全要求的"进行警告、罚款;

(4) 气象信息发布与传播类

43) 对"非法(擅自)向社会发布公众气象预报、灾害性天气警报、气象灾害预警信号的"进行警告、罚款;

44) 对"传媒传播气象预报、灾害性天气警报,不使用气象主管机构所属的气象台站提供的适时气象信息的"或"未按照要求播发、刊登灾害性天气警报和气象灾害预警信号的"进行警告、罚款;

45) 对"传播虚假的或者通过非法渠道获取的灾害性天气信息和气象灾害灾情的"进行警告、罚款;

46) 对"在广告及其他形式的宣传用语中,使用虚假的气象信息、可能引起公众误解的气象信息用语或灾害性天气预警信号的"进行警告、罚款;

47) 对"擅自刊播气象预报的"进行警告、罚款;

48) 对"擅自将获得的气象预报提供给其他媒体的"进行警告、罚款;

49) 对"擅自转播、转载气象预报的"进行警告、罚款;

50) 对"擅自更改气象预报内容,引起社会不良反应或造成一定影响的"进行警告、罚款;

(5) 气象技术装备管理类

51) 对"使用不符合技术要求的气象专用技术装备的"进行警告、罚款;

(6) 气象资料管理类

52) 对"大气环境影响评价单位进行工程建设项目大气环境评价时不使用气象主管机构提供或者审查的气象资料的"进行警告、罚款;

53) 对"将所获得的气象资料或者这些气象资料的使用权,向国内外其他单位和个人无偿转让的"进行警告、罚款;

54) 对"将所获得气象资料直接向外分发或用作供外部使用的数据库、产品和服务的一部分,或者间接用它们作基础生成的"进行警告、罚款;

55) 对"将存放所获得气象资料的局域网与广域网、互联网相连接的"进行警告、罚款;

56) 对"将所获得气象资料进行单位换算、介质转换或者量度变换后形成的新资

料,或者对所获得气象资料进行实质性加工后形成的新资料向外分发的"进行警告、罚款;

57)对"不按要求使用从国内外交换来的气象资料的"进行警告、罚款;

58)对"将所获得的气象资料或者这些气象资料的使用权,向国内外其他单位和个人有偿转让的"进行警告、罚款;

59)对"将通过网络无偿下载的或按公益使用免费获取的气象资料,用于经营性活动的"进行警告、罚款;

(7)人工影响天气管理类

60)对"不具备省、自治区、直辖市气象主管机构规定的资格条件实施人工影响天气作业的"进行警告、罚款;

61)对"实施人工影响天气作业使用不符合国务院气象主管机构要求的技术标准的作业设备的"进行警告、罚款;

62)对"违反人工影响天气作业规范或者操作规程的"进行警告、取消作业资格;

63)对"未按照批准的空域和作业时限实施人工影响天气作业的"进行警告、取消作业资格;

64)对"将人工影响天气作业设备转让给非人工影响天气作业单位或者个人的"进行警告、取消作业资格;

65)对"将人工影响天气作业设备用于与人工影响天气无关活动的"进行警告、取消作业资格;

66)对"实施人工影响天气作业不如实记录作业实施情况,或者不按要求上报备案的"进行罚款;

67)对"侵占人工影响天气作业场地,或者损毁、移动人工影响天气专用设施的"进行罚款;

(8)气候可行性论证类

68)对"不具备气候可行性论证能力的机构从事气候可行性论证活动的"进行警告、罚款;

69)对"进行气候可行性论证使用的气象资料不是气象主管机构直接提供或者审查的"进行警告、罚款;

70)对"进行气候可行性论证伪造气象资料或者其他原始资料的"进行警告、罚款;

71)对"出具虚假的气候可行性论证报告的"进行警告、罚款;

72)对"涂改、伪造气候可行性论证报告书面评审意见的"进行警告、罚款;

73)对"应当进行气候可行性论证的建设项目,未经气候可行性论证的"进行警告、罚款;

74)对"委托不具备气候可行性论证能力的机构进行气候可行性论证的"进行警告、罚款;

4.气象社会管理的行政强制执行

(1)对"侵占、损毁或者未经批准擅自移动气象设施的"责令改正、限期恢复原状或者采取其他补救措施;

(2)对"在气象探测环境保护范围内,违法批准占用土地的,或者非法占用土地新建建筑物或者其他设施的"责令改正、限期恢复原状或者采取其他补救措施;

(3)对"在气象探测环境保护范围内从事危害气象探测环境活动的"责令停止违法行为、恢复原状或者采取补救措施;

5.气象社会管理的行政监督检查

基层气象行政监督检查主要是气象主管机构依法定职权,对相对人遵守法律、法规、规章,执行行政命令、决定的情况进行检查、了解、监督。如对防雷装置设计审核和竣工验收的监督检查,对已安装防雷装置的单位和个人进行监督检查,对行业气象台站的指导、监督和管理,对施放气球活动及其活动现场的实地检查,对气象专用技术装备的购买和使用情况进行定期检查,对气象设施和气象探测环境保护的日常巡查和监督检查等。

第二节　基层公共气象服务

一、基层公共气象服务的定义

公共气象服务是指气象部门使用各种公共资源或公共权力,向政府决策部门、社会公众、生产部门提供气象资源和气象保障的活动与过程,包括提供气象信息、气象产品、气象咨询、气象保障和气象技术支持等内容。因此,基层公共气象服务是指区(县、旗)级气象部门使用各种公共资源或公共权力,向区(县、旗)级、乡(镇、街道办事处)、村民委员会(居民委员会)三级基层行政管理机构、区(县、旗)和乡(镇、街道办事处)级有关部门以及村民委员会(居民委员会)管理辖区内基本社会单位以及社会公众提供气象资源和气象保障的活动与过程,包括提供气象信息、气象产品、气象咨询、气象保障和气象技术支持等内容。基层公共气象服务强调服务的公益性、公共性,其最终目的是以积极、敏锐的服务意识和科学高效的服务手段,及时、主动、准确地将服务传递给区(县、旗)级、乡(镇、街道办事处)、村民委员会(居民委员会)三级基层行政管理机构的决策部门和区(县、旗)与乡(镇、街道办事处)级有关部门以及村民委员会(居民委员会)管理辖区内基本社会单位以及社会公众,并让用户了解和掌握一定气象科学知识,将公共气象服务自觉应用于自身的决策、管理和生产生活实践中,最终为防灾减灾、应对气候变化、趋利避害、可持续发展等提供科学支撑。基层气象部门公共气象服务是三级基层行政管理机构公共服务的重要组成部分,属于基础性公共服务范畴,是转变政府职能、建设服务型政府的重要内容,是基层气象部门履行公共气象服务职能的必然选择。

二、各级气象部门与公共气象服务的关系

公共气象服务主要由国家、省(区、市)、地(市、盟)、县(区、旗)四级气象部门的公共气象服务构成。因此,基层公共气象服务是国家、省(区、市)、地(市、盟)级气象部门气象社会管理的有机组成部分,是国家、省(区、市)、地(市、盟)级气象部门开展公共气象服务的基础,是加强和创新公共气象服务的基点;基层公共气象服务是国家、省(区、市)、地(市、盟)级气象部门开展公共气象服务窗口和具体表现形式,没有基层公共气象服务,国家、省(区、市)、地(市、盟)级气象部门的公共气象服务就存在局限性,甚至国家、省(区、市)、地(市、盟)级气象部门就无法开展公共气象服务。而国家、省(区、市)、地(市、盟)级气象部门与基层气象部门的公共气象服务区别主要在公共气象服务的行政区域大小、公共气象服务的方式、公共气象服务的宏观性与微观性等方面的差异,但公共气象服务的科学内涵、宗旨都是一致的,并且国家、省(区、市)、地(市、盟)级气象部门的公共气象服务对基层气象部门的公共气象服务具有指导性,而基层气象部门的公共气象服务对国家、省(区、市)、地(市、盟)级气象部门的公共气象服务具有拓展性、牵引性和检验性。因此,没有基层气象部门的公共气象服务,国家、省(区、市)、地(市、盟)级气象部门的公共气象服务就很难融入和服务当地经济社会发展大局,很难促进气象服务社会化。

三、基层公共气象服务的类型

(一)按照基层公共气象服务对象分类

按照基层公共气象服务对象不同,基层公共气象服务可分为:决策气象服务、公众气象服务和专业专项气象服务。

1.决策气象服务

决策气象服务是指为区(县、旗)级、乡(镇、街道办事处)基层行政管理机构的党政领导机关和村民委员会(居民委员会)提供的气象服务。服务的对象是区(县、旗)级、乡(镇、街道办事处)基层行政管理机构党、政领导机关和村民委员会(居民委员会);服务产品主要是提供给区(县、旗)级、乡(镇、街道办事处)和村民委员会(居民委员会)等基层行政管理机构的宏观决策者。因此,对基层的国民经济正常运行具有举足轻重的作用,并且在涉及国家安全、社会稳定和宏观经济发展等重要问题上,基层公共气象服务信息已成为不可缺少的现代科学管理决策依据之一。基层公共气象服务应突出决策气象服务重点,服务内容必须适应需求、具有针对性,并根据天气实况及趋势预测,进行综合分析提出合理化建议。

2.公众气象服务

公众气象服务是通过广播、电视、报纸、电话、互联网等各种媒体为社会公众提供的气象服务,其服务的对象是社会公众。公众气象服务是国家兴办气象事业,提高防灾减灾能力,保护人民生命财产安全,为人民谋福利的重要措施,是气象事业公益性的重要体现。公众气象服务一方面要从规范社会公众的防灾减灾行为着手,使全社会在气象灾害到来之际都具有自觉、科学规范的防灾行动;另一方面,要从提高全民生活水平着手,广泛制作更加贴近生活和实际的公共气象服务产品。

3.专业专项气象服务

专业专项气象服务是指为区(县、旗)、乡(镇、街道办事处)级有关部门与村民委员会(居民委员会)管理辖区内基本社会单位和重大社会政治活动、国民经济专门建设项目以及重点工程建设等提供的气象保障、评估等服务,其对象包括区(县、旗)、乡(镇、街道办事处)级有关部门、村民委员会(居民委员会)管理辖区内基本社会单位、重大社会政治活动的组织者、合作伙伴等。专业专项气象服务除提供各种服务信息外,还包括直接为防灾减灾服务的人工影响局部天气措施和减灾适用技术等。专业专项气象服务不同于决策气象服务和公众气象服务,它具有鲜明的行业特点,是以需求决定供给。只有用户有需求时气象服务实体才提供与此相关的气象服务。

(二)按照公共气象服务内容分类

按照公共气象服务内容不同,公共气象服务可分为:公共气象信息服务、公共气象工程技术服务、公共气象科技综合咨询服务。

1.公共气象信息服务

公共气象信息服务可分为公共气象情报信息服务和公共气象预报信息服务。公共气象情报信息服务是指向用户提供实测性的气象信息服务,包括直接用大气探测仪器测得的大气状态信息,以及在实测信息基础上经诊断分析推断得到的加工信息,但预测性信息除外。而公共气象预报信息是指向用户提供有关未来某一时刻的预测性气象信息服务,它是有效控制气象环境动态发展的依据,由于公共气象信息服务是预测性的信息,且各行各业的气象需求存在差异。因此,公共气象信息服务加工制作的技术难度较大,成本也比较高。

2.公共气象工程技术服务

公共气象工程技术服务是指气象服务实体根据公共气象服务信息,指导用户采取适当气象控制工程技术措施或根据用户需求参与气象控制工程技术的开发和组织实施,通过技术手段实现对气象的有效控制与运用。例如:干旱是一种气象灾害,提供有关干旱发生的气象信息属于提供气象服务信息,但是根据干旱气象灾害信息采取适当的防御或减轻干旱的工程技术措施则是气象工程技术服务。

3.公共气象科技综合咨询服务

公共气象科技综合咨询服务主要是指向用户提供有关气象科技方面的综合性咨询服务。例如：为一些重大工程设计项目提供关于气象环境利与害的综合咨询服务。公共气象科技综合咨询服务是建立在气象信息、气象技术以及咨询对象三者相互综合的基础上所提供的气象咨询，它需要多种学科的知识基础。公共气象科技综合咨询服务是气象信息服务和气象工程技术服务的有机结合，虽然其技术仍然是气象科技，但具有明显的软科学技术特征，目前这种服务尚处于起步阶段。

（三）按照公共气象服务性质分类

按照公共气象服务性质不同，公共气象服务可划分为：纯公益性公共气象服务、准公益性公共气象服务。

1.纯公益性公共气象服务

纯公益性公共气象服务是指为区（县、旗）、乡（镇、街道办事处）、村民委员会（居民委员会）基层行政管理机构和区（县、旗）、乡（镇、街道办事处）级有关部门、村民委员会（居民委员会）管理辖区内基本社会单位以及社会公众提供具有非排他性、非竞争性以及不可分割性的各类气象服务，包括为决策提供的气象服务和为公益目的实施的专项气象服务、为社会公众提供的有关天气预报和重大灾害性天气预警等公众气象服务。

2.准公益性公共气象服务

准公益性公共气象服务是指为区（县、旗）、乡（镇、街道办事处）、村民委员会（居民委员会）基层行政管理机构和区（县、旗）、乡（镇、街道办事处）级有关部门、村民委员会（居民委员会）管理辖区内基本社会单位以及社会公众提供具有有限的非排他性或有限的非竞争性的各类气象服务。准公共气象服务一般不是完全由政府供给，往往是由其他社会组织对气象信息做了二次加工然后提供给用户，它不以营利为目的。例如：手机气象短信服务，其具有消费的竞争性，即必须支付一定的费用才能享受手机短信服务，但它却有受益的非排他性。一人订制享用这种服务，往往全家人或亲朋好友都能享受，而且难于限制个人的非营利转发，具有明显的受益的非排他性。

除以上三种常见的划分方法外，还可根据基层公共气象服务的不同视角的认识进行分类，例如：从服务行业不同，可分为农业气象服务、航空气象服务、交通气象服务、海洋气象服务、水文气象服务等。但是不论从什么角度认识公共气象服务，都必须深刻认识到随着社会经济发展和极端灾害天气事件及其强度的增加，基层公共气象服务正在迅速向气象灾害防御延伸和拓展。

第三节　基层气象社会管理与基层
公共气象服务的相互关系

　　基层气象社会管理与基层公共气象服务既相互区别又密切联系,两者之间相辅相成、相互支撑,既不能割裂,更不能对立。一方面,基层公共气象服务的效益发挥和放大有赖于基层气象社会管理职能的充分发挥;另一方面,基层公共气象服务能力与水平的提高也有助于基层气象社会管理的强化,也即基层气象社会管理综合应用法律、标准、行政、经济、科技、服务等各种管理手段,统筹配置各种气象资源为基层公共气象服务提供客观、科学、可靠的保障,并且在管理中体现服务;而基层公共气象服务是基层气象社会管理的基础、具体表现形式,同时也是强化基层气象社会管理的助推器,并且在服务中实施管理。因此,在我国现行体制机制下,既不存在一个不提供基层公共服务的纯粹的基层气象主管机构,也不存在一个脱离基层气象社会管理职责的单一提供公共气象服务的基层气象部门。

一、基层气象社会管理为基层公共气象服务提供可靠保障

　　基层气象部门依据法律、法规,通过对区(县、旗)、乡(镇、街道办事处)、村民委员会(居民委员会)基层行政管理机构和区(县、旗)、乡(镇、街道办事处)级有关部门、村民委员会(居民委员会)管理辖区内基本社会单位的气象社会管理,规范并明确其参与公共气象服务工作,从而更有效地为区(县、旗)、乡(镇、街道办事处)、村民委员会(居民委员会)基层行政管理机构和区(县、旗)与乡(镇、街道办事处)级有关部门、村民委员会(居民委员会)管理辖区内基本社会单位以及社会公众提供一流的公共气象服务。

　　例如:重庆市铜梁县人民政府为了更好地保障县气象局为本县经市级气象主管机构认证确认的在遭受暴雨、暴雪、寒潮、大风、高温、干旱、雷电、冰雹、霜冻、浓雾、霾、道路结冰、森林火险灾害性天气时,可能造成人员伤亡和财产损失的基本社会单位——气象灾害敏感单位提供有针对性的一流公共气象服务,根据有关法律法规、技术标准和规范性文件的规定,于 2011 年 4 月 6 日向全县各镇人民政府、街道办事处、县政府各部门,有关单位下发了《铜梁县人民政府办公室关于进一步加强气象灾害敏感单位安全管理工作的通知》(铜府办发〔2011〕16 号),该文件的具体内容如下:

各镇人民政府、街道办事处,县政府各部门,有关单位:
　　根据《气象灾害防御条例》(国务院令第 570 号)、《重庆市气象灾害预警信号发布与传播办法》(重庆市人民政府令第 224 号)、《重庆市安全行政责任追究暂行规定》

（重庆市人民政府令第 225 号）和《重庆市人民政府办公厅关于加强气象灾害敏感单位安全管理工作的通知》（渝办发〔2010〕344 号）要求,经县政府同意,现就加强我县气象灾害敏感单位安全管理工作的有关事项通知如下:

（一）高度重视加强气象灾害敏感单位安全管理工作

我县地形地貌复杂,是暴雨、雷电等突发气象灾害及地质灾害等气象次生灾害影响严重的地区。做好气象灾害敏感单位安全管理工作是贯彻落实科学发展观、构建和谐社会和建设"平安铜梁"的重要举措。各镇（街道）、县政府各部门和有关单位一定要高度重视,充分认识加强气象灾害敏感单位安全管理工作的重要性、现实性和必要性,切实增强紧迫感,把气象灾害敏感单位的安全管理工作纳入安全管理范畴。

（二）强化气象灾害敏感单位安全管理工作

利用我县今年开展的落实企业安全生产主体责任行动,县安委会将根据《重庆市落实企业安全生产主体责任评估细则》的标准和要求,加强气象灾害敏感单位的安全管理。县安监局要从今年起,把各行业主管部门对雷电、暴雨等突发气象灾害敏感单位申报认证工作纳入安全生产管理范围,作为对各行业主管部门安全生产工作目标任务考核的内容。县气象局要做好突发气象灾害监测和预警预报服务工作,加快预警信息发布平台建设;协助县安委会做好气象灾害敏感单位类别认定和气象灾害风险评估;组织开展各类气象灾害敏感单位安全气象保障技术应用培训。县教委、经信委、公安局、民政局、国土房管局、环保局、城乡建委、交委、水务局、农委、商务局、文广新局、卫生局、林业局、旅游局等行业主管部门要根据各自职能职责,严格按照《气象灾害敏感单位安全气象保障技术规范》（DB50/368—2010）的有关规定（可从 http://www.cqmb.gov.cn/政策法规栏下载）,结合《铜梁县人民政府办公室关于印发铜梁县开展落实企业安全生产主体责任行动实施方案的通知》（铜府办〔2010〕62 号）中规定的 9 个重点行业（领域）以及全县的重大危险源,按照"突出重点,分步实施"原则,立即组织所管辖行业的敏感单位做好类别自评划分和类别认证申报工作,督促本行业气象灾害敏感单位建立、完善气象基础设施、落实应急队伍、建立健全应急预案、规章制度等各项安全气象保障措施,并于 6 月底前将类别认证申报表及相关材料报送到县安委会办公室（县安监局）。

（三）加强气象灾害敏感单位安全管理组织保障

气象灾害防御工作是一项系统性强、涉及面广、关注度高的综合性工作。从今年开始,县安委会将把气象灾害敏感单位安全管理工作推进情况纳入安全目标考核体系。各镇（街道）、有关部门和有关单位要加强气象灾害防御工作的协调联动,全面落实气象灾害防御工作责任制,把敏感单位的防御措施是否落实到位作为申请救灾资金、保险理赔等工作的重要依据。要按照"铜府办〔2010〕62 号"文件中的有关规定,强化气象灾害敏感单位安全生产主体责任量化考评,将安全气象保障制度、措施的落实情况与单位安全等级评估挂钩。

气象灾害防御，重在科学防御，贵在应急处置，关键在预防措施。各有关部门、有关单位要认真履行"一岗双责"制度，各有关企业要严格履行企业安全主体责任，严格按照雷电、暴雨等突发气象灾害敏感类别提出的科学预防措施，进行逐条自查。县政府建立气象灾害敏感单位安全管理联席会议制度，定期组织有关部门对气象灾害敏感单位安全气象保障制度运行情况进行检查评估。对因责任不落实，保障措施不到位，不及时整改或者整改不符合要求的，将按照法律、法规的规定追究相关责任人的责任。

附件：1.气象灾害敏感单位类别认证工作流程
　　　2.气象灾害敏感单位类别认证申报表
　　　3.行业主管部门申报气象灾害敏感单位类别认证统计表

铜梁县人民政府办公室
二〇一一年四月六日

附件1：

气象灾害敏感单位类别认证工作流程

一、认证机构：县安委会。县气象局和各行业主管部门负责协助县安委会做好对全县雷电、暴雨、大雾、高温、干旱、寒潮、大风、森林火灾等气象灾害敏感单位类别认证工作。

二、认证对象：全县易受雷电、暴雨等突发气象灾害影响的重点企业、大型水库、旅游景点、学校、医院、车站码头、矿山、人群密集的重要公共场所等气象灾害敏感单位。

三、认证程序

（一）认证申报。各行业主管部门根据雷电、暴雨等突发气象灾害敏感单位类别，负责所管理的重点企业、大型水库、旅游景点、学校、医院、车站码头、矿山、人群密集的重要公共场所及具有供水、供电、交通、通信等重要基础设施的认证申报。

（二）认证审核。认证对象根据行业主管部门确定的雷电、暴雨等突气象灾害敏感单位认证申报类别填写雷电、暴雨等突发气象灾害敏感单位类别认证表，报行业主管部门审查；行业主管部门组织县气象局等部门现场调查核实论证，并签署雷电、暴雨等突发气象灾害敏感单位意见，进行类别评估；行业主管部门将签有审查和评估意见的材料报县安委会审核。

（三）认证标志。经县安委会审核后，确定认证对象为气象害敏感一类或者二、三、四类单位，并由县安委会向该单位颁发。

附件 2:

气象灾害敏感单位类别认证表

单位：　　　　　　　　　　　填表时间：　　年　月　日

单位名称			
单位性质		法人代表	
认证类别		安监员	
主要业务 范围			
申报单位 意见			
主管部门 审查意见			
县气象局 评估意见			
县安委会 审核意见			

填表人：

附件 3：

气象灾害敏感单位类别认证申报统计表

行业主管部门名称(盖章)：

认证对象(申报单位)	认证类别	联系人	联系电话

重庆市铜梁县安全生产委员会在向全县各镇人民政府、街道办事处,县政府各部门,有关单位下发的《铜梁县安全生产委员会关于印发铜梁县 2011 你安全生产目标管理考核办法的通知》(铜安委〔2011〕1 号)文件中,将认真落实《铜梁县人民政府办公室关于进一步加强气象灾害敏感单位安全管理工作的通知》(铜府办发〔2011〕16 号)文件精神,作为全县 49 个安全生产目标考核单位的考核内容。具体考核内容及评分标准如下：

重庆市铜梁县气象灾害敏感单位考核内容及评分标准

(一)各镇街、园区、管委会(主要安全工作任务总分值 50 分中占 1 分)

1.按文件要求,督促所辖区域内的 9 个重点行业(领域)及全县重大危险源单位,按照《气象灾害敏感单位安全气象保障技术规范》建立完善相应类别保障措施,并及时上报气象灾害敏感单位类别认证申报表。0.3 分

2.将敏感单位安全气象保障措施落实情况按"铜府办[2010]62 号"文件要求,与单位安全等级评估挂钩。0.2 分

3.把敏感单位的防御措施是否落实到位纳入到作为申请救灾资金、保险理赔的依据。0.1 分

4.按"铜府办发[2011]17 号"文件要求,明确分管领导、工作机构和工作人员,统一订制铜梁地区手机气象短信并及时上报。0.2 分

5.完成本镇街气象信息员队伍建设相关信息上报工作。0.1分

6.配合气象部门做好自动气象观测站用地、看护相关工作;完成镇街气象信息服务站建设。0.1分

(二)负有重点安全监管任务的县级部门和单位(主要安全工作任务总分值50分中占3分)

1.按文件要求,督促所辖区域内的9个重点行业(领域)及全县重大危险源单位,按照《气象灾害敏感单位安全气象保障技术规范》建立完善相应类别保障措施,并及时上报气象灾害敏感单位类别认证申报表。1.0分

2.将敏感单位安全气象保障措施落实情况按"铜府办[2010]62号"文件要求,与单位安全等级评估挂钩。0.5分

3.把敏感单位的防御措施是否落实到位纳入申请救灾资金、保险理赔的依据。0.5分

4.按"铜府办发[2011]17号"文件要求,统一订制铜梁地区手机气象短信并及时上报。0.5分

5.完成本行业内的气象信息员队伍组建工作。0.5分

(三)县级其他部门(主要安全工作任务总分值50分中占5分)

1.按照文件要求,督促所辖区域内的9个重点行业(领域)及全县重大危险源单位,按照《气象灾害敏感单位安全气象保障技术规范》建立完善相应类别保障措施,并及时上报气象灾害敏感单位类别认证申报表。2分

2.将敏感单位安全气象保障措施落实情况按"铜府办[2010]62号"文件要求,与单位安全等级评估挂钩。1分

3.按"铜府办发[2011]17号"文件要求,统一订制铜梁地区手机气象短信并及时上报。1分

4.把敏感单位的防御措施是否落实到位纳入申请救灾资金、保险理赔的依据。1分

重庆市铜梁县政府将气象灾害敏感单位认证工作纳入全县49个安全生产目标考核单位的考核内容,既推动了全县气象灾害敏感单位认证工作,切实落实了气象灾害敏感单位防御气象灾害的主体责任,使气象灾害敏感单位能够明确自己在不同季节的气象灾害风险期"做什么"、"怎么做";同时还要求该县气象局要做好突发气象灾害监测和预警预报服务工作,加快预警信息发布平台建设,组织开展各类气象灾害敏感单位安全气象保障技术应用培训。该县政府在强调气象灾害敏感单位接受气象灾害防御管理的同时,还明确其享有气象灾害预警服务、气象灾害防御教育等权利。在一年多的试点实践中,这一管理与服务并举的方式取得了较好的成效,不少社会单位

主动申请气象灾害敏感单位的类别认证,并在该县气象局的指导下,建立起了安全气象保障措施,提高了气象灾害防御能力,在气象灾害预警的信号发出后,及时做出响应,避免和减少了气象灾害损失。

因此,上述铜梁县气象局通过县政府主导和县有关部门共同参与加强基本社会单位中对基层公共气象服务有迫切需求的气象灾害敏感单位安全管理工作的案例表明,基层气象社会管理为基层公共气象服务提供可靠保障。

二、基层公共气象服务为基层气象社会管理奠定坚实基础

以服务为本,为当地经济社会发展和人民福祉安康提供最优质的气象服务始终是基层气象部门的首要任务。无论是国家赋予基层气象部门的行政管理职能、行业管理职能,还是在长期的业务服务中形成的社会管理职能,都是以服务为基础,以服务为根本,以服务为目的;都是因经济社会发展和人民群众的需求而开展相应的公共气象服务后,需要通过强化管理进一步规范和做好公共气象服务而形成的管理职能。因此,没有基层公共气象服务作为基础,基层气象部门的气象社会管理就无从谈起,更不可能有基层公共气象服务去支撑基层气象社会管理职能的行使。

例如:重庆市云阳县气象局在开展道路交通安全气象保障的公共气象服务中,为了更准确、及时做出可能受灾害性天气影响的敏感路段、影响的程度和对策建议的服务,按照重庆市人民政府刘学普副市长在 2011 年全市道路交通安全工作会议上(图1-1)关于"要加快推进道路交通安全灾害性天气和地质灾害监测预警系统和设施建设,建立完善的交通事故地理信息系统和道路灾害性天气、地质灾害预警信息接收和发布系统,提高道路交通安全预警预报能力。要有效应用恶劣天气和重大地质灾害道路交通安全预警信息,探索灾害天气条件下的交通组织应对办法,避免大面积的交通堵塞和重特大交通安全事故发生。"要求根据《重庆市道路交通恶劣天气预警信息

图 1-1　重庆市副市长刘学普安排道路交通安全气象保障工作

应用措施（试行）》的规定,采取技术指导和公共气象服务等手段对重庆市万州汽车运输总公司云阳公司通过短信平台和电话向驾驶员发送交通安全气象信息（图1-2）,切实提高本单位防御气象灾害能力,防止或减少了因气象因素引发的交通安全事故,确保了本单位安全生产等进行气象社会管理和公共气象服务。促进了该县气象局和县运管部门对辖区内客运站、客运企业气象社会管理职能拓展和强化。

图1-2　重庆万州汽车运输总公司云阳公司利用短信平台和电话
向驾驶员发送交通安全气象信息

因此,重庆市云阳县气象局通过气象部门在道路交通安全气象保障的公共气象服务能力提升和服务领域延伸,切实增强了该县道路交通安全气象保障工程的社会管理,积极探索了灾害天气条件下的交通组织应对办法,避免了该县大面积的交通堵塞和重特大交通安全事故发生。提供了基层气象部门通过基层公共气象服务为基层气象社会管理奠定了坚实基础的典型案例。

附件:《重庆市道路交通恶劣天气预警信息应用措施（试行）》

（一）工作目标

1.有效收集、综合分析各类恶劣灾害性气象信息,并分级发布、分色预警,传递到道路交通参与者,特别是机动车驾驶人。

2.发生灾害性天气和灾害性事件时,及时有效组织救援和应急处置工作。

（二）预警信息等级分类

按照气象灾害紧急程度、发展势态和可能造成的危害,以及对道路交通组织和应急救援的影响程度、诱发道路交通事故概率等因素,交通安全管理预警信息等级分为四级,依次用红色、橙色、黄色和蓝色表示:

Ⅰ级（红色、一级、特别严重）:全市性遭受恶劣天气影响。

Ⅱ级（橙色、二级、严重）:10个以上的区、县遭受恶劣天气影响。

Ⅲ级(黄色、三级、较重):个别区、县遭受恶劣天气影响。

Ⅳ级(蓝色、四级、一般):个别区、县的局部地区遭受恶劣天气影响。

(三)响应措施

1.Ⅰ级预警:全市公安交巡警、派出所、交通行政执法、农机监理、乡镇政府、基层安监、交安等部门除必要的值守人员外,全员上路执勤疏导。

2.Ⅱ级预警:所在区县公安交巡警、派出所、交通行政执法、农机监理、乡镇政府、基层安监、交安等部门全员上路执勤疏导;周边协同区县60%人员上路执勤疏导;市级部门30%的人员备勤待命,并实施区域联动协作。

3.Ⅲ级预警:所在区县公安交巡警、派出所、交通行政执法、农机监理、乡镇政府、基层安监、交安等部门人员全员上路执勤疏导;周边协同区县50%人员上路执勤疏导;市级部门10%的人员备勤待命,并实施点对点精确指挥。

4.Ⅳ级预警:所在区县交巡警、派出所、交通行政执法、农机监理、乡镇政府、基层安监、交安等部门全员上路执勤疏导;周边协同区县30%人员上路执勤疏导;市级部门督导指挥。

启动Ⅰ级、Ⅱ级预警时,市交通、路政、高速公路管理、安监、气象、旅游、消防等部门派员到市公安局交巡警总队集中联动指挥。

(四)预警发布程序

市气象局发布灾害预警信息后,市公安局交巡警总队指挥中心根据市气象局发布的信息和气象灾害预警级别,在30分钟内分析研判,拟定交通安全管理预警信息等级,确定预警对象及区域。

1.第一时间报市公安指挥中心,由市公安局指挥中心反馈给市应急办等部门。

2.充分发挥部门、行业优势,实行扩散预警。

(1)交通运管部门对客运企业、场站预警,重点强化跨省区长途运输企业的预警,并督促建立预警信息发布流程与应急预案。

(2)公路管理部门对基层公路管理机构预警,并通知有关专用道路所属业主做好防范准备,确保公路畅通。

(3)教育行政主管部门对学校和校车运营单位预警,并督促其建立应急预案。

(4)市政部门对道路、排水、照明等部门和有关专用道路、桥梁业主预警,并督促其建立应急预案。

(5)旅游部门对A级景区管理部门预警,督促其做好应急预案。

(6)高速公路管理部门通过可变情报板、巡逻车LED显示屏、客服12122咨询电话等渠道,及时发布预警信息。

(7)卫生、民政、消防等部门负责启动应急备勤。

3.公安系统2小时内在全市启动分级预警预案。

（1）交巡警总队指挥中心：第一时间制作交通安全宣传提示语，通过交通广播和LED诱导屏发布；通过警令发布系统向各交巡警支（大）队、总队直属各单位发布气象预警信息；根据市气象部门的信息或其他渠道采集到的信息，适时研判对道路交通安全及畅通的影响，及时提高、降低预警级别或解除。

（2）交巡警总队秩序支队：督促、指导各交巡警支（大）队加强管控，全力维护灾害性天气条件下正常的治安、交通秩序。

（3）交巡警总队事故处：督促、指导各交巡警支（大）队加强交通事故预防工作，及时处置交通事故现场，拖移事故车辆，迅速恢复交通畅通；统计分析重特大交通事故信息。

（4）交巡警总队法宣处：加强与新闻媒体联系，通过重庆电视台《路况直播》、《交通全接触》、交通广播电台《交巡警在线》栏目及互联网《重庆公安交通管理信息网》等渠道发布交通管控信息，向市民广泛宣传灾害性天气行车安全注意事项。

（5）各交巡警支（大）队：将灾害性天气交通管理预警信息及时报当地党委、政府和公安局，提请当地政府、行政主管部门通报辖区内相关企事业单位，重点提醒客运企业、中小学校校车注意行车安全；密切沟通联系相关职能部门，加强信息共享；会同安监、交通、辖区乡镇政府、派出所对辖区积水、塌方、洪水、泥石流、滑坡等路段开展隐患排查，形成纪要（记录），责成道路所属单位整治，并在可能受灾害性天气影响严重的路段和桥梁、涵洞、隧道、临水临崖等重点路段设置交通安全警示设施，提示驾驶员开启雾灯，减速慢行，并提前做好灾害性事故的救援准备工作。对不能及时排除的安全隐患，要督促道路所属单位增设临时交通安全警示标志和设施，提示车辆改道行驶，必要时派安全人员值守，负责组织、控制交通，或采取交通管制措施，确保行车安全；加强民警安全教育培训，强化自身安全防范。

4.局部区域内的预警信息由交巡警总队指挥中心点对点传递，督促该区、县启动相应的预警应急处置预案，并协调周边区、县协作配合，必要时通过省际协作应对处置。

（五）职能分工

1.市公安局：牵头组织道路交通安全预警信息应用工作，具体由交巡警总队实施，负责与市气象局建立定期联络机制，综合分析研判，发布预警信息，实施点对点指挥，指导交通组织，统计分析恶劣天气期间重特大交通事故并反馈给市气象部门。

2.市气象局：综合分析全市气象情报信息，及时通报给市公安局。

3.市政府应急办：协调指导预警机制体系建设。

4.市安监局：将与道路交通有关的信息通报给公安部门，督促基层安监（交安）机构按要求传递、使用预警信息。

5.市交委：指导督促客运场站、运输企业按要求传递使用预警信息，加强道路巡查，及时处置因恶劣天气引发的安全隐患；指挥高速公路路网内的预警信息应用工作；督导高速公路、国省干线公路在易积雾、结冰，发生瞬时切向风路段建设气象信息数据采集设施;协调业主单位配合通信部门实现信号全覆盖。

6.市农委:指导基层农机监管部门按要求传递应用气象预警信息,确保信息及时准确传递到每位农机车主、驾驶员。

7.市教委:督导基层教育行政主管部门按要求应用气象信息,确保信息及时准确传递到学校。

8.市宣传(广电)部门:及时通过广播、电视、报纸、网络等媒体无偿发布恶劣天气信息及交通管控、分流信息。

9.市通信管理局(移动、联通、电信等):提供技术支撑平台,保障信息传递到位。

10.市国资委(交运集团等):按要求传递应用气象信息,确保信息传递到每位司、售人员。

11.市政委:获知恶劣气象预警信息后,加强城市道路防护、下水、防滑、应急照明等设施的检查维护,确保正常。

12.消防、民政等部门:获知恶劣气象预警信息后,落实处理突发事件力量,加强备勤处理突发事件。

13.区、县政府:建立健全本行政辖区的预警应急体系,完善与相邻区域的协作联系,落实各种保障,组织好本行政区域内的预警应急指挥协调工作。

14.乡镇街道:建立针对性预案,组织演练;加强与公安、交通等部门的信息联络,密切与相邻区域的联勤联动,督导辖区客运场站、运输企业按预警信息和相关要求落实防范措施。

15.村(居)社区:将预警信息传递到辖区机动车主和驾驶员;组织先期处理各类灾害警情,及时上报反馈。

(六)预警传递或发布方式

1.部门间传递。

(1)市政府应急办、市气象局、市公安局指挥中心与交巡警总队指挥中心主要通过电话、传真、警令等渠道传递恶劣天气预警信息,上述渠道受限时,可通过机要、网络传递。交巡警总队指挥中心在接到信息后,要进行相应的核实、反馈和跟踪联系。

(2)交巡警总队指挥中心与交通、公路、消防、民政、医疗、市政、广电等部门主要采取传真书面通知形式传递预警信息,同时进行相应的电话跟踪监督和情况收集,必要时通过互联网、短信等方式进行传递。所有信息发出后,均要进行跟踪了解。

2.对外发布。

(1)广播发布:主要通过重庆交通广播电台FM95.5 MHz传播,同时通过重庆音乐广播、新闻电台等专业频道发布。对广播信号较差的部分边远区域,通报区、县通过地方广播电台发布。

(2)电视传播:对较大区域性恶劣天气,由重庆新闻综合频道、各专业频道,以新闻插播报道、文字滚动信息等方式发布。

（3）互联网传播：通过华龙网、大渝网、重庆交广网等发布。

（4）短信传播：通过移动通讯平台，特别是专业运输单位自建的短信群发系统，将恶劣天气信息直接传递到车主、驾驶员。

（5）内部多渠道传递：通过传真、警令、集群调度等形式，下达预警信息。

（6）直接通过城市电子诱导屏、公路电子显示板、交巡警、交通行政执法车载显示屏、手机短信等渠道发布。

（七）预警信息的应对措施及监测跟踪

1.建立分级反馈信息制度。在收到恶劣天气预警信息后，应在 45 分钟内将采取的措施反馈给上级部门，逐级报至交巡警总队指挥中心。交巡警总队指挥中心综合研判，拟定应对措施。

2.建立通报考核制度。各级指挥调度系统发布预警信息后，要主动跟踪，督促落实，对未反馈的单位或部门要跟踪督办。

（八）建立应急处置网络

1.建立卫生、通信、消防特勤、民政、海事、大型拖吊企业参与的应急处置联络机构。

2.对发生的道路地质灾害，公路部门要立即介入处理。

3.对重特大道路交通事故现场，要采取管制措施，提前远端分流。

（九）道路交通恶劣天气预警信息应急响应流程图

道路交通恶劣天气预警信息应急响应流程如附图 1-1 所示。

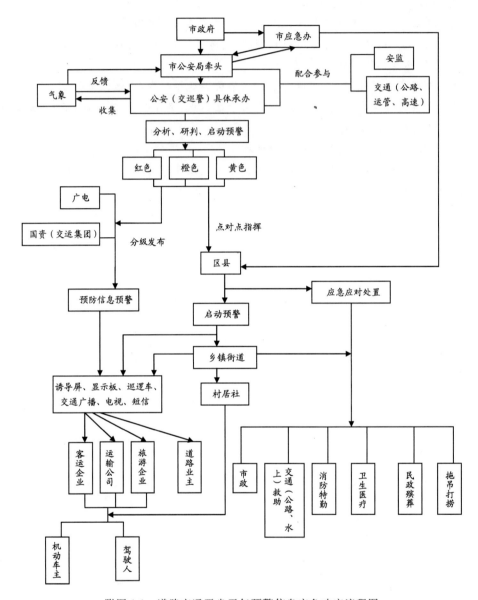

附图 1-1　道路交通恶劣天气预警信息应急响应流程图

（十）重庆市交通预警信息应用预告通知单

重庆市交通预警信息应用预告通知单如附表-1 所示。

附表-1　重庆市交通预警信息应用预告通知单

通知部门	市应急办/市气象局	
接收人	接收电话	
通知内容	预警时间范围	20　年　月　日　时—20　年　月　日　时
	预警区域	
	预警等级	
	拟采取的应急措施	
	领导审核意见	
预告情况	发出时间	20　年　月　日　时　分　秒
	发布人	
	反馈意见	
	备注	

(十一)重庆市交通预警信息响应传告/通知

重庆市交通预警信息响应传告/通知如附表-2所示。

附表-2　重庆市交通预警信息响应传告/通知

通知部门		
接收人		接收电话
通知内容	预警时间范围	20　年　月　日　时 —20　年　月　日　时
	预警区域	
	建议采取的应急处置措施	
领导审核意见		
传递情况	发出时间	20　年　月　日　时　分　秒
	发布人	
监测情况		
备　注		

（十二）重庆市交通预警信息采集分析发布记录表

重庆市交通预警信息采集分析发布记录表如附表一3所示。

附表-3 重庆市交通预警信息采集分析发布记录表

时　间	20　年　月　日　时　分　秒	
信息来源部门		
来源人	联系电话	
信息内容		
分析研判意见		
指挥中心领导意见		
值班总队领导意见		
上报或对外传递处理情况		
备　注		

（十三）重庆市交通预警应急信息分析审核发布记录台账表

重庆市交通预警应急信息分析审核发布记录台账表如附表-4所示。

附表-4　重庆市交通预警应急信息分析审核发布记录台账表

恶劣天气内容	区域	等级	来源	分析人	审核人	发布渠道	备注

（十四）重庆市交通预警应急机制成员单位联络通讯表

重庆市交通预警应急机制成员单位联络通讯表如附表-5所示。

附表-5　重庆市交通预警应急机制成员单位联络通讯表

成员单位	责任领导	联系电话	联络员	联系电话	应急电话	备　注

（十五）重庆市交通预警应急响应监测台账

重庆市交通预警应急响应监测台账如附表-6所示。

附表-6　重庆市交通预警应急响应监测台账表

第　页　　　　　　　　　　　　　　　　　　　20　年　　月　　日

信息接收单位	接收人	采　取　措　施	反馈情况	处理意见	备注

（十六）重庆市恶劣天气道路交通事故情况表

重庆市恶劣天气道路交通事故情况表如附表-7所示。

附表-7　重庆市恶劣天气道路交通事故情况表

恶劣天气时段	20　年　月　日　时　分　秒到　日　时　分　秒					
恶劣天气区域						
道路交通事故情况	发生　起道路交通事故,死亡　人,伤　　人,直接经济损失　　元					
重特大道路交通事故具体情况						
事故路段	辖区	死伤人数	肇事车型	车牌号码	肇事驾驶人	准驾车型

统计人:　　　审核人:　　　值班领导:　　　　　填报时间:20　年　月　日

三、基层公共气象服务是基层气象社会管理的具体表现

多年来,基层气象部门依法参与基层气象社会管理,都是通过基层公共气象服务形式为区(县、旗)、乡(镇、街道办事处)、村民委员会(居民委员会)基层行政管理机构和区(县、旗)与乡(镇、街道办事处)级有关部门以及村民委员会(居民委员会)管理辖区内基本社会单位以及社会公众提供服务;都是将气象社会管理寓于公共气象服务中,在服务中体现管理,从而增强基层气象部门引领社会、组织社会、服务社会的能力,最大程度地实现了基层气象部门对基层气象社会事务的管理。

例如:重庆市沙坪坝区气象局根据《气象灾害防御条例》、《重庆市气象信息员管理办法》等有关规定,积极推动各街道、镇政府以发文形式,落实气象信息员的经费、办公设备和场所。每年组织各街镇分管领导、气象信息管理员、气象信息员进行集中培训不少于3次(图1-3)。聘请气象专家为他们讲解气象灾害防御知识、气象灾害预警信号识别与防御指南、农业气象知识、天气预报术语、气象法律法规和其他相关气象科学知识,邀请气象技术人员宣讲雨情、墒情、农情、灾情、病虫情的监测收集报送,

图 1-3　气象信息员工作会和座谈会及部分镇街气象信息员培训会现场

自动气象站仪器维护和资料传输，气象灾害预警信息的传递等；并向气象信息员发放《气象信息员手册》、《气象信息员知识读本》、《重庆市农村气象灾害防御手册》以及气象防灾减灾宣传图册和书籍，还为他们订了《气象知识》、《中国气象报》等报刊。使气象信息员进一步明确自己的工作职责、权利与义务，尤其通过培训使每个气象信息员都增强了工作责任心，提高了其传递各种气象预报预警信息、收集上报灾情、普及气象知识的工作能力，并以更加积极主动的态度承担起气象防灾、减灾的责任和基层公共气象服务的责任。这种以技术培训和技术指导为主强化基层气象信息员队伍建设与管理的方式，使沙坪坝区建成了街镇气象信息协理员 477 人，村社级气象信息员1077 人，管理规范、服务有效的基层气象信息员队伍，并已成为沙坪坝区气象事业的重要补充力量。沙坪坝区基层气象信息员及时传递各种气象预报预警信息、收集上报灾情、普及气象知识，在基层气象防灾、减灾和公共气象服务中发挥着显著作用，筑起了一条沙坪坝区基层防灾、减灾的坚固防线。

　　因此，沙坪坝区气象局在乡（镇、街道办事处）、村民委员会（居民委员会）基层行政管理机构和区（县）与乡（镇、街道办事处）级有关部门的支持下，通过技术培训和技术指导为主强化基层气象信息员队伍建设与管理的案例表明，基层气象部门提供的公共气象服务是其行使气象社会管理的具体表现形式。

第二章　基层气象社会管理与基层
公共气象服务现状分析

第一节　基层气象社会管理与基层公共气象服务
现状及存在的问题

一、基层气象社会管理现状及存在的问题

基层气象社会管理是基层社会管理在气象领域的具体体现。随着全球气候变化环境下极端天气气候事件的日益增多,以及气象与经济社会发展和人民群众生活联系的日趋紧密,气象工作的地位和影响力不断提升,正如回良玉副总理在 2007 年全国气象防灾减灾大会上指出的"气象工作从来没有像今天这样受到各级党政领导的高度重视,从来没有像今天这样受到社会各界的高度关切,从来没有像今天这样受到广大人民群众的高度关心,从来没有像今天这样受到国际社会的高度关注。"回良玉副总理对气象工作地位和影响的"四个从来没有"评价,充分反映了气象工作在经济社会发展的重要作用。因此,加强基层气象社会管理职能,强化政府对全社会气象事务的管理,已经成为适应国家加快政府职能转变、建设服务型政府的必然要求。

近年来,随着《中华人民共和国气象法》、《人工影响天气条例》、《气象灾害防御条例》、《气象设施和气象探测环境保护条例》等法律、法规的颁布实施和中国气象局各项规章以及地方气象法律、法规的颁布实施,基层气象部门在气象社会管理、气象预报发布与传播管理、人工影响天气、雷电灾害防御管理、气候可行性论证、气象探测环境保护等方面较好地履行了社会管理职能,取得了明显的成效:一是基层气象部门履行社会管理职能的环境和氛围越来越好;二是基层气象部门履行气象社会管理职能的法律、法规和标准体系日趋完善;三是基层气象部门履行气象社会管理职能的能力不断增强,履职范围逐步拓展;四是基层气象部门履行气象社会管理职能的意识不断增强,基层气象社会管理体制日趋完善。这些成效为经济社会发展提供全方位的公共气象服务奠定了基础。

随着中国经济社会发展进入新的战略发展机遇期,加快转变经济发展方式,强化和创新社会管理,构建服务型政府的任务更加紧迫和艰巨。气象事业必须适应国家

经济社会发展的新形势,气象事业也必须转变发展方式,进一步强化气象社会管理,提升"四个能力",才能为经济社会发展提供一流的公共气象服务。但是,当前基层气象部门社会管理职能仍然明显滞后于经济社会的发展需求,存在一些突出问题:一是基层气象社会管理的政策研究和基层气象社会管理的法律、法规和标准的基础还比较薄弱,法定的基层气象社会管理职能还比较少;二是基层气象部门履职行为还不规范,基层气象社会管理与技术服务、市场经营纠缠不清,导致社会和其他部门对基层气象社会管理的认知度还比较低,使基层气象部门履行气象社会管理职能的难度还比较大;三是基层气象部门自身对气象社会管理的认识还不到位,重业务管理、轻职能发挥,重部门管理、轻行业管理,重提供公共气象服务、轻气象社会管理,使基层气象部门的气象社会管理还没有形成合力;四是基层气象社会管理的体制机制还不健全,基层气象社会管理手段单一、领域狭窄,基层气象部门的社会管理工作还非常薄弱。因此,当社会管理主体由政府单一向社会共同治理的多元主体转变时,社会管理理念由硬性管理向柔性管理转变,基层气象部门的社会管理必将面临新的更大挑战,所以各级气象部门必须进一步统一思想,提高认识,转变思想观念,创新管理理念。在指导思想上,要从基层气象的部门管理向社会管理转变;在管理方式上,要从重视提供基层公共气象服务向基层公共气象服务与基层气象社会管理并重转变;在管理环节上,要从偏重事后处置向更加重视源头管理转变,使基层气象社会管理关口前移;在管理手段上,要从偏重行政手段向更多地运用法律法规、技术标准、信息等引导和服务多措施并举转变;在管理制度上,要更加重视和加强气象法规体系、标准体系建设,推进气象灾害风险管理制度建设,强化部门协调机制建设,加强气象应急管理制度建设,进一步完善基层气象社会管理的体制机制。

二、基层公共气象服务现状及存在的问题

通过近十几年的发展,中国已初步建立起运行稳定、有效的基层公共气象服务体系和与之相适应的运行机制,服务的观念和思想得到更新和发展,基层公共气象服务业务体制和技术体系逐步完善。首先,国家气象中心中期数值天气预报业务系统的建成为基层公共气象服务提供了大量而有效的基本产品;决策服务方式与手段明显改进;为社会和用户提供的公众气象服务进一步优化,面向社会开展的各种与人民日常生活息息相关的生活指数等气象服务更加贴近生活、贴近百姓。其次,基层公共气象服务领域已经涵盖了对区(县)、乡(镇、街道办事处)、村民委员会(居民委员会)和区(县)与乡(镇、街道办事处)级有关部门、村民委员会(居民委员会)管理辖区内基本社会单位以及社会公众等方方面面。第三,公共气象服务产品大为丰富,已由最初单一的气象预报服务发展为多种服务为一体,多层次、全方位的综合性气象服务。在气象灾害防御方面:气象灾害监测的时效和精度显著提高,预报、预测准确率稳步提高,

突发性气象灾害预警信息发布能力显著增强,气象灾害风险区划、灾情普查与灾情收集上报工作取得明显进展,与区(县)、乡(镇、街道办事处)级有关部门、乡(镇、街道办事处)、村民委员会(居民委员会)和村民委员会(居民委员会)管理辖区内基本社会单位初步建立了气象灾害应急响应联动机制,基层气象灾害防御队伍在部分地区初步建成,气象防灾、减灾科普工作初见成效。在决策气象服务方面:建立了县级决策气象服务专门机构和专职队伍,决策气象服务的效果显著提高,在政府组织开展的自然灾害防御、事故灾难救助、公共卫生事件应急和社会安全事件应对中发挥着越来越重要的作用。在公共气象服务方面:首先,公共气象服务手段更加多样化,借助于电视、电话、报纸、网络、移动电话等媒介逐步开展的气象服务和突发气象灾害预警服务,使用户能够更加便捷地得到所需要的信息。其次,公共气象服务管理和法制建设取得进展,《中华人民共和国气象法》以及配套的《人工影响天气管理条例》、《气象灾害防御条例》、《气象设施和气象探测环境保护条例》等法规已颁布实施,并相继制定和出台了一系列的地方法律法规以及国家、地方的气象服务技术标准和业务规范,使公共气象服务走上了法治的轨道。

虽然公共气象服务取得了许多进步,但是,当前基层公共气象服务还存在一些制约发展的突出问题:一是基层气象部门干部职工对坚持公共气象服务的发展方向以及公共气象服务的定位与内涵还存在着思想认识方面的偏差;二是适应基层公共气象服务健康快速发展的体制机制仍未建立;三是基层公共气象服务业务系统、流程与规范还很不完善;四是基层气象部门的气象预报预测能力、气象防灾减灾能力、应对气候变化能力、开发利用气候资源能力与公共气象服务的总体要求还有差距,不能完全适应当地经济社会发展需求;五是基层公共气象服务领域拓展不够,缺乏面向不同用户所需的个性化、专门化、针对性的服务产品,存在以预报代替服务的问题;服务产品缺乏通俗性,不利于服务对象理解与应用,基层公共气象服务质量有待进一步提高;六是基层公共气象服务的科技支撑薄弱、机构不健全、人才匮乏、预警信息接收仍存在盲区;七是基层公共气象服务应有的服务流程、服务链条还需进一步完善,基层公共气象服的效益还未能充分发挥;八是中国公共气象服务与国际气象服务发展进程不相适应,缺乏迎接经济全球化挑战的准备。

解决上述问题,需要基层气象部门干部职工进一步解放思想,转变思维方式,从传统的逻辑思维向哲学思维转变,以系统的观念,以国家和全球的视野,在历史、现在、未来经济社会发展的大格局中思考基层公共气象服务科学发展问题,在经济社会整体联系中解决不适应基层公共气象服务科学发展的问题,在实践中不断探索,大胆创新,在发展中不断提高基层公共气象服务水平。

第二节　加强基层气象社会管理与基层公共气象服务的紧迫性

一、加强基层气象社会管理与基层公共气象服务是气象事业发展的使命

加强基层公共气象服务能力建设,强化基层气象社会管理职能,是气象事业发展的使命。《中华人民共和国气象法》明确了气象事业是为经济建设、国防建设、社会发展服务的基础性公益事业,基层气象部门作为区(县、旗)级地方政府的气象行政主管机构,承担基层气象工作的行政管理职责,而《国务院关于加快气象事业发展的若干意见》(国发〔2006〕3号)文件明确要求各级地方政府要把公共气象服务纳入地方公共服务体系建设的范畴。因此,发展基层公共气象服务是气象部门和各级地方政府共同的责任,气象法的规定和国务院及各级地方政府的行政授权,是对基层气象部门加强基层公共服务能力建设,强化基层气象社会管理职能的刚性要求。

在新时期,政府职能转变对公共气象服务提出了新要求。中国共产党第十七次全国代表大会报告提出要健全政府职责体系,完善公共服务体系,强化社会管理和公共服务,建设服务型政府;中国共产党十七届五中全会提出要加强和创新社会管理,建立健全基本公共服务体系。2008年的《中国中央人民政府工作报告》提出,要转变政府职能,强化公共服务和社会管理职能,加强公共服务部门建设,发挥公益类事业单位提供公共服务的重要作用;2011年的《中国中央人民政府工作报告》也提出,各级政府一定要把社会管理和公共服务摆到更加重要的位置;尤其是胡锦涛总书记在2011年中共中央党校省部级主要领导干部"社会管理及其创新"专题研讨班开班仪式上强调要强化政府管理职能,强化各类企事业单位社会管理和服务职责。与此同时,国务院关于加快服务业发展的意见中明确提出了开放服务业,国家事业单位改革的方向趋于清晰。因此,随着中国政府加快推进服务型政府职能转变,公众对公共气象服务的公益性认识更加清晰,提出的需求更高更全面,社会和媒体的监督力度更大,公共气象服务缺位的问题更易暴露出来,并且随着全球变化的影响,各种极端天气气候事件极易引发和放大一系列社会问题。因此,基层气象部门必须加强气象社会管理与公共气象服务,切实履行基层气象社会管理和公共气象服务职能。

二、气象灾害极易引发公共安全事件

随着全球气候变化的影响,各种极端气候事件和恶劣天气以及洪涝、地质灾害、森林火灾、非典型肺炎、禽流感等疫病和环境污染等各种灾害交织发生,给公共安全带来了严峻的挑战。

（一）雷电天气引发的公共安全事件

黄岛油库因雷击爆炸造成生产安全事故。1989 年 8 月 12 日 9 时 55 分,青岛市黄岛区中国石油天然气总公司管道局胜利输油公司所属东(营)黄(岛)输油管线末站,一座 2.3 万立方米半地下式非金属油罐(5 号罐)在雷雨中因雷电起火,引爆了旁边的 4 号非金属油罐,接着 1 万立方米的金属油罐(1 号)也爆炸着火,不久,2 号、3 号金属油罐也爆裂起火,有 600 吨原油泄漏流入海港水面上,管道局和青岛市的救火车无力应付,山东省消防大军远途赶来参加青岛港的灭火工作。13 日上午 10 时国务院总理乘军用飞机亲临现场指挥灭火(图 2-1)。大火足足烧了 104 小时,仍难以济事,因为风向不利,从海岸方向吹向大陆,救火车无法接近,幸亏后来风向转变,灭火大军得以接近火场,奋力把大火扑灭,否则整个海港可能出现的后果不堪设想。在灭火过程中有 14 名消防官兵和 5 名油库职工共 19 人献出了生命,66 名消防队员和 12 名油库职工共 78 人受伤。此次大火烧掉 3.6 万吨原油,油库区沦为一片废墟。损失超过 7000 万元。

图 2-1　黄岛油库遭雷击起火爆炸现场及李鹏总理亲临黄岛雷击事故现场

（二）高温天气引发的公共安全事件

山西江阳兴安民爆器材有限公司仓库因高温引爆炸药爆炸,造成生产安全事故。2005 年 6 月 21 日 11 时 03 分,山西江阳兴安民爆器材有限公司发生爆炸事故。事故调查表明:由于太原市公安局收缴的私制炸药存放在山西江阳兴安民爆器材有限公司 604 号仓库,因天气炎热引起炸药自燃爆炸。爆炸波及到 8 个乡镇、27 个村、6 所学校,造成 336 人受伤。另外,由于夏季高温天气导致行驶的车辆发生自燃造成的交通事故时有发生。

图 2-2 给出了北京、重庆、南宁等城市高温天气导致行驶车辆自燃的事故现场。

图 2-2　北京(a)、南宁(b)、重庆(c)高温天气导致车辆发生自燃的事故现场

（三）暴雨天气引发的公共安全事件

重庆南桐矿业公司东林煤矿因暴雨引起新矸石山发生特大滑坡灾害，造成生产安全事故。2004 年 6 月 5 日 14 时 10 分，重庆市南桐矿业公司东林煤矿新矸石山，因连日下雨发生山体滑坡 3 万余立方米的灾害，造成 14 户村民、56 人（其中：过路的 7 人）受灾，11 人死亡，10 人失踪。2005 年 6 月 10 日 12 时 50 分，黑龙江省沙兰镇因为暴雨形成的凶猛洪水导致沙兰镇中心小学在短短的几分钟被洪水淹没（图 2-3），使教室水位高达 2.2 米，当时正在上课的 352 名学生和 31 名教师，全部被困水中，造成学生 105 人死亡的灾难性事故。

（四）大雾天气引发的公共安全事件

重庆公交公司因大雾引起车祸，造成生产安全事故。1986 年 1 月 9 日 10 时，重庆公交公司 25 路客车因大雾在重庆卫生学校门前与重庆家具八厂的渝洲牌客货相碰，造成 1 人死亡，重伤 14 人，其中 5 人残疾。长江航道因大雾引起海事，造成生产

图 2-3 遭洪水袭击的沙兰镇中心小学

安全事故。2003 年 6 月 19 日在重庆涪陵境内长江主航道上发生的由于江面变宽后形成的江面局地蒸发雾导致两船相撞,造成涪洲 10 号轮突然向左翻转倾沉入江中,船上 64 人全部落水,致使 29 人死亡,27 人失踪的特大水上交通事故。高速公路因大雾引起车祸造成生产安全事故。2012 年 6 月 3 日 5 时 20 分至 5 时 40 分,江苏沈海高速盐城段 K1013 至 1017 区间因突发团雾,导致近 60 辆车发生追尾,造成 11 人遇难、19 人受伤的特大交通事故(图 2-4)。并且在追尾车辆当中,有一辆装有危险化学品"苯"的槽罐车还发生了侧翻,污染了环境。

图 2-4 江苏沈海高速盐城段因为大雾导致特大交通事故现场

2009 年 10 月 25 日 08 时多,京沪高速高邮段因为大雾导致 30 余辆车连环追尾,致使 6 人死亡、30 多人受伤,受事故影响,京沪大动脉双向都严重堵塞(图 2-5),整个事故营救过程从上午开始直至 20 时后才基本结束。

2002 年 2 月 14 日 10 时 45 分,京津塘高速公路距离北京 78.5 千米处因大雾在杨北路高架桥上不到 300 米的距离内造成 50 多辆各式汽车碰撞和多人伤亡的特大事故;2002 年 1 月 1 日 9 时 40 分许,成渝高速距重庆 319 千米地段因浓雾致使能见度不到 10 米,造成 20 辆汽车撞在一起,1 名司机死亡,另有 15 人受轻、重伤的特大事故;2002 年 1 月 24 日上午,成雅高速路 40 千米处浓雾弥漫,造成 3 起追尾车祸,

图 2-5　京沪高速高邮段因为大雾导致特大交通事故现场

共有 13 辆车受损,7 人受伤;2002 年 2 月 5 日,从合肥至蚌埠的合埠路上因大雾天气,发生特大公路交通事故,至少造成 5 人死亡,8 人受伤;2002 年 2 月 7 日晨 7 时许,由于大雾,沈大高速公路北行线 343 千米处发生特大交通事故,不到 1 千米的距离内有 15 辆机动车先后相撞;2001 年 9 月 4 日 6 时 30 分的一场团雾,致使京沈高速公路发生一起重大车辆追尾事故,近百辆车追尾相撞,34 辆受损,5 人死亡;1997 年 7 月 12 日,在京津塘高速公路北京路段,因大雾,能见度只有几米,造成连续发生两起40 余辆汽车追尾相撞事故,9 人死亡,34 人受伤。

（五）大风天气引发的公共安全事件

大风安全事故。1967 年 3 月 26 日,上海出现的一次龙卷风,把 22 座能经受两倍于 12 级大风的架空高压线的铁塔,连根拔起并扭折;1979 年 11 月 25 日原石油部海洋石油勘探局“渤海 2 号”钻井平台,在渤海湾遇冷锋过境造成的暴风,使钻井船翻沉,72 人遇难,造成 3735 万元的重大经济损失;1983 年 10 月 25 日深夜,美国阿科公司的“爪哇号”钻井平台,因受 8316 号台风袭击,在中国南海莺歌海海域翻沉,平台上81 人全部遇难;2005 年 7 月 27 日 17 时 20 分前后,安徽省广德境内的一个 1000 平方米的大型加油站在一阵狂风来临时,突然大面积坍塌,正在此加油的三辆汽车和四辆躲雨的摩托车被压在里面,造成 6 人受伤;2005 年 7 月 15 日 21 时 30 分前后,重庆九龙坡区火炬大道重庆渝科、广宁、鹏程等三家公司租用的近 1200 平方米厂房的屋顶上覆盖的 pvc 膜被全部撕开,1200 平方米的厂房全部暴露在雨中,不到 30 分钟,厂房内的积水就将近 5 厘米深,里面存放的钢带、钢管、切割设备等全部被淹,就连厂房的卷页门也被大风吹开;2005 年 7 月 30 日 11 时 40 分,安徽省宿州市灵璧县韦集镇遭龙卷风、暴雨袭击,该镇工业园区的厂房因龙卷风袭击倒塌,致使当场 8 人死亡,送医院抢救无效死亡 3 人。又如,2006 年 6 月 29 日 6 时 50 分前后,安徽泗县长沟镇朱彭村朱彭小学遭强风突袭,学校四周300多米长的围墙全部被强风齐刷刷吹倒,同时学校的三排平房建筑中略高于其他房子的最西边迎着风口的四年级二班和三年级二班的两间教室被强风吹垮(图2-6),1名教师和已经到校的四年级二班、三年级二班近80名同学被坍塌的屋顶和墙壁压在瓦砾中,其中2名学生当场死亡,46名学生和1名老师不同程度受伤。

图2-6　安徽泗县长沟镇朱彭村朱彭小学遭强风突袭现场

三、气象灾害极易形成新的社会风险

随着中国经济社会发展进入新时期,经济体制深刻变革,社会结构深刻变动,利益格局深刻调整,公民思想观念深刻变革,不稳定、不确定、不安全因素增加,而气象灾害往往导致一系列次生、衍生灾害。因此,气象灾害的发生可能会加剧这种不稳定、不确定、不安全因素进一步增加,形成新的社会风险。

(一)2008年中国南方低温雨雪冰冻天气形成的社会风险

根据有关资料统计,发生在2008年初中国南方特大低温雨雪冰冻灾害天气,影响21个省,导致129人死亡,4人失踪,紧急转移安置166万人,受灾人口1亿多人;农作物受灾面积11867万公顷,成灾5843万公顷,绝收1691万公顷,森林受损面积近17333万公顷;倒塌房屋48.5万间,损坏房屋168.6万间;因灾造成直接经济损失约1516.5亿元。由此次低温雨雪冰冻灾害引发的社会风险主要表现在以下六个方面:一是雨雪直接造成房屋倒塌,人员伤亡,居民无处安身,生活困难;二是低温雨雪冰冻直接导致农作物受灾,导致农产品供需失衡,城市鲜活产品价格上涨;三是雨雪冰冻造成交通运输中断,加之正值春运期间,受困旅客的生活困难和车站的社会治安导致社会失序的压力;四是低温雨雪冰冻导致输电设备覆冰,造成铁路运输中断、物资运输受影响、供电中断、供水、电信和金融服务中断,引起社会失序;五是多种因素推动的物价上涨,加剧了部分城乡居民的生活困难。六是居民生活困难、公共服务中断对政治系统所造成的压力,社会失序对社会系统造成的压力,物价上涨、电煤运输紧张对经济系统造成的压力,造成了整个政治、经济和社会的系统性紧张。

(二)2007 年重庆江北机场一次雷暴天气形成的社会风险

2007 年 7 月 17 日 8 时许,闪电击中重庆市江北机场跑道,形成一个直径约 10 厘米的小坑,导致进出重庆机场的 246 个航班受到影响,1.3 万旅客行程受阻,最长延误时间达 7 小时。该雷暴天气造成了影响 1.3 万人的正常出行的社会事件。

(三)2005 年重庆沙坪坝水厂一次雷暴天气形成的社会风险

2005 年 5 月 16 日 1 时 30 分,闪电击中重庆沙坪坝水厂配电房,强大的雷电流使水厂的电源开关发生瞬间跳闸,导致水厂的抽水泵突然停电而停止工作,使抽水管道内原本流动的水突然处于静止状态,水里的空气在管道内形成一个高压气囊,造成抽水管道内压力突然上升到正常压力的 40 倍。如此大的压力使一根直径为 900 毫米抽水管当即"开膛破肚"。这起因雷击造成突然停水,致使重庆市沙坪坝区 90% 地区停水长达 16 小时,约 40 万市民用水受到影响。该雷暴天气造成了影响 40 万人正常用水的社会事件。

(四)2012 年北京的暴雨天气形成的社会风险

2012 年 7 月 21 日,北京市由于暴雨天气导致交通大面积瘫痪,形成特大自然灾害。全市平均降水量 170 毫米,为自 1951 年以来有完整气象记录最大降水量(图 2-7),其中,最大降雨点房山区河北镇达到 460 毫米。暴雨引发房山地区山洪暴发,拒马河上游洪峰下泄。尤其导致京港澳高速公路出京方向 17.5 千米处南岗洼铁路桥下严重积水,积水路段长达 900 米,平均水深 4 米,最深处 6 米,有 3 人溺水死亡。经过 3 天的排水作业,共抽积水 23 万立方米,清理淤泥 3000 立方米,打捞出浸水车辆 127 辆,其中出京方向 116 辆,进京方向 11 辆,打捞出遇难者 3 名。7 月 24 日 11 时 50 分京港澳高速洪灾后恢复通车。根据 7 月 26 日北京市防汛抗旱指挥部新闻发言

图 2-7　北京市由于暴雨导致城市积涝现场

人向媒体正式公布了"7·21"特大自然灾害遇难人员情况来看,截至7月26日,北京区域内共发现77具遇难者遗体,其中66名遇难者身份已经确认(包括在抢险救援中因公殉职的5人),11名遇难者身份仍在确认中;61名遇难者中,男性36人,女性25人。其致亡原因为:溺水,46人;触电,5人;房屋倒塌,3人,泥石流,2人;创伤性休克,2人;高空坠物,2人;雷击,1人。这61名遇难者遗体发现的地区分布为:五环路以内,6人,其中核心城区1人,其余均集中在远郊乡镇,特别是山区。其具体分布为:房山区,38人,主要发现在河北镇、周口店、青龙湖等乡镇;朝阳区,6人,发现在金盏、十八里店等乡;丰台区,5人,发现在长辛店等乡镇;石景山区,5人;通州区,3人;怀柔区,1人;密云县,1人;大兴区,1人;东城区,1人(图2-8)。

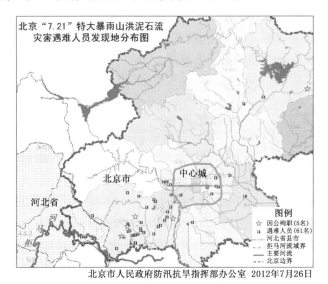

图 2-8 "7·21"暴雨遇难者分布

上述案例表明,在经济快速发展的今天,随着城市化进程的加快,气象灾害对一个大城市、特大城市的市政系统建设、市政运营、市政管理提出了新的课题,而这些大城市、特大城市对突发气象灾害或者天气气候事件又变得异常敏感和脆弱,常常一个小小的天气事件就会造成社会事件;另外,由于城市与农村的发展不平衡问题仍然十分突出,农村防御气象灾害的脆弱性还将长期存在。因此,加强基层公共气象服务能力建设、强化基层气象社会管理职能,是基层气象部门自身定位的现实选择,只有这样,才能适应国家行政体制改革和事业单位的分类改革,才有利于基层气象部门在国家事业单位改革中争取支持,创造良好的发展环境,才能更好地服务经济社会发展,满足人民群众的需求。

第三节　加强基层气象社会管理与
基层公共气象服务的可行性

一、加强基层气象社会管理与发展基层公共气象服务已导向定航

中国气象事业在创建之初确立了气象为人民服务的宗旨后,始终作为气象工作的出发点和归宿。中国气象事业发展战略研究确立了"公共气象、安全气象、资源气象"的事业发展理念,明确要坚持公共气象事业的发展方向。中国气象局党组高瞻远瞩,在第五次全国气象服务会议上强调公共气象服务是气象事业公益性的具体体现,公益性是公共气象服务的本质属性,并编制了《公共气象服务发展指导意见》,明确了未来公共气象服务的发展规划和发展目标。尤其是郑国光局长 2011 年 3 月在中国气象局司局级领导干部提高"四个能力"学习与研讨班上,做了关于"转变发展方式,提升四个能力,不断提高气象工作的地位和水平"的报告,就"发展公共气象服务与加强社会管理问题"做了专题论述;郑国光局长 2012 年 8 月在全国气象局局长工作研讨会上做了关于"继续解放思想,坚持改革创新,全面推进气象现代化建设"的报告,就加强和创新基层公共气象服务和基层气象社会管理,从"基层气象工作是气象事业发展的基石,是气象业务服务的基础,是加强和创新社会管理的基点。没有基层现代化,就没有整个气象事业现代化。随着地方经济社会发展和以人为本执政理念的不断强化,随着国家事业单位分类改革和行政管理体制改革的不断深化,对县级气象机构履行公共服务和社会管理职能提出更高要求,对县级气象机构的业务服务和管理提出更高要求。县级气象机构职能定位、机构设置、业务布局、人员编制等政事不分、管办不分的体制机制,与履行公共气象服务和气象社会管理职能的需求极不适应,已成为制约气象事业整体发展的瓶颈,迫切需要深入推进基层气象机构综合改革,实现基层气象事业更大发展。推进基层气象机构综合改革,一是必须坚持公共气象的发展方向,坚持面向民生、面向生产、面向决策,围绕气象防灾减灾中心任务,全面履行公共气象服务和社会管理职能,使气象工作更好地融入和服务当地经济社会发展大局。二是以'局台(站)分设、政事分开'为改革的突破点,从根本上实现从内部管理向全面履行公共气象服务和社会管理职能延伸,从传统的测报工作向强化监测预警和防灾减灾延伸,从单一国家事业编制向多元人力资源保障机制延伸,从局台(站)合一向政事分开、管办分离转变。三是以强化县级气象机构的公共服务和社会管理职能为重点,以气象为农服务'两个体系'建设为抓手,牢牢抓住气象防灾减灾这个主线强化公共气象服务和气象社会管理职能,完善机构和岗位设置,调整优化事业结构和业务布局,提高基层气象机构的综合实力和发展能力,提升气象防灾减灾工作水平。四是以'三个有利于'作为衡量改革成效的重要标准,即是否有利于推动基层气象事业发展、是否有利于提高基层业务服务和社会管理效能、是否有利于充分调动基层气象干部职工积极性和主动性。加强基层气象部门的公共服务和社会管理职能,是履行气象部门政府管理职能的需要,是基层气象事业紧紧融入和服务当地经济社会发展大局的需要。一要建立完善'政府主导、部门联动、社会参与'的气象防灾减灾工作机制,提升气象灾害监测预报预警服务水平。二要加强县级公共气象服务能力建设,提高县级气象灾害应急服务、风险管理、预警信息发布、雷电灾害防御、人工影响天气、专业气象监测等基层公共服务能力。三要加快农业气象服务体系和农村气象灾害防御体系建设的融入式发展,持续推进气象为农服务长效机制建设,扩大农业农村公共气象服务覆盖面,提高面向生产一线的农业气象服务能力。四要切实履行气象社会管理职能,认真做好气候可行性论证、气象灾害风险评估、气象灾害防御规划、气候资源评估、防雷安全管理、人工影响天气管理等社会管理工作。五要加强与相关部门的合作,充分利用社会资源、借助社会力量来扩大基层气象服务覆盖面,提高公共气象服务效益和社会管理能力。"等方面进行了重点的论述;2012 年 11月郑国光局长在中国气象局党组中心组学习中国共产党第十八次全国代表大会精神专题会上做的"深刻领会党的十八大精神,坚持和拓展中国特色气象发展道路"报告就加强和创新公共气象服务、气象社会管理进行了专题论述,为全国气象部门加强基层气象社会管理与基层公共气象服务导向定航。另外改革开放以来,特别是"十一五"期间,随着中国经济社会的快速发展,综合国力不断提升,中国气象事业也取得了举世瞩目的成就,在发展中国家处于领先地位,在某些领域赶上了发达国家的水平,为加强基层气象社会管理与基层公共气象服务奠定了坚实的基础。

因此,在中国气象局和各级人民政府的正确领导下,在省、地级气象局的带领下,全国基层气象部门必将加快基层公共气象服务能力建设,提升基层公共气象服务水平,并通过基层公共气象服务强化基层气象社会管理,从而进一步促进基层公共气象服务健康发展。

二、气象现代化为加强基层气象社会管理与基层公共气象服务提供了坚实的物质基础

中国天基、空基、地基综合观测系统建设初具规模。到目前,建设完成了自动气象站 33111 个和近 200 套移动观测系统,覆盖全国 85％以上乡镇,建成 1210 个自动土壤水分观测站、433 个 GPS/MET 站,2418 个国家气象站全部实现观测自动化。建成了 10 个海洋气象浮标站、8 部边界层风廓线雷达、648 个卫星广播小站。地面、高空及农业气象、交通、空间天气等气象观测能力显著提高。基本完成了省、地、县气象灾害影响评估系统,全国灾害天气监视和预报平台,省级的预警指挥中心和移动指

挥中心,灾害预警电话发布系统等建设任务,气象预报预测服务和预警发布能力得到明显提升。

中国成功发射了 6 颗极轨气象卫星和 5 颗静止气象卫星,成为世界上同时拥有双轨气象卫星的国家;正在建设中的具有世界先进水平的新一代多普勒天气雷达网和沙尘暴监测网、自动气象台站网、L 波段探空雷达、全球定位系统(GPS)探空站、飞机探测、风廓线仪、三维闪电定位仪等的建成和应用,大大提高了气象综合探测的现代化水平。目前,中国已初步形成了天基、空基和地基结合、门类比较齐全、布局基本合理的综合观测系统。

气象信息网络建设成绩斐然,气象资料共享率先实现。建成了连通全国 2300 多个县具有较高水平的卫星通信和地面公共通信的气象信息网络系统;初步建成了与国防、军事、海洋、航空航天等部门联通的高速通信网。国家气象信息中心已成为世界气象组织全球气象电信系统区域通信枢纽之一,形成了运行速率达 21.5 万亿次的高性能计算机系统及海量存储系统、高速局域网组成的高性能计算机网络,国家级高性能计算机总运算能力达 48 万亿次/秒。中国气象局在科技部的支持下,率先开展了气象资料共享试点,气象领域的科学数据共享处于国家科学数据共享工程建设的前列。

数值天气预报模式体系初步建成。目前已初步建成适合中国天气气候特点的、由全球中期数值天气预报模式、中期集合预报模式、有限区域数值天气预报模式和台风、沙尘暴、核污染扩散、大气污染数值预报模式等组成的天气数值预报模式体系。各类数值天气预报业务稳步开展,并在业务服务中取得良好效果。另外,中国自主研发的全球/区域多尺度通用同化与数值预报系统(GRAPES)实现准业务运行,全球中期数值天气预报分辨率提高到 30 千米,台风路径预报达到世界先进水平。国家气象中心成为世界气象组织的区域专业气象中心之一。

动力气候模式正逐步成为模拟和预测气候变化的有力工具。中国科学院等有关研究单位先后研究了大气环流模式、海洋环流模式、陆面模式、海冰模式及海-陆-气耦合模式,较好地模拟了东亚季风雨带的推移、大气环流的季节突变和海-陆-气相互作用对中国气候的影响。国家气候中心与有关科研院所和高校共同研发了中国的短期气候预测动力模式系统并投入准业务运行,形成了具有中国特色的短期气候预测业务体系。国家气候中心已成为世界气象组织的 14 个能够发布年、季短期气候预测的机构之一。

这些气象现代化为加强基层气象社会管理与基层公共气象服务提供了坚实的物质基础。

三、气象科技成果为加强基层气象社会管理与基层公共气象服务提供了可靠的科技支撑

新中国成立初期,中国科学家在东亚大气环流和季风气候研究方面取得重要进展,在此基础上建立了适合中国天气气候特点的天气预报业务。改革开放后的近三十多年来,中国科学家在大气科学以及地球科学和全球变化的很多领域展开了科学研究工作,如台风暴雨灾害性天气监测、预测业务系统研究,中期数值天气预报及灾害性天气预报研究,短期气候预测系统的建立,中国重大天气气候灾害的形成、预测理论和预测方法研究、中国生存环境演变和北方干旱化趋势研究、青藏高原生态与环境演变研究、中国西部生态环境演变和适应对策研究、生态系统千年评估等项目,也组织和开展一批在国际上有重要影响的大型科学试验,如青藏高原和极地科学考察、黑河地区和内蒙古草原青藏陆－气相互作用试验,以及被称之为"四大科学试验"的"高原野外试验"、"南海季风试验"、"华南暴雨试验"和"淮河流域能量与水分循环试验"。同时,气象部门重点实验室发展到 12 个,建立了 5 个中尺度暴雨观测与应用试验基地、1 个雷电外场试验站、1 个青藏高原观测网、2 个大气综合观测站、7 个大气成分观测试验基地形成的全球及区域本底观测站网、4 个农气与生态观测站、3 个极地观测基地、2 个森林生态观测站、1 个台风观测基地、1 个荒漠过渡带生态气象监测基地、1 个海洋观测基地、2 个干旱气象环境试验基地和 1 个沙漠大气环境试验基地。

随着气象科技投入的增加,气象科学研究和技术开发取得明显进步,自主创新能力进一步增强。尤其"十一五"期间,共有 9 项气象科技成果获得国家级科技奖励,其中"风云二号 C 业务静止气象卫星及地面应用系统"获得国家科技进步一等奖,"我国梅雨锋暴雨遥感监测技术与数值预报模式系统"、"我国新一代多尺度气象数值预报系统"、"人工增雨技术研发及集成应用"、"奥运气象保障技术研究及应用"等获得国家科技进步二等奖,其科研成果在现代气象业务发展中发挥了重要作用。气象预报预测准确率和精细化程度大幅提升,中国自主研发的区域和全球数值天气预报模式系统(GRAPES)分别投入业务运行和试运行,可用时效达 6.5 天,热带气旋 24 小时、48 小时路径预报达到世界先进水平;气象卫星探测进入世界先进行列,一些关键技术已达到国际领先水平;在东太平洋台风研究、青藏高原气象科学试验研究、梅雨锋暴雨系统结构及其形成机理研究、南海季风试验研究等领域已在国际大气科学领域占据重要位置;首次利用机载下投式探空仪对台风进行了观测,台风、暴雨综合观测和人工影响天气等外场科学试验取得大量成果;奥运场馆精细化气象要素预报、城市气象灾害短时临近预报预警、气象灾害风险评估,世博会长、中、短期一体化的高分辨数值预报系统等系列成果相继转化为业务服务能力,为北京奥运、上海世博气象保障提供了坚实的科技支撑;在全球变化与区域响应、东亚季风动力学及其预测、短期

气候预测、新一代天气预报人机交互处理系统(MICAPS)、人工影响天气关键技术等方面取得丰硕成果。

这些科研能力和科技成果必将有力推动了中国气象事业的发展,为加强基层气象社会管理与基层公共气象服务提供了可靠的科技支撑。

四、人才强业战略为加强基层气象社会管理与基层公共气象服务提供了重要的智力保障

气象人才队伍迅速成长壮大。随着气象科学和气象业务服务领域的不断拓展,气象科学多学科交叉融合的特点日益彰显,天气、气候、气候变化等众多领域都已成为当代气象工作涉及的重要内容,中国成为世界上气象业务、科技和教育队伍人数最多的国家。近几年来,中国大气科学领域人才队伍的学历层次明显提高,本科毕业生平均每年增加 600 余人;硕士研究生平均每年增加 150 余人;博士研究生平均每年增加近 100 人,博士、硕士毕业人数呈明显上升的趋势。统计分析还表明,气象部门人才队伍的整体素质也明显提高,截至 2010 年底,气象部门国家编制人员 53606 人(包括海南省 562 人),地方编制人员 1602 人。国家编制人员 53044 人(不包括海南省)中,具有研究生学历人员 3776 人,占 7.1%;具有高级技术职称人员 7011 人,占 13.2%。

同时,中国还吸引和培养了一大批海外气象学子归国工作。近年来,海内外气象科技人才交流日趋频繁,仅在大气科学领域,教育部"长江学者"计划、中国科学院"百人计划"等都吸引了一批海外学子归国,国家自然科学基金委也资助海外优秀华人科学家与国内科学家进行实质性合作。大批海外华人科学家以不同方式踊跃为国效力。

在国际组织和国际计划中担任重要领导职务的中国气象工作者越来越多,如世界气象组织主席、IPCC 第一工作组联合主席、世界气象组织副秘书长、全球能量和水循环试验(GEWEX)计划副主席、大气科学协会(IAMAS)科学指导委员会副主席等职务先后由中国学者担任,中国气象工作者在国际气象领域地位日渐突显。

这些气象科技人才为加强基层气象社会管理与基层公共气象服务提供了重要的智力保障。

五、多元投入为加强基层气象社会管理与基层公共气象服务提供了强有力的财力保障

随着经济的发展,国家、地方对气象事业经费的投入不断增加,从而提高气象服务综合能力,适应国家和社会的需要,也为加强气象社会管理与公共气象服务提供强有力的财力保障。例如,"十一五"期间,气象现代化建设总投入达 220 亿元,较"十

五"翻了一番多。其中,落实工程项目中央投入 156 亿元,主要用于新一代天气雷达、气象卫星、气象监测与灾害预警等重点工程和小型业务及基础设施建设和气象部门业务运行维持,同时地方也投入 64 亿元,主要用于灾害监测预警、人工影响天气、基层台站建设等方面。全国有关行业、部门、企业因气象科技服务产生经济效益而投入经费支持气象事业发展的额度也逐年增长。

这些国家、地方、社会的多元经费投入为加强基层气象社会管理与基层公共气象服务提供了强有力的财力保障。

六、气象法规体系为加强基层气象社会管理与基层公共气象服务创造了良好的政策环境

气象法规体系初步形成。《中华人民共和国气象法》经全国人大常委会审议通过,于 2000 年 1 月 1 日起正式生效。全国人大通过的《农业法(修订)》等有关法律,也有多处涉及气象的条款。国务院还制定了一系列气象行政法规,2002 年,《人工影响天气管理条例》经国务院批准后开始实施;在《通用航空飞行管制条例》等有关行政法规中,有 27 个条文涉及气象方面的职责、权利和义务;2010 年,《气象灾害防御条例》经国务院批准后也开始实施;2012 年,《气象设施和气象探测环境保护条例》经国务院批准后也于 12 月 1 日开始施行。此外,国务院还下发了气象方面的规范性文件19 个。中国气象局也先后发布实施了 23 部部门规章、近 300 部规范性文件和一系列技术规范、标准、规程。同时,各省(区、市)人大和政府出台相关的地方性法规和规章 155 部。

这些法律、法规和规范性文件使气象事业逐步走向依法建设和依法发展的轨道,为加强基层气象社会管理与基层公共气象服务创造了良好的政策环境。

第四节　加强基层气象社会管理与基层公共气象服务的重要性

一、基层气象社会管理与公共气象服务是国家社会管理与公共服务的重要组成部分

基层气象社会管理与公共气象服务是国家社会管理与公共服务的重要组成部分,主要是因为在全球气候变化的背景下,极端天气气候事件频发,极易引发公共安全事故,极易形成社会风险,极易引发新的社会问题;甚至引发国家粮食安全、水资源安全、生态环境安全等重大社会问题,并影响着国家在内政外交中的诸多决策。因此,气象自然灾害已成为考验一个国家政治制度和政府社会管理能力的极其重要的

方面,尤其是当重大突发的气象自然灾害危及国家公共安全和社会稳定时,政府的快速反应能力、有效处置能力、信息透明度和传输能力、社会协同作战能力等都反映了一个国家的社会管理能力,甚至也反映了一个政党的执政能力。所以有效监测预测、预报预警和应对气象灾害已成为社会领域的一项重要事务。故加强基层公共气象服务和基层社会管理也当然成为国家社会管理和公共服务的重要组成部分。

二、加强基层气象社会管理与公共气象服务是气象事业科学发展的战略机遇

气象事业发展总是面临不断的挑战和机遇,加强基层气象社会管理与基层公共气象服务是推进气象事业科学发展的历史机遇。这是因为:(1)加强和创新社会管理对基层气象社会管理与基层公共气象服务提出了新的社会需求,为气象科学发展增添了新动力,是气象部门面临的进一步提升气象为经济社会发展服务能力的重要机遇。从美国"卡特里娜"飓风到印尼洪灾、从印度洋海啸到日本特大地震及其引发的海啸,人类似乎面临越来越多、越来越意想不到的自然灾害。种种迹象表明,中国在未来一段时期将面临许多自然灾害和社会问题的考验。气象工作必然会因全社会对提升防灾、减灾能力的迫切需要,以及气象部门自身灾害监测预警、预报服务和应急处置能力的增强,在国家经济社会发展大局中的影响会越来越大,在党和政府加强与创新社会管理格局中的地位会越来越重要。从这个角度讲,加强气象灾害与气象风险的社会管理水平是提升气象为经济社会发展服务能力的重要机遇。(2)加强基层公共气象服务和基层气象社会管理为气象事业实现更好、更快发展提供了内在条件和外在环境,提供了新舞台,开辟了新境界,创造了新条件,让全社会对公共气象服务和社会管理职能有进一步的了解、认可和支持。有利于促进气象部门的法制建设和依法行政工作,增强公共气象服务能力。是进一步推动气象事业实现更好、更快发展的难得机遇。(3)加强基层气象社会管理和基层公共气象服务为气象部门深化各项改革指明了方向、提出了要求。经过多年的发展,气象行政管理职能得到了强化,行政管理的成效也十分明显。但包括气象行政许可在内的许多职责仍需要进一步加强。气象部门必须坚持社会公益性事业的属性,必须为经济社会发展提供强有力的基本公共服务,切实加强对气象事务和气象活动的社会管理。气象部门要充分利用双重领导、以气象部门领导为主的管理体制形成全国统一的公共气象服务和社会管理合力;要善于突破现行体制的束缚和障碍,充分利用各级政府和各部门的资源和力量,履行好国家赋予的管理气象、发展气象的职责和职能;要转变思想观念,从部门气象转到社会气象,通过部门合作、省部合作等来加强和实现社会管理。从长远发展来看,加强气象灾害与气象风险的社会管理水平,将有利于气象部门适应政府机构改革和事业单位改革,是气象部门面临进一步转变发展方式,深化各项改革的重要机遇。(4)加强基层气象社会管理和基层公共气象服务,为促进基层气象事业发展找到了新的突破口和着力点,是基层气象事业紧紧融入和服务当地经济社会发展大局的迫切需要。加强基层公共气象服务和基层气象社会管理,需要进一步加强基层基础工作,重新审视基层气象部门的职能,充分发挥基层气象部门除基本观测业务以外的其他公共气象服务和气象社会管理职能,是基层气象事业面临着进一步发展的重要机遇。

因此,要抓住历史机遇,切实加强基层气象社会管理与基层公共气象服务促进气象事业科学发展。

三、加强基层气象社会管理与公共气象服务促进气象事业科学发展

面对日益增长的公共气象服务和社会管理需求,加强和创新基层公共气象服务和基层社会气象管理必须依靠科技支撑、人才保障、科学管理,创新气象事业发展方式,推动和引领气象社会管理与公共气象服务创新实践。以下是创新气象事业发展方式的主要内容:

在指导思想上:从部门管理向社会管理转变,从重视提供公共气象服务向公共气象服务与服务管理并重转变;要从偏重事后处置向更加重视源头管理转变,使气象社会管理关口前移;从偏重行政手段向更多地运用法律规范、技术标准、信息引导等多措施并举转变;重视和加强气象法规体系建设,推进气象灾害风险管理制度建设,强化部门协调机制建设,加强气象应急管理制度建设。

在规范管理上:充分应用法律、法规和技术标准互动来实施气象社会管理和提升公共气象服务水平;积极推进探测环境保护、气象信息发布、气象灾害防御等重点领域的气象立法工作和标准研制与科研项目紧密结合,加强标准化基础研究,制定、建立健全法律法规体系和气象标准化体系,切实提升气象标准的强制力和约束力。同时加强气象事业发展总体规划和顶层设计,制定完善气象事业发展的中、长期规划和各类专项规划,加强对规划实施情况的监督和评估,加快构建机构健全、制度完善、管理规范的气象行政执法体系。

在管理方式上:要进一步增强创新思维,寻求良好的管理手段,使管理行为更加有效,管理效益更加明显,管理的社会影响力更大。一要改进公共气象服务管理方式。重点加强面向农村和城镇社区的气象社会管理。切实提高基层台站公共气象服务和社会管理能力,健全基层管理和服务体系,推动管理重心下移,延伸公共气象服务职能。二要改进气象灾害应急管理方式。进一步建立和完善部门协同联动机制,广泛动员社会力量进行气象灾害应急,使气象灾害应急管理工作有力有效。三要改进气象灾害风险管理方式。要积极推动各级政府加快建立气象灾害风险管理制度,并将其纳入政府风险管理范畴。要转变气象灾害风险管理方式,积极开展气象灾害风险识别、区划、评估和转移等,实现从气象灾害危机管理为主向气象灾害风险管理为主的转变。要开展气象灾害保险服务,探索建立适合中国国情的农业气象灾害风

险分散和转移途径。四要改进气候资源管理方式。加强气候资源普查和区划管理，建立气候资源开发利用气候可行性论证制度，通过气候可行性论证，发挥气候资源管理在国家能源战略中的基础性、指导性作用。

在能力建设上：一要加强形势分析和判断能力。随着国家行政体制改革和事业单位分类改革的深入，随着转变经济发展方式进程的加快，对气象工作的要求已经并将继续发生重要变化。气象部门各级领导干部要善于准确分析和把握国家经济社会发展的新趋势，善于从国家经济社会发展的大局中研究和把握对气象工作的要求，与时俱进地把时代的要求与气象工作实际紧密结合，这是做好公共气象服务和社会管理的重要前提。二要加强部门协同能力。通过进一步优化和完善部门联席会议制度、联络员会议制度、协议制度，建立和完善部门协同机制，一方面有效解决部门间管理职责重复、交叉问题，另一方面完善和强化公共气象服务和气象社会管理职能。三要加强公共气象服务能力。强化公共气象服务和气象社会管理职能，归根到底就是要不断增强公共气象服务能力。要紧紧围绕建设"四个一流"的战略目标，牢牢把握提高"四个能力"的战略任务，加快现代气象业务体系建设，加快气象科技创新，切实提高基层公共气象服务能力，为基层气象社会管理提供强大支撑。

由于基层气象工作是气象事业发展的基石，是气象业务服务的基础，是加强和创新社会管理的基点。没有基层现代化，就没有整个气象事业现代化。随着地方经济社会发展和以人为本执政理念的不断强化，随着国家事业单位分类改革和行政管理体制改革的不断深化，对县级气象机构履行公共服务和社会管理职能提出了更高要求，对县级气象机构的业务服务和管理提出了更高的要求。县级气象机构职能定位、机构设置、业务布局、人员编制等政事不分、管办不分的体制机制，与履行公共气象服务和气象社会管理职能的需求极不适应，已成为制约气象事业整体发展的瓶颈。因此，迫切需要深入推进基层气象机构综合改革：一是必须坚持公共气象的发展方向，坚持面向民生、面向生产、面向决策，围绕气象防灾减灾中心任务，全面履行公共气象服务和社会管理职能，使气象工作更好地融入和服务当地经济社会发展大局；二是以"局台(站)分设、政事分开"为改革的突破点，从根本上实现从内部管理向全面履行公共气象服务和社会管理职能延伸，从传统的测报工作向强化监测预警和防灾减灾延伸，从单一国家事业编制向多元人力资源保障机制延伸，从局台(站)合一向政事分开、管办分离转变；三是以强化县级气象机构的公共服务和社会管理职能为重点，以气象为农服务"两个体系"建设为抓手，牢牢抓住气象防灾、减灾这个主线强化公共气象服务和气象社会管理职能，完善机构和岗位设置，调整优化事业结构和业务布局，提高基层气象机构的综合实力和发展能力，提升气象防灾、减灾工作水平；四是以"三个有利于"——即是否有利于推动基层气象事业发展，是否有利于提高基层业务服务和社会管理效能，是否有利于充分调动基层气象干部职工积极性和主动性作为衡量改革成效的重要标准。从而更有效地加强基层气象社会管理与基层公共气象服务，实现基层气象事业更好、更快发展，促进气象事业科学发展。

第五节　重庆市加强与创新气象社会管理和公共服务的基层气象台站综合改革调研报告

根据中国气象局党组《关于开展基层气象台站综合改革调查研究工作的通知》（中气党发〔2011〕38 号）部署，重庆市气象局党组将其列入党组工作的重要议事日程，由重庆市气象局党组书记、局长王银民牵头，党组成员、副局长李良福具体负责，成立了调研小组，在全市气象部门开展了基层气象台站综合改革专题调研，专题调研报告具体内容如下：

一、调研基本情况

针对重庆加强与创新气象社会管理和公共气象服务的基层气象台站综合改革调研，重庆市气象局党组召开专题会议，制定了调研方案，下发了《关于开展基层气象台站综合改革调查研究工作的通知》（渝气党发〔2011〕10 号）。调研形式有座谈研讨、听取汇报、问卷调查、实地考察等方式。走访了重庆市垫江县政府、重庆市北碚区金刀峡镇政府、重庆煤监局和重庆市煤管局、重庆市巴南区林业局、重庆市北碚区水利局等机构。组织了重庆市渝东南片区、渝西片区、渝东北片区区、县气象局座谈会，基本摸清了重庆市基层气象台站发展现状、当前面临的发展环境和发展要求、对基层气象台站综合改革工作的意见和建议、加强与创新基层气象社会管理和基层公共气象服务现状及面临的问题、地方政府和相关部门对气象工作的需求。

二、基层气象事业发展取得的成绩及存在的问题

重庆直辖市组建于 1997 年，面积 8.24 万平方千米，辖 40 个区、县（自治县）。基层气象台站 35 个，含基准站 1 个、基本站 11 个、一般站 23 个，属重庆市气象局直接管理。截至 2010 年底，全市气象部门在职职工 757 人，其中市气象局 254 人、区县 503 人，各区县气象局有外聘人员 251 人。主要承担着气象观测、气象预报、气象服务、气象行政执法、台站运行管理等任务。

（一）取得的主要成绩

重庆市各区、县（自治县）气象局经过近年来的快速发展，服务领域逐步拓宽，服务效益显著提升，预报、观测业务能力不断提高，社会管理职能进一步增强，党建和气象文化建设形成特色，职工工作、生活条件得到有效改善。

1.业务服务能力和水平不断提高。一是公共气象服务能力显著增强，不断改进

服务手段、拓宽服务领域、丰富服务产品、提高服务质量,最大限度地满足广大人民群众对气象服务越来越高的需求。气象服务信息发布手段不断优化,各区、县突发事件预警信息发布平台在重庆市市政府的推动下,2013年6月底前将按照"永川模式"全部建成。气象信息公众覆盖率达90%,社会公众对气象预报服务满意度超过80%。二是观测手段日臻完善,全市建成884个区域自动气象观测站,5个高山无人站,4部新一代天气雷达(1部在建),29个长江航道能见度观测站,36个GPS/MET水汽观测站,20座气象观测塔,4个负离子监测点,26个自动土壤水分站,35个实景观测点,2台气象应急车。建立了国家—市—区(县)三级气象通信网和视频天气会商系统及西南区域气象信息共享平台。三是预报、预测质量不断提高,区县级24小时晴雨预报准确率达到88%,24小时降水预报准确率"十一五"较"十五"提高了1.9%。强对流预警时效达到30分钟,天气预报时间分辨率精细到3~6小时,空间分辨率精细到乡镇。

2. 人才队伍结构明显改善。截至2010年底,全市基层台站具有本科以上学历职工占基层台站职工总数的49.9%,较"十五"末提高31.83%。具有专业技术职称的职工占基层职工总数的95.62%,其中中级以上职称占55.86%,较"十五"末提高21.28%。45岁以下的职工占基层职工总数的64.81%,领导干部50岁以下占83.55%。

3. 气象社会管理职能进一步强化。依法行政管理工作得到加强,气象行政审批进入规范化运行,34个区、县(自治县)气象局全部进入当地政府的行政审批大厅。大部分区、县(自治县)政府将防雷安全管理纳入安全生产目标考核。加强气象探测环境保护工作,联合有关部门执法,加大对违法、违规行为的惩处力度。推进"气象灾害敏感单位认证管理"工作,制定相应标准,明确气象灾害敏感单位防御气象灾害的主体责任,督促其有针对性地开展安全气象保障工作。

4. 职工工作、生活条件逐步改善。通过项目带动、加大投入力度、增加人员经费、争取地方投入、利用气象科技服务收入资金反哺基层台站建设等方法,逐步改善基层气象台站的工作和生活条件,基层台站形象和社会地位得到明显提升。

5. 社会各界气象科普意识水平越来越高。随着经济发展和社会进步,以人为本、关注民生,科学发展、和谐发展的理念日益深入人心,社会各界对气象防灾、减灾的要求越来越高,期望越来越大。基层气象单位加强科普宣传,大力推进气象科普"四进"工程,人们的气象信息意识、气象防灾减灾意识和自救互救能力大大提高。气象工作在指导人民群众生产、生活和防灾、减灾中"消息树"、"发令枪"作用越来越凸显。

(二)存在的主要问题

1. 现代化建设发展不平衡。公共气象服务能力方面,基层气象服务缺乏针对性,存在以预报代替服务的问题;服务产品缺乏通俗性,不利于服务对象应用;预警信息接收仍存在盲区;公共服务产品使用率还有很大提高空间。探测现代化水平方面,观测的综合性有待进一步加强,对于敏感区域的针对性监测有待加强;观测系统稳定性和保障能力有待提高;区域自动站设备老化,更新维护困难。预测、预报方面,基层气象部门对气象资料的综合应用能力普遍不足,数值预报产品释用能力较弱;存在重复上级部门预报情况,对本行政区域敏感区域、敏感点的预报针对性和精细化有待增强。

2.基层队伍建设亟待加强。随着业务服务流域的拓展和社会管理职能的加强,"人"与"事"的矛盾日渐突出,基层台站人员总体编制太少,与当地同级机构相比显得薄弱;人员学历偏低,城口、巫溪等艰苦台站难以吸引和留住优秀人才;年龄结构不合理,培训与交流机会少,不利于业务素质整体提高;职工进出机制和机会缺乏,编外人员的认同度和归宿感不高;基层气象装备技术保障力量难以满足区域气象观测站大幅度增加的需求。

3.气象社会管理有待规范。基层从部门气象向社会气象转变、部门管理向社会管理拓展的意识不强烈;气象社会管理与技术服务、市场经营纠缠不清;气象社会管理手段单一、领域狭窄。

4.基层台站管理水平滞后。目前,各区、县(自治县)气象部门承担的任务已非常繁重,包括大气探测、预警预报、公共气象服务、人工影响天气、区域观测站和信息服务站维护管理、雷电防护等。同时,上级部门机构调整不断完善,业务项目不断增多,"上头千条线,下面一根针",基层部门易出现工作脱节现象,有些工作落实力度不够,工作质量也难以保证。另外,区县气象局在当地作为政府的工作部门还要承担相应的工作任务,这在某种程度上造成了文秘、法规、财务、后勤等岗位的工作往往要靠单位领导和业务人员身兼数职来维持。迫切需要提高区、县局的管理水平,解决有限的"人力"与繁重的"任务"的矛盾。

5.气象探测环境保护形势严峻。城市化进程的加快,加上重庆市山地多,平坝少的特点,气象探测环境的保护难度越来越大。对违法行为执法成效不明显。

三、重庆市气象局加强基层工作的主要做法

(一)以法规和政策为支撑,改善基层发展环境

一是先后颁布实施了《重庆市气象条例》、《重庆市气象灾害防御条例》、《重庆市气象信息服务管理办法》、《重庆市防御雷电灾害管理办法》、《重庆市气象灾害预警信号发布与传播办法》、《重庆市人工影响天气管理办法》,形成了"二条例四规章"的地方气象法规规章格局。二是近年来重庆市政府颁发了《重庆市人民政府关于进一步加强气象工作的决定》、《重庆市人民政府办公厅关于加强气象灾害防御工作的通知》等十多份规范性文件,进一步明确和拓展了气象社会管理职能。三是编制实施了18

部气象标准(气象行业标准 4 部,地方标准 14 部),发挥标准的引领作用。四是建立了气象灾害防御联席会议制度、防雷安全联席会议制度、空飘管理联席会议制度、气象灾害敏感单位认证管理联席会议制度、多部门联合执法检查机制等,定期召开相关会议,部署相关工作。五是重庆市气象局先后出台了《重庆市气象局关于进一步加强基层台站工作的实施意见》、《重庆市气象局加强基层气象台站基础设施建设指导意见》等一系列加强基层发展的政策。

(二)以"三平台一基础"为抓手,强化"四个一流"台站建设

近年来,重庆市气象局以"三平台一基础"为抓手,突出重点,全面加强基层基础工作,"四个一流"建设初具规模,综合实力大幅提升。重庆市气象局统一建设标准,规范建设流程,多渠道筹措建设资金,大力推进公共气象服务业务平台和突发事件预警信息发布平台建设,加快区县预报业务平台建设和改造,全面完成气象综合观测业务平台标准化一期建设工程和与业务服务配套的标准化基础设施建设工程。"十一五"期间,共投入资金 16642.54 万元用于基层台站基础设施建设,新增业务办公等用房面积 30151.27 平方米,完成了 35 个基层台站的各类基础设施建设项目和综合改善项目 121 个。100%基层台站建成文明单位,其中 80%为市级文明单位。组织开展东西对口帮扶和结对子活动,共落实帮扶资金 320 余万元,促进了区域协调发展。

(三)以科技和人才为保障,确保事业发展的活力

"十一五"气象科技项目经费是"十五"的 3.5 倍,加强对基层的支持,优先考虑基层业务科研项目,带动基层业务科技水平提高。组织实施了"183 人才工程",区、县气象局被评选为"业务科研骨干"和"一线业务骨干"人数占入选人数的 43.65%。切实抓好基层台站领导干部的培养、选拔和规范管理工作。通过公务员考录、事业单位公开招聘、"4+1"培训等形式,有计划、有针对性地引进和培养大气科学及相关专业大学本科以上毕业生和业务骨干,还为部分区、县气象局引进了研究生。加强了基层台站岗位技能培训,开展业务技术竞赛,完善持证上岗制度。

四、地方政府及相关部门加强基层工作的具体做法

(一)基层政府较重视气象工作

重庆市乡镇政府一般明确有分管领导,设有管理机构和人员。乡镇级政府机构、人员的编制相对富裕,增设气象管理的机构、人员或岗位难度不大。对气象工作在防灾减灾、农业生产等方面的认识尤为深刻。

(二)基层相关部门对气象信息的需求迫切

从调研的几个部门来看,他们对气象灾害敏感区域、敏感时段非常清楚,对气象信息的需求最为具体,针对性和精细化的要求都很高,与气象部门合作的空间广阔。

（三）其他部门值得借鉴的社会管理模式

重庆煤监局和重庆市煤管局分属中央在渝单位和地方机构,但合署办公,人员可相互进出但相对固定,两局人事工资关系和财务资产管理独立运行;在工作中理顺了裁判员和运动员的关系,注重程序规范。林业、水利部门在社会管理中,主要是对项目的管理,从经费支持、目标下达、技术指导和工作检查等方面调动政府、部门、社会单位参与具体工作。林业、水利部门的防灾减灾管理任务均可以落实到具体村社、企业、人员,建立了预警信息传递考评机制,重视发挥基层组织在社会管理中的作用,林业、水利部门主要职责是加强监控和管理,履行社会管理的权威性较强,有具体手段和措施进行规范。同时,各方面的宣传到位,真正做到了家喻户晓,在落实具体工作时就比较顺利。

五、加强基层气象台站综合改革的建议

（一）做好顶层设计

统筹安排国家级、省级、地区级与基层气象台站建设,处理好区域协调发展的关系,明确和细化各级气象部门在现代气象业务体系建设中的发展目标和任务分工。要在人才、技术、设备、资金等方面积极向基层台站倾斜。

（二）建立符合基层气象事业发展需求的人才队伍

希望中国气象局出台更加灵活的人事人才政策,加强基层单位人才队伍建设;采取更加有效的措施,加强人才的培养和交流。对基层在业务技术岗位工作的编外人员,可从教育培训、职称评定、同工同酬、身份认定等方面增强其认同度和归宿感。

（三）继续改善基层气象职工工作、生活条件

加强基层台站业务能力建设,下达国家级重大气象建设项目时应尽量惠及到基层台站,加大对西部地区、三峡库区台站的支持。积极落实中央和地方政府有关政策,切实提高在职职工和离退休职工工资收入水平。

（四）加强和创新社会管理

转变发展方式,树立"无限服务、有限责任"的气象社会管理理念,坚持有所为有所不为,在强化自身能力建设的同时,主导和推动社会气象防灾、减灾能力建设。坚持"垂直—扁平化"管理模式,作为气象主管机构,在实行垂直管理的同时,积极依托各级政府推行扁平化管理,明确县乡政府及相关部门气象管理方面的职责内容。借鉴其他部门做法,增强监管和指导职能,发挥项目、资金带动作用,引导社会力量支持气象事业发展。

第三章　强化基层气象社会管理的
对策措施研究

第一节　引　言

随着经济社会发展,中国政府已由经济建设型转向公共治理型,正处于强化政府的公共服务和社会管理职能,逐步实现基本公共服务均等化的行政管理体制改革时期。气象部门是基础性的社会公益事业单位,是经国务院行政授权承担气象工作行政管理职责的单位,当然也离不开强化气象部门的公共气象服务和气象社会管理职能及面向决策、面向民生、面向生产提供优质的、均等化的公共气象服务的行政管理体制改革。而基层气象社会管理是国家、省、地(市)级气象部门气象社会管理的有机组成部分及具体表现形式,是各级气象部门履行气象社会管理的基础,是加强和创新气象社会管理的基点,对国家、省、地级气象部门的气象社会管理拓展具有牵引性和检验性。因此,为了促进公共气象服务向规范、有序、优质、均等、公开、透明、便民、高效等方面发展,充分发挥公共气象服务的政治效益、社会效益、经济效益,就必须进一步强化各级气象部门的气象社会管理职能,当然也离不开强化基层气象社会管理职能。

通过认真分析气象服务发展历程,领会历次气象服务会议精神,从气象部门承担的职责出发,强化基层气象社会管理职能应主要采取以下措施:一是根据国家行政管理体制改革要求,强化基层气象社会管理职能的合法性、权威性、操作性;二是根据经济社会发展和人民群众需求,强化基层气象社会管理职能的拓展性、服务性;三是加强气象现代化建设,强化基层气象社会管理职能的科学性、绩效性;四是加强气象科普宣传,强化社会接受基层气象社会管理的自觉性。为此提出了 3 个"完善"、2 个"坚持"、3 个"提升"的强化基层气象社会管理职能的"323 系统工程"。

第二节　完善地方气象法规体系　强化基层
气象社会管理职能的合法性

随着《行政许可法》的实施,依法行使气象社会管理职能已经成为各级气象部门参与政府管理社会的重要手段。虽然《中华人民共和国气象法》、《人工影响天气管理条例》、《气象灾害防御条例》、《气象设施和气象探测环境保护条例》、"国务院令第412号"、《气象行政复议办法》等国家法律法规、部门规章和国务院"三定"方案,明确了气象部门的社会管理职能,但都是从国家层面上做了比较原则性的宏观规定。因此,每个省(区、市)须根据本行政区域的地理位置、气候背景、气象灾害对经济社会的影响和经济社会发展需求,制定地方性法律、法规来细化基层气象部门的社会管理职能,甚至增加基层气象部门的社会管理职能,使基层气象部门行使政府社会管理职能更具有合法性。

例如:重庆市人民政府为了加强气象部门对遭受暴雨、雷电、大雾等灾害性天气时,可能造成较大气象灾害(Ⅲ级气象灾害)单位的防御气象灾害的社会管理,组织有关专家,研究制定了《重庆市气象灾害预警信号发布与传播管理办法》(图3-1),该办法第十四条规定"气象灾害敏感单位应当建立气象灾害预警信号接收责任制度,设置预警信号接收终端。收到预警信号后,应当按照应急预案的要求立即采取有效措施做好气象灾害防御工作,避免或者减少气象灾害损失。气象灾害敏感单位是指根据其地理位置、气候背景、工作特性,经重庆市气象主管机构确认,在遭受暴雨、雷电、大雾等灾害性天气时,可能造成较大气象灾害以上的单位。";第十二条规定"气象灾害预警区域的区、县(自治县)和乡镇人民政府在收到预警信号后,应当按照应急预案的要求立即采取有效措施做好气象灾害防御工作,避免或者减少气象灾害损失";第十三条规定"气象灾害防御有关行政管理部门应当与气象主管机构建立联动机制,依据易燃易爆场所、有毒有害场所、重要公共场所、大型公共设施的气象灾害风险评估等级,制定防御气象灾害的应急预案,做好预警信号接收和灾害防御工作";第十七条第二款规定"气象灾害敏感单位违反本办法规定,未建立气象灾害预警信号接收责任制度,未设置预警信号接收终端的,由气象主管机构责令限期改正。"

该《办法》创设了重庆市、区(县)级气象主管机构确认"气象灾害敏感单位",并规定了"气象灾害敏感单位"的责任,建立了防御气象灾害责任到单位的责任制度。为重庆市、区(县)级气象部门监督"区县(自治县)和乡镇人民政府"、"有关行政管理部门"、"气象灾害敏感单位"在防御本行政区域、本部门、本单位气象灾害中是否责任到位,奠定了坚实的法律基础。

有关专家研讨会　　　　　　　　　　部门、区县政府论证会

新闻发布会　　　　　　　　　　　　电视宣传贯彻

图 3-1　《重庆市气象灾害预警信号发布与传播管理办法》研讨、制定、发布、宣传贯彻图片

　　重庆市气象局依据该《办法》组织有关专家制定了《气象灾害敏感单位安全气象保障技术规范》(DB50/368－2010)(图 3-2)，同时还积极协调和协助重庆市市政府办公厅、应急办公室出台了《重庆市人民政府办公厅关于加强气象灾害敏感单位安全管理的通知》(渝办发[2010]344 号)文件，该文件就加强全市气象灾害敏感单位安全管理有关事项，向各区、县(自治县)人民政府，市政府各部门，有关单位提出以下要求：

　　1. 提高认识，增强做好气象灾害敏感单位安全管理工作的紧迫感和责任感

　　随着重庆市经济社会加速发展，气象灾害对人民群众生命财产安全构成的威胁不断加大，气象灾害防御已成为重庆市气象工作的重中之重。气象灾害敏感单位是重庆市气象灾害防御的重要载体，是实现气象灾害可防、可控的核心环节。加强气象灾害敏感单位安全管理是贯彻落实科学发展观、科学防灾减灾、打造"平安重庆"的重要举措。全市各级各有关部门、单位要切实增强紧迫感和责任感，充分认识加强气象灾害敏感单位安全管理工作对保障人民群众生命财产安全的重要意义，把此项工作

图 3-2　气象灾害敏感单位标准专家评审会

纳入重要议事日程,不断细化措施,尽快形成政府统一领导、部门协调联动、灾害敏感单位具体负责的防灾减灾新格局。

2.明确任务,全面推进气象灾害敏感单位安全管理工作

(1)气象部门要切实做好气象灾害敏感单位安全管理前期工作。一是要做好气象灾害敏感单位的类别认定和气象灾害风险评估工作。二是要制订完善气象灾害敏感单位防御气象灾害方案,指导重庆市政府有关部门、有关单位开展气象灾害安全管理工作。三是要加强气象灾害监测和预警预报服务,进一步完善气象灾害信息共享机制,加快预警信息发布平台建设。四是要组织开展各类气象灾害敏感单位安全气象保障技术应用培训。

(2)重庆市市政府有关部门、有关单位要认真做好气象灾害敏感单位安全管理工作。市经济信息委、教委、科委、城乡建委、交委、农委、商委、公安局、民政局、国土房管局、环保局、市政委、水利局、文化广电局、卫生局、安监局、林业局、旅游局、港航局、通信管理局,重庆保监局、重庆海事局、成铁重庆办事处、民航重庆监管局、华中电监局重庆电监办等部门和单位要按照气象灾害敏感单位防御气象灾害方案规定的步骤,认真组织本行业相关企事业单位开展气象灾害敏感单位类别自评和气象灾害敏感单位类别认证申报工作;督促本行业气象灾害敏感单位落实各项安全气象保障措施。

要按照《重庆市人民政府关于进一步落实企业安全生产主体责任的决定》(渝府发〔2010〕3号)有关规定,强化气象灾害敏感单位安全生产主体责任量化考评,将安全气象保障制度、措施的落实情况与单位安全等级评估挂钩。

3.突出重点,强化气象灾害敏感单位安全气象保障措施

各区县(自治县)人民政府、市政府有关部门、有关单位要突出重点,做到有的放矢,重点做好十大类气象灾害敏感单位的安全气象保障工作。一是制造、使用或贮存大量易燃易爆、有毒有害等危险物质的单位。二是具有易燃易爆、有毒有害环境的单位。三是具有省级以上的会堂、办公建筑物、大型展览和博览建筑物、大型火车站、国宾馆、档案馆、重点保护文物的单位。四是具有供水、供电、交通、通信等重要基础设施的单位。五是具有对国民经济有重要意义的大量电子设备的单位。六是具有大中型水库的单位。七是具有人员密集场所的单位。八是曾经发生过气象灾害且损失重大的单位。九是具有受灾害性天气影响较大的大中型建设项目、重点工程、旅游景点、林场的单位。十是法律法规以及规范性文件规定的单位。上述十类气象灾害敏感单位必须严格按照《气象灾害敏感单位安全气象保障技术规范》(DB50/368—2010)有关规定,分解安全气象保障工作目标任务,强化相应的安全气象保障措施,并定期组织开展气象灾害隐患排查、整改。

4.加强领导,落实气象灾害敏感单位安全管理责任

重庆市各区县(自治县)人民政府、市政府有关部门、有关单位要加强领导,建立气象灾害敏感单位安全管理联席制度,要定期组织有关部门对气象灾害敏感单位安全气象保障制度运行情况进行检查评估,总结经验,汲取教训,不断完善保障措施;要强化考核,把气象灾害敏感单位安全管理工作推进情况纳入安全目标考核体系;要认真落实气象灾害防御工作责任,对因保障措施不到位、责任落实不到位造成事故的单位,要依据法律、法规及有关规定严肃追究相关责任人的责任。

重庆市北碚区气象局依据上述规章、技术标准和规范性文件,在北碚区政府和有关部门的协助下,开展了北碚区气象灾害敏感单位类别认证管理试点工作(图3-3),进一步强化了北碚区气象社会管理和公共服务职能,初步探索出了一条社会单位依

图3-3 北碚区气象灾害敏感单位类别认证管理有关工作图片

法防灾、科学防灾的新路,充分发挥了基层气象部门的"消息树"作用,有效落实了社会单位参与气象防灾、减灾的主体责任。

因此,完善地方气象法规体系,是强化基层气象社会管理职能的法律保障。

第三节　完善气象地方标准体系　强化基层气象社会管理职能的权威性

随着国家和地方法律、法规和部门规章的不断完善,明确了基层气象部门的气象社会管理职能,但是基层气象部门怎么做才能更好地行使基层社会管理职能呢? 显然只有依据更加完善的气象标准体系,才能使基层气象部门在基层气象社会管理范围内获得最佳的管理秩序,才能发挥基层公共气象服务最大效益。尤其是在"执政为民,服务发展"的大背景下,只有加强气象标准确定的技术体系权威性,才可能奠定基层气象部门气象社会管理的权威性。虽然目前中国气象局组织有关专家制定了200多个国家和行业的气象标准,树立了各级气象部门的社会管理的权威性。但是这些标准,专业性强,并主要规范了各级气象部门内部气象业务,远远不能满足基层气象部门在行使基层气象社会管理职能中,树立技术权威性的需要。因此,每个省级气象部门应根据所在行政区域的地理位置、气候背景、气象灾害对经济社会的影响和经济社会发展需求,制定相应的地方气象标准,以强化基层气象部门的气象社会管理职能的权威性。

例如:重庆市在实施新建项目防雷安全社会管理职能的实践中,根据重庆市地方有关法律、法规和"森林防雷技术应用研究"、"消雷工程技术研究"、"易燃易爆场所防雷防静电检测技术应用研究"、"计算机场地安全技术应用研究"、"计算机网络防雷技术应用研究"、"建筑物避雷装置检测技术应用研究"、"建筑防雷检测技术研究"、"电子信息防雷检测技术研究"、"雷电灾害调查与鉴定技术研究"、"雷电灾害风险评估技术研究"、"建筑防雷设计评价技术研究"、"雷电流经过框架建构物时其电流主要流经建构四周钢筋的趋肤效应现象研究"、"防雷理论的时代划分研究"、"地网的响应时间研究"、"共网不共母线接地技术研究"、"防雷地网与弱电设备地网等电位泄流过渡接地技术研究"、"驱雷—引雷系统防雷技术研究"、"自动气象站场室防雷技术研究"、"城市桥梁防雷技术研究"、"城市燃气防雷技术研究"、"塑钢门窗防雷技术研究"、"建筑物女儿墙暗式避雷带敷设技术研究"、"土壤电学研究"、"雷电防护关键技术研究"、"气象因素与土壤性质耦合效应对土壤电导的影响"等科研成果(图 3-4),组织有关专家研究制定《雷电灾害风险评估技术规范》(DB50/214－2006)、《建筑防雷设计评价技术规范》(DB50/217－2006)、《建筑防雷施工质量控制与验收规程》(DBJ50－060－2006)、《建筑防雷检测技术规范》(DB50/212－2006)、《电子信息系

图 3-4　支撑防雷安全技术标准体系的科研成果

统防雷检测技术规范》(DB50/213－2006)、《城镇燃气防雷技术规范》(DB50/T281－2008)、《煤矿防雷技术规范》(DB50/T280－2008)、《桥梁工程防雷技术规范》(DB50/T279－2008)、《跨座式单轨交通防雷技术规范》(DBJ/T50－092－2009)、《雷电灾害调查与鉴定技术规范》(DB50/211－2006)、《应急抢险救援防雷安全技术规范》(DB50/333－2009)等地方防雷安全技术标准体系(图 3-5),使新建项目防雷安全工作从规划选址、防雷工程设计评价、施工过程监审、工程竣工后的总体验收、防雷装置安全检测、雷电灾害调查鉴定等全过程都按照标准化方式进行规范管理,从而有效树立了重庆市、区(县)级气象部门防雷安全社会管理职能的权威性。

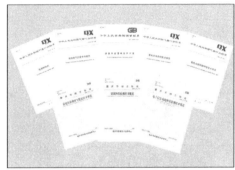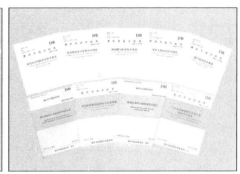

图 3-5　防雷安全技术标准审查会及标准图片

因此,完善气象地方标准体系是强化基层气象社会管理职能权威性的根本方法。

第四节　完善政府主导部门联动社会参与机制　强化 基层气象社会管理职能的操作性

由于受体制机制限制和人们传统思维的影响以及地方气象法规体系、地方气象标准体系还不够完善的限制,使省、地(市)、县三级气象部门行使社会管理职能的操作性受到一定的影响,从而制约了管理效益的发挥。因此,完善气象工作"政府主导、部门联动、社会参与"的机制,明确地方政府在气象工作中的主导作用,实现部门之间的联动与合作,实现社会资源共享,促进社会资源效益最大化发挥,是强化省、地(市)、县三级气象部门行使社会管理职能可操作性的有效途径。

例如:重庆市政府为了贯彻落实回良玉副总理 2009 年在"全国农业春耕生产动员会"上关于"要高度重视防灾减灾,全力避免经济危机与自然灾害危机交错发生给经济社会发展带来的严重影响。"的讲话精神,切实加强气象部门防雷安全社会管理职能。重庆市政府于 2009 年 4 月 14 日,组织了市气象局、市经济和信息化委员会、市教委、市监察局、市国土房管局、市城乡建设委员会、市规划局、市交委、市商委、市文化广电局、市林业局、市质监局、市安监局、北部新区管委会、武警重庆市消防总队、市科协、市通信管理局、市政府新闻办、市政府应急办、市电力公司等 20 个相关部门和渝中区、大渡口区、江北区、沙坪坝区、九龙坡区、南岸区、北碚区、渝北区、巴南区等主城 9 区人民政府有关负责人召开了"关于做好全市防雷减灾工作专题会议"(图 3-6),并形成会议纪要(重庆市政府专题会议纪要 2009—77)。会议要求全市各地各有关部门深刻认识防雷减灾工作的重要性,切实消除麻痹思想和侥幸心理,切实增强紧迫感和责任感,严格落实防雷减灾工作责任制,尽可能把雷电灾害损失降到最低程度。专题会议纪要的主要内容是:

图 3-6　2009 年重庆市防雷减灾工作专题会议现场

一是广泛开展防雷减灾知识宣传。市气象局、市政府新闻办、市科协和各区县(自治县)人民政府要充分利用广播、电视、报纸、网络等媒体,开辟防雷减灾知识宣传专栏,进一步扩大防雷科普宣传的受众面和覆盖面。要结合典型案例,采取群众喜闻乐见的形式,深入社区、企业、林区尤其是偏远农村及中小学等地,广泛开展防雷减灾知识宣传,讲清雷击事件发生的原理,消除部分群众的迷信和恐惧心理,提高公众防雷避险意识。要积极开展对基层政府工作人员、救援人员、医疗救护人员、社区工作者和志愿者的防雷知识培训，随时做好防灾、救灾准备。

二是着力提高雷电灾害信息预警、预报水平。气象部门要进一步加快雷电预警、预报业务体系建设，努力提高预警、预报准确率。要建立健全雷电灾害预警、预报信息发布机制，通过电视、广播、电子屏幕、互联网、手机短信等渠道及时发布雷电灾害天气信息。雷电灾害易发区域、重点企业、学校和有关单位要按照要求配备雷电灾害预警、预报信息接收终端，及时接收雷电灾害预警、预报信息，做好防雷减灾准备工作，有效防范雷电灾害事故发生。

三是切实加强防雷减灾基础工作。气象部门要加强对建设项目选址前的雷电灾害风险评估和防雷工程设计评价、施工监审以及防雷安全检测工作。国土房管、城乡建设、规划等部门在对高层建筑以及雷电高发区域、雷电高危场所的建构筑物进行规划、审查、验收、颁证时，要将防雷安全作为重要因素予以考虑。质监部门要认真做好防雷产品监督管理工作，重庆市经济和信息化、教育、交通、商业、文化广电、林业、安监、消防、通信管理、电力、应急办等部门要积极配合气象部门，做好易燃易爆、有毒有害场所、人员密集场所和矿山、高速公路、危化企业、高层建筑、学校、输变电线路、重点通信枢纽等雷电灾害敏感场所的防雷安全工作。

四是认真开展防雷安全检查。市气象局、市安监局、市政府应急办牵头，联合下发文件，及时启动全市防雷安全检查工作。全市各地各有关部门要密切配合，认真开展防雷安全检查和联合执法，对不按照规定安装防雷装置、拒不接受审核监督、拒不接受检测导致雷电灾害事故发生的行为，要按照事故查处"四不放过"原则进行严肃处理。防雷重点单位要主动报告防雷装置的定期安全检测情况，对发现的安全隐患要及时整改，切实将灾害事故消灭在萌芽状态。

五是不断强化雷电灾害应急处置。全市各地各有关部门要结合实际，进一步修改和完善雷电灾害应急处置预案，加强平时应急演练，增强雷电灾害应急处置能力。严肃雷电灾害信息报送纪律，遭受雷电灾害的有关单位和个人要及时向当地政府、公安及气象部门报告灾情，并协助做好雷电灾害的调查、鉴定和上报工作，严禁迟报、瞒报、漏报灾害信息。雷电灾害发生后，有关区、县（自治县）和单位要立即启动应急预案，在最短时间内做到组织领导到位、技术指导到位、物资资金到位、救援人员到位，确保高效妥善处置灾情。

六是切实加强防雷减灾工作的组织领导。为进一步加强对全市防雷减灾工作的领导，市政府决定从2009年开始，把防雷减灾工作纳入全市灾害会商范围一并研判，一并部署。各区、县（自治县）人民政府和市级有关部门、有关单位也要加强领导，高度重视，将防雷减灾工作纳入本地区、本单位安全目标考核的重要内容。严格执行雷电灾害事故责任追究制度，对因防护措施不到位或灾害应急处置不得力造成重大事故的,要依法追究有关人员的责任。

根据会议精神,市政府应急办、市安监局、市消防总队、市教委、市商委、市气象局于 2009 年 4 月 28 日联合下发了《关于开展防雷安全检查的通知》(市应急办发[2009]6 号),并在全市进行了防雷安全联合执法检查(图 3-7)。

图 3-7　重庆市区、县防雷安全工作汇报会现场

重庆市江北区人民政府于 2009 年 5 月 11 日,组织了 15 个政府相关部门和辖区内 8 个街道办事处负责人参加了重庆市防雷中心江北区分中心挂牌仪式,同时召开了"加强江北区防雷减灾工作动员会",重庆市江北区副区长陈茂在会上做了动员部署,并要求各个部门必须配合防雷中心的工作,将防雷减灾工作纳入"平安江北"的范畴(图 3-8)。

为了进一步加强重庆市各区县防雷安全工作,重庆市气象局组织召开政府管理部门防雷安全专门会议,协调重庆市各区、县防雷安全管理工作,同时与重庆市商委、民爆处联合召开了重庆市爆炸、化危场所防雷安全专题会议,与重庆市安监局燃放烟花爆竹领导小组办公室联合召开了重庆市烟花爆竹行业防雷安全专题会议(图3-9),

安排布置重庆市各区(县)防雷安全有关工作。

图 3-8　重庆江北区防雷分中心挂牌仪式及江北区防雷减灾工作动员会现场

图 3-9　有关防雷安全专题会议现场

　　另外,重庆市气象局与重庆市高速公路集团有限公司签订了"高速公路电子显示屏气象预警信息发布合作方案",利用重庆市高速公路集团布设在高速公路沿线的166块电子显示屏发布气象预警信息(图3-10)。实现了重庆市、区(县)级气象部门资源与重庆市高速公路集团资源(社会资源)有机整合,有效开展了重庆市各区、县高速公路交通安全气象保障的公共气象服务,促进了重庆市各区、县高速公路安全发展,科学发展。

图3-10　重庆市气象局与重庆高速公路集团合作发布气象预警信息

　　因此,上述案例,充分证明了完善"政府主导、部门联动、社会参与"机制是强化各级气象部门行使气象社会管理职能可操作性的有效途径,当然也是强化基层气象部门行使基层气象社会管理职能可操作性的有效途径。

第五节　坚持继承中创新　强化基层
气象社会管理职能拓展

　　为了满足经济社会和人民群众对公共气象服务需求,公共气象服务领域不断外延,基层气象社会管理职能也不断拓展,给基层气象部门带来巨大的需求与人力和科技支撑不足的矛盾。若不妥善解决这一矛盾,必将给基层气象部门带来不良影响。因此,满足基层公共气象服务需求,拓展基层气象社会管理职能,必须从中国还处于社会主义初级阶段的实际国情出发,从各级气象部门承担的职能职责出发,深刻理解中国共产党十六届六中全会关于"建设服务型政府,强化社会管理和公共服务职能;逐步实现基本公共服务均等。"和中国共产党第十七次全国代表大会关于"缩小区域发展差距必须注重实现基本公共服务均等化。"以及胡锦涛总书记在中央党校省部级主要领导干部"社会管理及其创新"专题研讨班开班仪式上关于"进一步加强和完善社会管理格局,切实加强领导,强化政府管理职能,强化各类企事业单位社会管理和服务职责,引导各类社会组织加强自身建设、增强服务社会能力,支持人民团体参与社会管理和公共服务,发挥群众参与社会管理的基础作用。进一步加强和完善基层社会管理和服务体系,把人力、财力、物力更多投到基层,努力夯实基层组织、壮大基层力量、整合基层资源、强化基础工作、强化城乡社区自治和服务功能,健全新型社区管理和服务体制"的科学内涵,认真分析气象服务发展历程,领会历次气象服务会议精神,不断完善、创新公共气象服务体制机制,在继承传统气象社会管理职能的基础上,结合基层气象部门实际情况不断完善、创新气象社会管理职能,做到不缺位、不越位、不错位,才能更好地为经济社会发展和人民群众服务。

例如:重庆市气象局在 2006 年"3.25"重庆开县井漏事件气象保障服务中,现场抢险救灾指挥部指挥长周慕冰副市长和国土房管局领导要求市、县气象部门承担大旺滑坡险区是否滑坡预警、预报任务(图 3-11)。重庆市气象局现场抢险救灾指挥部成员李良福教授立即向周慕冰副市长汇报:各级气象部门的职责是承担降水对地质滑坡影响程度的地质滑坡灾害危险等级预报,预报的是地质滑坡的外因,而滑坡险区是否滑坡主要是依据地质结构的内因起决定作用,属于市、县国土房管局的职责。市、县气象部门将根据市、县国土房管局的需要,做好每小时大旺滑坡险区降水天气预报和提供每十分钟的实况降雨量,为市、县国土房管局关于大旺滑坡险区是否滑坡决策提供气象保障。随后市、县气象部门立即开展气象保障服务(图 3-12),准确做

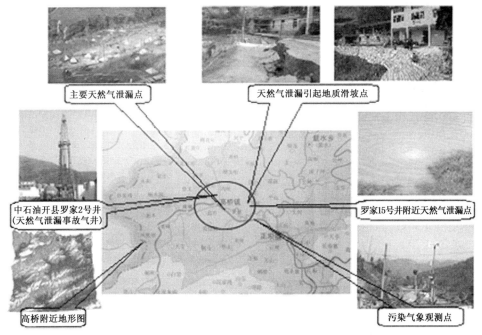

图 3-11　重庆开县中石油罗家 2 号井井漏事故现场示意图

出了高桥镇有一次中到大雨天气过程的预警信息,并迅速通过手机短信等方式向相关抢险救灾部门发出预警信息。根据预警信息,市国土房管局下属的地勘部门及时对大旺滑坡险区采取挖排水沟、回填土堵塞裂缝和断裂带遮盖塑料薄膜等措施,有效防止了滑坡险区发生更大位移,同时地勘部门及时采用专门的地质位移监测仪器,对地质滑坡状况进行实时监测,科学判断滑坡状况;水利部门及时在下游河道筑坝,拦蓄降水,有效缓解天然气渗漏河床水源紧张状况、防止了渗漏天然气燃烧引起河岸附近民房火灾事故发生;为确保事故处理中"不死一人、不伤一人、不出乱子、不留后遗症"提供了可靠的气象科技支撑和保障,受到市委、市政府联合发文表扬。此案例说明不是市、县气象部门承担的职责,并且市、县气象部门又没有相应的仪器设备和科技人员去承担的服务工作不能随意拓展,尤其是在应急抢险时,更应注意,否则影响应急抢险工作,甚至会出更大的事故。

图 3-12　重庆开县中石油罗家 2 号井井漏事故气象保障服务工作示意图

又如:重庆市气象局在防雷安全社会管理职能拓展实践中,根据《中华人民共和国气象法》赋予气象部门"应当加强对雷电灾害的组织管理和会同有关部门指导雷电灾害防护装置的检测"职能,结合重庆市、区(县)气象部门防御雷电灾害的实践能力、重庆雷电灾害特征和经济社会发展对防御雷电灾害的需求,在妥善处理好《气象法》与其他部门专业法规在防雷减灾工作职能交叉问题的基础上,通过制定《重庆市气象条例》、《重庆市气象灾害防御条例》、《重庆市防御雷电灾害管理办法》、《重庆市气象灾害预警信号发布与传播管理办法》等地方法律、法规,将重庆市、区(县)气象部门的防雷安全社会管理职能拓展为以下几个方面的具体职能:

一是雷电监测预警;

二是重点建设项目大气雷电环境评价(雷电灾害风险评估);

三是新建建设项目防雷工程设计审核、施工监审、竣工验收工作;

四是已建建筑物、计算机机房、电子设施、电气设备、易燃易爆场所(油库、加油站)防雷装置进行年度安全检测工作;

五是雷电灾情调查、鉴定、评估工作;

六是防雷产品质量监督管理和质量监督抽查工作;

七是对从事除建筑工程防雷以外的防雷工程专业设计、施工单位的资质认证工作和从业人员的资格认证;

八是对从事本单位防雷设施安全自检工作的单位进行资质认证和工程技术人员的资格认证;

九是防雷科普宣传。

正是由于重庆市气象局在履行《气象法》赋予气象部门防雷安全社会管理职能的基础上,协调地方有关职能部门,出台了一系列地方法规和规范性文件,不断完善、创新市、区(县)气象部门的防雷减灾的具体职能(图 3-13、3-14、3-15、3-16),促进了重庆市防雷事业科学发展。

图 3-13　雷电监测预报预警

图 3-14　建设项目防雷工程设计审核、施工监审、竣工验收

图 3-15　防雷装置年度安全检测与雷电灾害风险评估及雷电灾情调查鉴定

图 3-16　防雷产品质量监督管理及资质资格认证和防雷科普宣传

因此,上述案例充分证明了坚持继承中创新是不断完善、创新、拓展各级气象社会管理职能的前提,当然也是不断完善、创新、拓展基层气象部门的气象社会管理职能的前提。

第六节　坚持公共气象服务引领 强化基层气象社会管理职能的服务性

　　各级气象部门的气象社会管理就是为社会提供公共气象服务,将各级气象部门的气象社会管理融入各级气象部门的公共气象服务中,各级气象部门的公共气象服务就是各级气象部门社会管理的表现形式。因此,各级气象部门的气象社会管理职能必须随着基层公共气象服务的发展而不断完善和创新,各级气象部门的气象社会管理必须到位,必须让人民群众满意。只有管理到位、人民群众满意了,才真正体现了服务型政府的理念。所以,在基层公共气象服务的需求无限性与基层气象部门资源有限性矛盾日益增长,给各级气象部门社会管理带来巨大压力的现阶段,各级气象部门的社会管理必须树立服务理念,不断提高管理水平,才能在公共气象服务与社会管理方面做到不缺位、不越位、不错位,才能让政府满意、部门满意、社会满意、群众满意,才能有为有位。

　　例如:重庆市气象局在防雷安全社会管理实践中,坚持以"行为公正、科学严谨、安全检测、诚信服务"为防雷服务质量方针,建立了服务质量综合保证体系,在全国防雷工作中率先通过了 ISO9001:2000 质量体系认证(图 3-17),并以此开发了第二代防雷业务管理系统(图 3-18);制定了《重庆市雷电业务资料存储管理办法》、《重庆市大型企业防雷装置安全自检管理办法》、《重庆市防雷工程专业设计施工资质年度检查管理办法》、《防雷行政审批中心工作人员守则》、《防雷行政审批中心办事指南》、

图 3-17　防雷工作 ISO9001:2000 质量体系认证

《防雷装置初步设计审查并联审批工作流程》、《防雷产品备案工作流程》、《防雷工程资质备案工作流程》等一系列的防雷安全管理办法和工作流程,实现了防雷业务标准化、信息化、流程化管理。并根据"重心下沉、服务基层、方便群众"原则,在没有设置气象机构的主城五区,先后成立了重庆市防雷中心九龙坡区、大渡口区、南岸区、江北区、渝中区等 5 个防雷分中心,既深化了与当地政府和部门的合作,又真正体现了服务为民和便民利民原则。同时在管理中还建立了"便民服务卡制度"和"电话回访制度",实现了基层防雷安全社会管理工作不缺位、不越位、不错位,受到了服务对象的高度评价和感谢(图 3-19)。在管理就是服务的引领下,防雷中心主动服务意识极大增强,职工的人员素质得到了大幅提升,服务对象满意度不断上升。

图 3-18 防雷业务管理系统

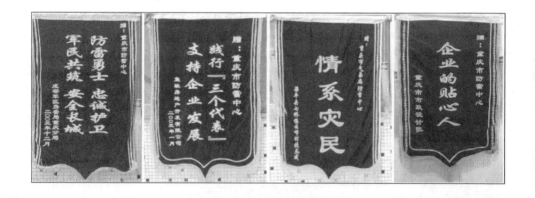

图 3-19 服务对象对防雷安全工作的评价和感谢

重庆市防雷中心先后荣获"全国青年文明号"（图 3-20）、"全国防雷减灾先进集体"、"全国气象科技服务先进集体"等称号，多人次获"重庆市标准化先进个人"、"全国青年岗位能手"、"全国优秀青年气象科技工作者"和农林水利（产）行业工会"五一"劳动奖章等荣誉称号。

图 3-20 防雷中心获得全国青年文明号称号及汇报会现场

上述案例充分证明了各级气象部门在公共气象服务与气象社会管理方面要做到不缺位、不越位、不错位，就必须坚持以公共气象服务为引领，牢固树立气象社会管理就是服务的理念，当然也证明了基层气象部门在公共气象服务与社会气象管理方面要想不缺位、不越位、不错位，就必须坚持以基层公共气象服务为引领，牢固树立基层气象社会管理就是服务的理念。

第七节 提升公共气象服务能力 强化基层气象 社会管理职能的科学性

管理就是服务。基层气象部门的公共气象服务能力就是基层气象部门行使气象社会管理职能的科技支撑和技术保障,只有充分利用现代化技术,不断增强气象服务科技含量,提高公共气象服务产品的科学性、针对性、时效性,不断提升基层气象部门公共气象服务的能力,使其具备准确预测当地行政区域的气象灾害的发生类型,气象灾害可能发生地区、发生时间,气象灾害对当地经济社会危害程度、可能造成的后果,分析当地公共服务的显性需求和隐性需求,做好公共气象服务预案,指导区(县)、乡(镇、街道办事处)、村民委员会(居民委员会)基层行政管理机构和区(县)与乡(镇、街道办事处)级有关部门、村民委员会(居民委员会)管理辖区内基本社会单位做好防御气象灾害应急预案,在灾害天气来临前准确做出预警预报并及时发布预警、预报信息,同时指导并提高人们防止或减轻气象灾害损失等方面的能力。才能使基层气象部门的气象社会管理具有科学性,得到政府、部门、社会、群众、同行专家的广泛认可和支持。

例如:重庆市气象局在人工影响天气社会管理的实践活动中,与市人民政府救灾办公室一起,在对重庆市人工影响天气工作现状分析研究的基础上,对云南省人工影响天气工作进行了调研,形成了"人工影响天气工作具有'农民致富、企业增效、财政增资'和'农民满意、企业满意、政府满意'特征,是重庆市统筹城乡综合配套改革试验区中解决三农问题的着力点之一,是重庆市现代农业发展中气象保障的有力抓手;为更好地发展重庆市现代农业,切实加强农村防灾、减灾能力,实现农民增收、企业增效、财政增资,需结合重庆市实际,制定人工影响天气工作发展规划,为重庆市统筹城乡综合配套改革试验的顺利进行提供气象科技支撑和气象保障服务。"等为核心内容的调研报告,重庆市市委常委、常务副市长马正其对调研报告批示要求重庆市发改委、财政、气象等部门制定重庆人工影响天气工作发展规划,逐步实施(图 3-21)。

重庆市气象局根据马正其常务副市长的批示精神结合重庆市实际情况,协助政府出台了《重庆市人工影响天气管理办法》,目前正在筹建"重庆市人工影响天气增雨防雹作业基地"(图 3-22)。同时还组织有关专家编制了《重庆市人工影响天气发展规划》(2011-2015),主要包含"空中云水资源动态监测系统"、"飞机人工影响天气作业基地和重点作业区建设"、"人工影响天气作业实景可视监控系统"、"空域协调系统"、"人工影响天气指挥中心"等五大工程,涉及投资 6979.6 万元,该规划已经重庆市人民政府办公厅发文要求各区县(自治县)人民政府、市政府有关部门、有关单位认真组织实施(图 3-23)。该规划的实施将进一步推动重庆各区、县人工影响天气事业

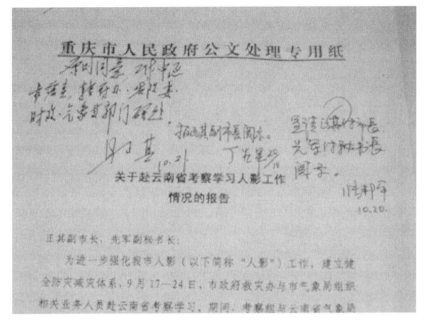

图 3-21　领导批示

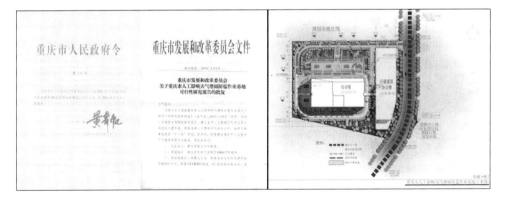

图 3-22　重庆人工影响天气的法规和作业基地

科学发展。

　　重庆市气象局依据《重庆市人工影响天气管理办法》,通过对全市各区、县人工影响天气工作的规范管理和各区、县人工影响天气增雨防雹作业基地的建设,以及通过《重庆市人工影响天气发展规划》的五大工程的实施,将极大地提升重庆市、区(县)人工影响天气的服务能力、增强重庆市、区(县)气象部门人工影响天气防灾减灾管理工作的科学性。

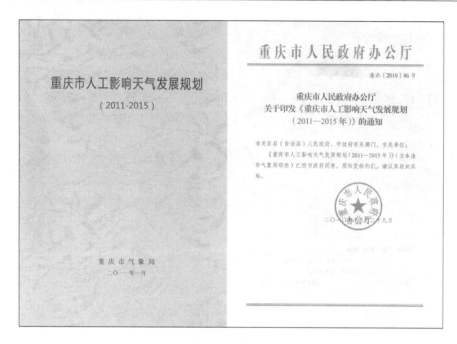

图 3-23　重庆市人工影响天气发展规划

　　又如:重庆市气象局在计算机机房防雷安全管理实践中,需要对计算机机房安装的防静电地板泄漏电阻进行测量,以确保防静电地板既能泄漏静电,又能阻止机房工作的电流漏电和雷电地电位反击对机房工作人员的伤害。市、区(县)气象部门要行使这一防雷安全管理职能,就必须具有测量已安装在机房的防静电地板泄漏电阻的能力,当时只有质监部门具备在实验室测量防静电地板产品泄漏电阻能力,但质监部门也无法对已安装在机房的防静电地板泄漏电阻进行测量。为此,重庆市气象局的防雷科技人员参阅中外防静电测量技术的科研成果,开发了具有自主知识产权、适用于已安装在机房的防静电地板泄漏电阻测量的“工作地坪/台泄漏电阻测试装置(专利号:ZL200620111277.2)”(图 3-24),制定了已安装在机房的防静电地板泄漏电阻测量方法和测量数据处理方法,有效地提升了重庆市、区(县)气象部门计算机机房防雷安全检测的能力,增强了防雷安全管理的科学性。

　　另外,为了加强市、区(县)气象部门在防雷接地中降阻材料质量的社会管理工作,根据目前中国尚无检测降阻材料野外实际使用效果的有效手段,也无降阻材料野外试验检测的专业机构,导致区(县)气象部门无法有效地实施降阻材料市场检测准入机制,使进入市场销售的降阻材料五花八门,其质量也良莠不齐,很多降阻材料实际没有降阻效果,甚至有的降阻材料腐蚀接地体,污染土壤环境,而生产厂家却夸夸其词,无限夸大其生产的降阻材料的降阻性能,既浪费了防雷工程费用,又埋下了雷

图 3-24　工作地坪/台泄漏电阻测试装置专利证书

击事故隐患,还污染了土壤环境的实际情况。重庆市气象局组织西南大学资源环境学院、重庆大学电气工程学院、成都信息工程学院的有关专家制定了《接地降阻剂》(QX/T 104－2009)行业标准,开发了具有自主知识产权的"土壤电阻率远程监测装置(专利号:ZL200788687.1)",并且在重庆市沙坪坝区气象局新建观测场,建设了中国第一个"降阻材料野外试验基地"(图 3-25),对降阻材料野外实际应用的效果进行监测和判断,从而有效地提升了重庆市、区(县)气象部门对防雷接地中降阻材料质量的检测与判辨能力,增强了防雷安全管理的科学性。

图 3-25　接地降阻剂与土壤电阻率远程监测装置专利证书及野外试验基地

　　上述案例充分证明了提升各级气象部门公共气象服务能力是各级气象部门的气象社会管理具有科学性的技术保障。

第八节　提升气象科普知识普及率　强化社会接受基层气象社会管理的自觉性

　　气象科普就是将气象专业的科学术语、防御气象灾害的专业知识和预警、预报信息转化为群众理解的科普语言和政府部门一看就明白的行政语言,通过广播、电视、报纸、网站、公共电子显示屏、移动电话、固定电话、科普讲座、宣传挂图(卡片、手册)、防雷宣传车、防雷知识热线等方式,在农村、学校、工厂、社区、机关、公交、广场等场所,普及气象知识。从而有效提升全社会气象防灾、减灾意识,形成各部门、行业、单位主动接受气象部门防御气象灾害的指导,积极制定防御气象灾害预案。同时极大地提升人民群众在灾害天气来临时的自救互救能力和接受气象部门社会管理的自觉性,有效地防止或者减少气象灾害。

　　例如:2008 年重庆市、区(县)气象部门共开展防雷科普知识宣传 2040 次,发放防雷科普宣传光盘 1.5 万张,宣传挂图(卡片、手册)20 余万份,开展科普知识讲座 132 场(图 3-26),极大提高了市民的防雷减灾意识,增强了群众的自救互救能力,为

图 3-26　防雷科普知识宣传

市、区(县)气象部门的防雷安全管理工作的顺利开展打下了良好的社会基础,使人民群众的防雷安全意识显著提高。例如:2010 年 6 月 11 日,重庆市气象局收到《重庆市人民政府公开信箱转阅单》(北部新区信箱[2010]252)关于重庆市北部新区江语市

民投诉反映"南方花园D4区屋顶4支避雷针被拆除,存在防雷安全隐患的问题"(图3-27),重庆市气象局政策法规处与重庆市防雷中心组织有关工程技术人员立即赶赴重庆市高新区南方花园D4区进行了现场调查。通过全面细致的勘查,发现了大楼存在的防雷安全隐患。重庆市防雷中心技术人员针对发现的防雷安全隐患向物管公司提出了整改意见,并全程指导了物管公司进行整改方案设计和工程施工,确保了防雷工程整改效果,保障了小区的防雷安全;2010年9月6日,重庆市气象局收到《重庆市人民政府公开信箱处理单》(渝气象信箱[2010]1)关于重庆市万盛区陶钢市民投诉反映"万盛区某小区楼顶女儿墙没有安装避雷装置,存在防雷安全隐患的问题"(图3-28),重庆市气象局政策法规处、重庆市防雷中心、重庆市万盛区气象局组织有关工程技术人员立即赶赴万盛区某小区调查核实有关情况。调查结果为该小区屋顶女儿墙已安装符合规范要求的暗敷避雷带。技术人员针对投诉人对防雷装置不甚了解的情况进行了耐心、细致的解释、宣传工作,并向该小区业主发放了防雷科普宣传资料。投诉人对调查处理结果表示满意,填写了书面意见,认为市、区气象局处理及时,对工作十分负责,保障了业主的安全。因此,防雷科普宣传有效提升全社会防御雷电灾害意识。

图 3-27　市民投诉南方花园 D4 区屋顶 4 支避雷针被拆除问题的有关图片

又如:由于气象部门通过防雷科普知识宣传,使各级政府明确了夯实防雷安全的社会基础和管理基础重要意义。为了避免类似"5.23"重庆开县小学雷击事故的悲剧重演,针对中小学校雷电防护薄弱的情况,2008年,通过中国气象局300万元资金引领,重庆有关区(县)政府积极筹措地方财政资金1965.66万元,大力推进中小学防雷示范工程,在开县、黔江、酉阳、秀山等28个区县雷电灾害严重、贫困落后的中小学实施了雷电灾害防御示范工程建设,完成了1202所中小学的防雷示范工程,同时在雷电高发区所处的学校安装了雷电灾害预警显示屏(图3-29)。通过各区县中小学防

图 3-28　市民投诉万盛区某小区楼顶女儿墙没有安装避雷装置问题的有关图片

雷示范工程实施和防雷科普知识的宣传,2008 年以来,重庆市各区县境内中小学未发生一例雷击伤亡事故,真正是实现了重庆中小学雷电灾害防御技术科学发展上水平,人民群众得到了实惠。

图 3-29　中小学防雷示范工程有关图片

　　上述案例充分证明了提升气象科普知识普及率,是强化社会接受各级气象部门气象社会管理的自觉性有效措施。

第九节　提升公共财政的支撑力度　强化基层
气象社会管理职能的绩效性

《中华人民共和国气象法》规定了气象部门是国家基础性的社会公益事业单位，承担气象工作的行政管理职责；2006 年国务院三号文件明确要求各级地方政府要把公共气象服务纳入地方公共服务体系建设的范畴，进一步强化公共气象服务职能，加快现代化进程。这在国家层面上提出了各级地方政府要加大对气象部门的公共财政的支撑力度，切实提高气象部门公共气象服务能力和社会管理水平，更有效地发挥气象事业在经济社会发展、防灾减灾、为民服务等方面的气象科技支撑和保障作用。并且只有进一步加强气象社会管理职能，丰富面向民生、面向决策、面向生产的公共气象服务产品，规范和指导全社会防御气象灾害行为，才能满足人民群众对公共气象服务日益增长的需求，才能有效地防止或者减少气象灾害，才能充分发挥公共财政支撑气象现代化建设的经济效益、社会效益，才能充分体现气象社会管理出效益的基本特征。

图 3-30 给出了重庆市 2003—2011 年的气象灾害造成的经济损失占相应年份的重庆市国民经济总产值（GDP）比重和国家与地方对重庆气象事业投资的同比增长率相关情况，从图可知，当年的国家与地方对重庆气象事业投资的同比增长率比上一年的同比增长率大，其下一年的气象灾害造成的经济损失占国民经济总产值（GDP）比重就下降，而当年的国家与地方对重庆气象事业投资的同比增长率比上一年的同

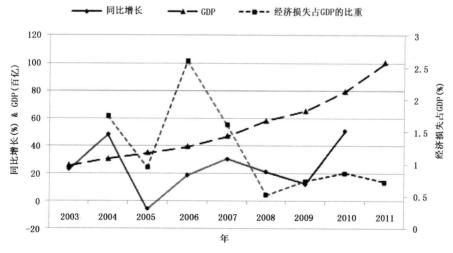

图 3-30　重庆气象灾害损失与国家、地方对重庆气象事业投入和国民经济总产值关系

比增长率小,其下一年的气象灾害造成的经济损失占国民经济总产值(GDP)比重就上升;也即重庆气象灾害损失占重庆市 GDP 的百分比是随着国家与地方对重庆气象事业的投资的同比增长率的增大而减小,反之亦然。这种"头年公共财政投入与次年气象灾害损失之间的负相关性"的发现和揭示,清楚地表明公共财政的投入对降低气象灾害造成的损失起着至关重要的作用,充分体现了公共财政对气象事业投入所发挥的经济效益、防灾效益、社会效益、政治效益。同时获得了"公共财政对气象事业投资的效益发挥具有一年的滞后性并且投资的同比增长率与气象灾害损失占 GDP 的百分比之间具有负相关性"的重要结论。这也充分证明了随着公共财政的支撑气象事业的力度提升,气象现代化支撑的气象社会管理水平不断增强,气象社会管理的防灾、减灾效益将显著提高,气象社会管理职能的绩效性更加强突出,为公共财政加大对气象事业投入提供了理论支持,为基层气象部门争取更广泛的投入提供了理论依据。

　　例如:重庆市人民政府为了加强气象部门在三峡库区长江航道防御灾害管理能力,投资建成"三峡库区长江航道航行安全气象保障服务系统"。通过江津、渝中区、沙坪坝、长寿、涪陵、丰都、忠县、万州、云阳、奉节、巫山等区县长江沿岸的 12 个 6 要素(能见度、降水、气温、湿度、风向、风速)自动监测站和 17 个能见度自动监测站(图

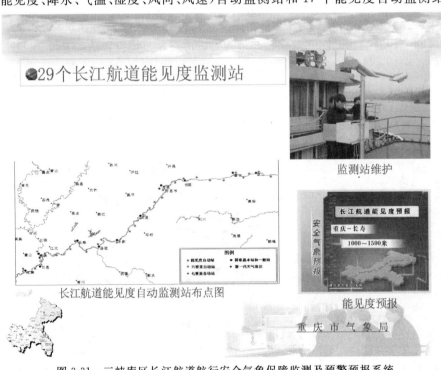

图 3-31　三峡库区长江航道航行安全气象保障监测及预警预报系统

3-31），实现了对三峡库区长江航道大雾等灾害性天气的监测、预警，为有关部门和航行的轮船提供各种实时气象信息和气象预警、预报信息，指导和规范他们采取避险措施，确保了航行安全。该系统投入使用以来，极大地增强重庆市、区（县）气象部门在三峡库区长江航道防御灾害管理能力，产生显著的防灾、减灾效益。

又如：为了加强气象部门在没有设置气象局的重庆市九龙坡区、大渡口区、南岸区、江北区、渝中区等主城区的气象防灾、减灾社会管理，切实提高当地对灾害性天气的监测、预警、防御能力，最大限度地减少人民生命和财产损失，为打造"平安重庆"、构建"和谐重庆"、实践"统筹城乡试验区"，提供气象科技支撑和保障，重庆市气象局与这些区政府联合建设"当地气象灾害监测与预警分系统"（图 3-32）。在联合建设协议书中（图 3-33），明确规定了区政府工作任务：一是负责本行政区域内的区域气象自动监测站、大气电场自动监测站建设场地的落实；二是负责本行政区域内街道办事处以及气象灾害重点地区的居委会的安全负责人与安全行政值班人员和气象灾害敏感单位安全负责人与安全生产调度人员的手机号码收集，并将其纳入区安全气象预警警报信息应急响应体系；三是负责督促本行政区域内气象灾害敏感单位、行业的安全生产管理部门和气象灾害敏感地区的街道办事处的安全行政值班部门须建立安全气象预警、预报信息应急接收终端（计算机、电子显示屏），并将其纳入区安全气象

江北区　　　　　　　九龙坡区　　　　　　　南岸区

大渡口区　　　　　　　　渝中区

图 3-32　市气象局与主城区的区政府协商共建气象灾害监测与预警区级系统

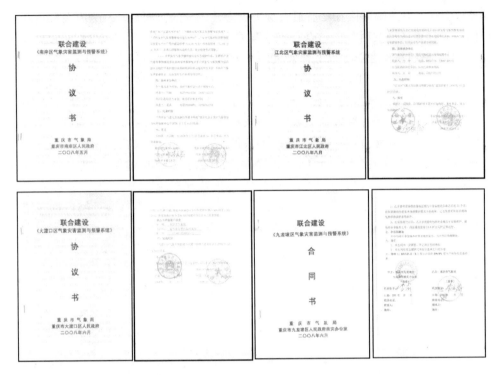

图 3-33　气象灾害监测与预警分系统建设协议书

预警警报信息应急响应体系;四是负责组织本行政区域内气象灾害敏感单位、行业、地区安全负责人和安全行政值班人员参加市气象部门举办的"安全气象预警警报信息"应用,"防御气象因素引起安全事故的应急预案"制定、"气象因素引起敏感单位、行业、地区的安全事故的风险评估和调查鉴定技术"等方面的安全气象技术培训;五是负责制定本行政区域的防御气象灾害应急预案;六是负责承担行政区的区域气象自动监测站、大气电场自动监测站的建设经费和维持经费,并纳入区政府应急、救灾经费专项预算;七是督促本行政区域内使用手机安全气象预警、预报信息应急接收终端(手机)和计算机安全气象预警、预报信息应急接收终端(计算机、电子显示屏)的气象灾害敏感单位承担其建设经费和维持经费,并纳入单位、行业安全生产经费专项预算。气象局的工作任务是:(1)负责指导区域气象自动监测站、大气电场自动监测站建设和每个自动监测站技术保障;(2)每个区的气象灾害监测"资料收集处理系统"和"信息共享平台"建设;(3)负责每个区的精细化的气象灾害等级预警预报系统建设;(4)负责每个区的气象灾害"手机安全气象预警警报信息发布平台"和"安全气象网络预警预报信息发布平台"建设;(5)负责对每个行政区域内气象灾害敏感单位、行业、地区安全负责人和安全行政值班人员的"安全气象预警警报信息"应用,"防御气象因素引起安全事故的应急预案"制定、"气象因素引起敏感单位、行业、地区的安全事故的风险评估和调查鉴定技术"等方面的安全气象技术培训;(6)承担每个区的气象灾害监测"资料收集处理系统"和"信息共享平台","精细化的气象灾害预警预报系统","手机安全气象预警警报信息发布平台","安全气象网络预警预报信息发布平台"等的建设经费和维持经费,并纳入国家和市政府应急、救灾经费专项预算。

图 3-34 是重庆市九龙坡区气象灾害监测与预警分系统验收现场。

图 3-34　重庆市九龙坡区气象灾害监测与预警分系统验收会议现场

通过当地政府和气象灾害敏感单位的经费投入建成的本行政区域"气象灾害监测与预警分系统",极大地增强了气象部门对当地防御气象灾害的社会管理能力和公共服务能力,发挥显著的防灾、减灾功能。

上述案例充分证明了提升公共财政的支撑力度,为各级气象部门气象社会管理职能的经济效益、社会效益发挥奠定了坚实的经济基础,各级气象部门气象社会管理的根本目的就是充分发挥公共财政在气象事业投资的经济、社会效益。

第四章　加强基层公共气象服务的
对策措施研究

第一节　引　言

　　随着经济社会和气象事业的快速发展,公共气象服务在经济社会发展中的作用不断增强,经济社会对公共气象服务的需求也越来越迫切,并且经济社会需求的公共气象服务内涵越来越宽泛,需求的公共气象服务质量越来越高。因此,中国气象局明确了"面向民生、面向生产、面向决策",涵盖"决策气象服务、公众气象服务、专业专项气象服务、气象灾害防御和应急处置"的公共气象服务发展方向,以公共气象服务需求引领气象事业发展,调动国家、地方、社会各方资源,建立集决策、公众、专业、气象灾害防御和应急处置于一体的公共气象服务业务体系,实现公共气象服务业务现代化、服务队伍专业化、服务机构实体化和管理科学化,使气象工作真正融入社会,融入国民经济各行各业,融入百姓生产、生活。而基层公共气象服务是国家、省、地(市)级气象部门公共气象服务的有机组成部分及其具体表现形式,是各级气象部门开展公共气象服务的基础,是加强和创新公共气象服务的基点,基层公共气象服务对国家、省、地(市)级气象部门的公共气象服务具有牵引性和检验性。因此,为了促进公共气象服务向规范、有序、优质、均等、公开、透明、便民、高效等方面发展,充分发挥公共气象服务的政治效益、社会效益、经济效益、生态效益,就必须进一步强化各级气象部门的公共气象服务,当然也离不开强化基层公共气象服务。

　　吸纳2012年中国气象局党组中心组学习中国共产党第十八次全国代表大会精神专题会上郑国光、许小峰、宇如聪、沈晓农、矫梅燕、于新文等局领导"报告"的最新研究成果,研究历次气象服务会议精神,认真分析气象服务到公共气象服务的发展历程,深刻领会到从气象服务到公共气象服务是中国气象事业发展历程中在思想观念和发展方式上的重大而深刻的变革,是从部门气象向社会气象发展的重大转变,是强化气象社会管理和公共服务职能的关键。因此,强化基层公共气象服务应主要采取以下措施:一是根据《中共中国气象局党组关于推进县级气象机构综合改革指导意见》精神,扎实推进基层气象机构综合改革;二是根据经济社会发展和人民群众需求,强化基层公共气象服务的敏感性、前瞻性、动态性;三是加强基层气象现代化建设,强化基层公共气象服务的系统性、准确性;四是建立、健全安全气象责任链条,强化基层公共气象服务的社会性;五是不断拓展和优化公共气象服务,强化基层公共气象服务的满意性。为此提出了 4 个"完善"、2 个"提升"、1 个"健全"、1 个"拓展优化"的强化基层公共气象服务职能的"4211 系统工程"。

第二节　完善基层气象体制机制　扎实推进基层气象机构综合改革

为进一步贯彻落实《中华人民共和国气象法》、《气象灾害防御条例》、《人工影响天气管理条例》、《气象设施和气象探测环境保护条例》,以及党中央、国务院关于加强气象工作的指示精神,进一步转变职能、理顺关系、提高效能,强化县级气象机构公共服务和社会管理职能,提升气象防灾、减灾工作水平,夯实气象现代化基础,促进气象事业科学发展,进一步完善基层公共气象体制机制,扎实推进县级气象机构的综合改革,中共中国气象局党组于 2012 年 8 月向全国气象部门下发了《中国气象局党组关于推进县级气象机构综合改革的指导意见》(中气党发〔2012〕66 号)。全国气象部门按照中国气象局党组关于推进县级气象机构综合改革战略部署,为完善基层公共气象体制机制,正扎实推进基层气象机构综合改革。下面就以重庆为例,介绍重庆市区、县级气象机构综合改革试点的核心内容。

一、区、县级气象机构综合改革的重要意义

区、县级气象机构是气象事业的基础,是气象防灾、减灾和公共气象服务组织体系的重要组成部分,是气象社会管理落实到基层的实施主体。随着地方经济社会快速发展和以人为本执政理念的不断强化,随着国家深化事业单位分类改革和行政管理体制改革的不断深化,随着区、县级加快气象现代化建设的步伐,对推进基本公共气象服务均等化和强化气象防灾、减灾提出了更高要求,对区、县级气象机构履行公共服务和社会管理职能提出了更高要求,对区、县级气象机构业务服务和管理水平提出了更高要求。面对新形势、新任务,区、县级气象机构政事不分、管办不分的体制机制与改革的要求不相适应,职能定位、机构设置、人员编制等与履行基层气象社会管理与基层公共气象服务职能的需求不相适应,业务布局、服务能力、科技和管理水平与气象现代化的要求不相适应。这些薄弱环节不仅影响了区、县级气象机构自身发展,也成为制约气象事业整体发展的瓶颈。因此,迫切需要深入推进区、县级气象机构综合改革,完善基层公共气象体制机制,实现基层气象事业科学发展。

二、区、县级气象机构综合改革的总体要求

按照法律、法规赋予气象部门的职能,围绕气象防灾、减灾中心任务,全面履行公共服务和社会管理职能,不断优化区、县级气象事业格局,加快气象现代化建设,推进区、县级气象机构综合改革。

(1)要以统筹规划、突出重点,立足当前、着眼长远,因地制宜、分类指导,政事分开、权责一致为改革的基本原则,全面推进区、县级气象机构的综合改革,着力解决制约发展的突出问题和薄弱环节。

(2)要以"局台(站)分设、政事分开、管办分离"为改革的重点,从根本上实现区、县级气象机构向全面履行公共气象服务和社会管理职能转变,向强化监测预警和防灾、减灾转变,向多元人力资源保障机制转变。

(3)要以强化区、县级气象机构的公共服务和社会管理职能为主线,完善机构设置,调整优化事业结构和业务布局,提高基层气象机构的综合实力和发展能力,提升气象防灾、减灾工作水平,实现气象工作效率和效益的显著提高。

(4)要以是否有利于推进基层气象事业发展、是否有利于提高基层业务服务和社会管理效能、是否有利于充分调动基层气象干部职工积极性和主动性作为衡量改革成效的重要标准。

三、区、县级气象机构的定位和职能

(一)区、县级气象机构的职能定位

区、县级气象机构的职能定位为:一是进一步明确区、县级气象机构作为同级人民政府气象工作主管机构的定位,强化区、县级气象机构组织开展气象基础业务、公共气象服务和气象社会管理的职能,全面融入当地政府的基层管理和公共服务体系,完善基层气象服务和社会管理机制。二是要把气象防灾、减灾作为首要任务,全面履行区、县级气象机构的工作职责,重点强化基本公共气象服务、气象防灾减灾和气象社会管理职能。进一步加强气象灾害监测预警和信息发布、气象灾害应急、气象信息传播、雷电灾害防御、人工影响天气、气象台站和设施建设、气象设施和探测环境保护、气候资源开发利用、气象科普宣传和决策、公众气象服务、气象为农服务等管理和服务工作。三是要构建新型事业发展格局,按照政事分开、管办分离的原则,推进区、县气象局与所属台(站)分设,改变目前局站(台)合一的格局,逐步形成由气象行政管理、气象业务服务和社会化气象服务三部分组成的新型事业结构。进一步加强对乡(镇)、社区、村的气象服务组织管理。

(二)区、县级气象局的基本职能

一是行政管理职能。行政机构职能是强化公共气象服务和社会管理职能、增强

气象工作在建设服务型政府中的地位和影响力的重要途径。气象行政管理更强调对全社会气象事务的管理。

二是承担事业机构职能。事业单位职能包括公共气象服务和气象基础业务两部分。公共服务是政府的一项重要职能，也是政府职能转变的一个重点，作为公共气象服务的供给主体，气象部门有责任通过逐步完善服务体系，来推进基本公共气象服务的均等化，进一步提高公共气象服务能力与水平。气象基础业务主要指综合气象观测、气象预报预测、气象科技研发等内容。

三是过渡职能，即目前承担的气象科技产业。可以由区、县气象局成立专门的机构(如气象科技服务中心)承担。

四是内部管理职能。主要是指基层气象机构中的党务、政务、气象文化建设、气象宣传、计划财务、后勤服务等内部事务的管理。

四、区、县级气象机构的工作职责

区、县级气象机构的工作职责见前面第 1 章第 1 节中"基层气象社会管理的具体职能"。

五、区、县级气象机构的基本构架和格局

(一)区、县级气象机构的基本构架

区、县级气象机构的基本构架为：气象行政机构＋气象事业单位＋乡镇(街道)气象工作机构。

(二)区、县级气象机构的基本格局

区、县级气象机构的基本格局是根据区、县气象局承担的任务，统筹考虑行政管理机构、事业机构和地方机构的合理配置，区、县气象局一般设立内设机构 4 个：办公室、法规科(社会管理科)、业务科(自然灾害预警预防办公室)、人工影响天气办公室；设事业机构 5 个：气象台、突发事件预警信息发布中心、观测站(信息与技术保障中心)、气象科技服务中心、防雷中心；乡镇(街道)气象工作机构 1～2 个：气象信息服务站(防灾应急工作站)、人工影响天气作业站。

1.岗位的基本格局

坚持按需设岗，动态管理。在国家事业编制以外，通过争取地方事业编制、编制外聘用人员等不同形式，根据实际需求适当增加工作岗位数量。

区、县气象局设立党组，局领导设 1 正 2 副，其中 1 名副局长兼任纪检组组长；内设机构设立办公室、法规科(社会管理科)、业务科(自然灾害预警预防管理办公室)、人工影响天气办公室等负责综合管理、应急管理、减灾管理、行政审批等；事业机构设立气象台、突发事件预警信息发布中心、观测站(信息与技术保障中心)、气象科技服务中心、防雷中心等负责预报服务、减灾服务、预警信息发布平台管理、综合观测、设备维护维修、科技服务、防雷工作；乡镇(街道)气象工作机构设立主要根据《气象灾害防御条例》等法律法规的规定,通过气象灾害防御的安全气象责任链条,结合乡镇(街道)气象灾害应急准备认证结论,按需建立气象信息服务站(防灾应急工作站)和人工影响天气作业站等专门气象工作机构,乡镇(街道)专门气象工作机构在区或县气象局的行政监管、技术指导下承担本乡镇(街道)行政管理区域内气象社会管理、公共气象服务、气象灾害防御、气象科普宣传和人工影响天气作业、人工影响天气作业装备及弹药安全管理等工作任务。机构设置架构如图 4-1。

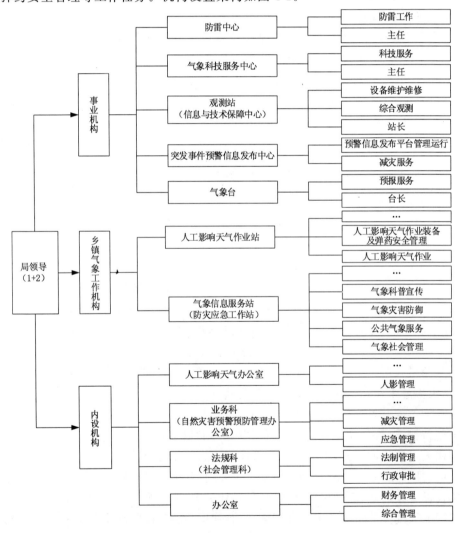

图 4-1　重庆市区县级气象机构设置架构图

2.岗位编制的构成

区、县气象局人员岗位编制由四种类型构成,即国家参照公务员编制、国家事业编制、地方事业编制和聘用制合同工 4 种类型。根据区、县气象局承担任务的性质不同,岗位编制的来源也不同,承担行政管理职能的人员,争取国家参照公务员编制。提供基本公共气象服务的人员、承担全国气象观测站网观测任务的人员,由国家事业编制解决。根据地方服务需求开展的气象观测、气象服务、人工影响天气、为农服务"两个体系"建设、防灾减灾体系等工作需要的人员,可以通过地方事业编制解决。承担防雷减灾技术服务工作、开展有偿服务的人员、文秘、后勤保障人员,可以通过政府购买公共服务形式解决。

六、区、县级气象机构综合改革的组织实施

(一)先行试点,以点带面

按照"先行试点、积累经验、以点带面、逐步推进"的原则,重庆市气象局已选取沙坪坝、永川、綦江、璧山、酉阳等 5 个区、县气象局进行试点。

(二)高度重视,精心组织

各试点区、县气象局要高度重视区、县级气象机构综合改革工作,精心组织,根据自身实际拟定实施方案,明确各岗位的职能、职责和人员数量。各单位要根据工作的实际需求,设置内设机构和事业机构的具体个数和名称,同时可根据岗位的需求,实行一套人马,多块牌子。

综上所述,基层气象部门完善基层气象体制机制,扎实推进基层气象机构综合改革是进一步做好基层公共气象服务的重要基础。

第三节　完善气象灾害风险评估　强化基层公共气象服务的敏感性

人类生存在地球大气环境之中,大气给人类带来必不可少的生存条件,但是大气运动形成的恶劣天气和极端气候事件造成的气象灾害也常常给人类的生产、生活带来严重影响。为此,联合国在 20 世纪 90 年代确定的"国际减轻自然灾害十年"行动纲领中提出的重大自然灾害,就明确了重大自然灾害中有 80% 是气象灾害或与之有关的灾害。另据世界气象组织统计,仅仅在 1992—2001 年,全球自然灾害导致 62.2 万人死亡,20 多亿人受影响,而气象灾害大约占同期各类灾害的 90%,其造成的经济损失为 4460 亿美元,占同期所有自然灾害经济损失的 65%。中国地处东亚季风区,天气气候复杂,气象灾害频发,每年受气象灾害影响的人口高达 4 亿多,造成的经济损失占所有自然灾害经济总损失的 70% 以上,相当于 GDP 增加值的 10%—20%。

由于灾害性天气引发气象灾害事故的原因非常复杂,涉及受灾单位(常用"气象灾害敏感单位"代替)所在地的天气气候背景、地质地貌、经济社会发展状况和气象灾害敏感单位防御气象灾害的能力等诸多因素,其发生具有一定的随机性和不确定性。因此,近年来由于对暴雨、大风、高温、雷电、浓雾、低温冷冻等灾害性天气引发气象灾害敏感单位安全事故认知的敏感性不强,缺乏思想准备和物资准备而导致事故损失加重的事件时有发生。

例如:2005 年 4 月 21 日由于雷击导致重庆东溪化工有限公司爆炸造成的 19 人死亡、12 人受伤特大雷击爆炸事件,就是典型的对雷电灾害性天气引发雷电灾害敏感单位安全事故认知的敏感性不强,缺乏思想准备,导致特大雷击爆炸事故的案例。

一、重庆市东溪化工有限公司"4.21"特大爆炸事故概况

(一)重庆市东溪化工有限公司情况

重庆市东溪化工有限公司(原东溪化工厂)位于重庆市綦江县古南镇二社边缘。东北距綦江县城 6.5 千米,北距渝黔铁路 1.3 千米,东南距鸡公嘴水库 3.2 千米,东北距东渡中学 1.3 千米。厂区周围无其他工厂、重要建筑物及构筑物。厂区为典型的丘陵地形地貌,南高北低地形,年雷爆日 50 天左右。该厂始建于 1987 年,1988 年 8 月正式投产,主要产品为工业炸药,核定能力年产 4000 吨。公司占地面积为 1.11×10^5 平方米,现有职工 220 余人,其中技术人员 16 人。

重庆市东溪化工有限公司乳化炸药生产技术改造项目是国防科学技术工业委员会以委爆字[2000]98 号文《关于重庆东溪化公司调整工业炸药生产品种》的批复,由中国兵器工业规划研究院设计,淮北爆破技术研究所和南京理工大学分别提供胶状和粉状乳化炸药生产技术和专用设备。该生产工房是乳化(含粉状乳化)炸药制药工房(装药包装工序与原铵锑炸药生产线装药包装共用),位于企业生产区南面山坡下,东南两面环山,西北两面设有防护土堤,高度约 4.5 米。工房长 43 米,局部高 15 米,建筑面积 1660 平方米,内部布置粉状、胶状乳化炸药制药装备,配料和粉乳喷粉部分为局部 3 层楼。硝酸铵破碎、水相制备、油相制备、输送泵、乳化器为共用设备,交替组织生产;胶状乳化炸药从冷却工序开始为间断式,利用凉药盘冷却基质;制药工房设计定量为 2 吨,设计定员为 26 人。(项目概况详见兵器工业规划设计研究院《重庆东溪化公司乳化炸药生产线技术改造项目初步设计》)。2003 年 11 月通过重庆市民爆器材管理办公室组织的验收并投入使用;2004 年兵器工业安全技术研究所进行了安全评价报告,评价结论为达标级。2005 年 2 月获得国防科工委颁发的安全生产许可证。于 2005 年 4 月 21 日 22 时 25 分许,乳化炸药制药工房发生爆炸(图 4-2),到事故发生为止,累计生产乳化炸药约 1500 吨。

图 4-2　乳化炸药制药工房发生爆炸现场图片

(二)爆炸事故破坏情况

1.人员伤亡情况

爆炸事故共造成 31 人伤亡。其中死亡 12 人,失踪 7 人,轻伤 12 人。

2.建构筑物破坏情况

经现场勘查,乳化炸药制药工房全部被摧毁,房屋解体、倒塌。工房外部分廊道垮塌。在乳化炸药制药工房距东面外墙轴线 14.3 米,距北面外墙轴线 1.2 米处,形成一个口径长 9.8 米,宽 6.8 米,深约 2.7 米的椭圆形爆坑。部分构件被抛向四周,东面 91 米处发现水罐盖,在东北方约 55 米处,发现一严重变形水相罐体,在西面 39米处发现一约 8 平方米屋面板。大块构件主要分布在现场的东南、西南角,南面山坡的不同距离上也散落了一些较小的建筑物构件。北面土堤局部受损,土堤外运输廊道全部垮塌。南北方向为冲击波主要扩散方向,东南面山体有明显冲击波破坏迹象,四周阔叶林木树叶脱落,距爆坑约 60 米以内的部分树干(直径 35~45 厘米)折断或连根拔出,厂部办公室少数玻璃破碎。

3.设备设施破坏情况

乳化炸药制药工房内所有设备全部遭到破坏。硝铵破碎设备与平台分离,钢架解体,水、油相溶解罐及水、油储罐均受到严重破坏,罐体与罐盖分离,部分电机转子与定子分离。乳化器转子飞向西南面山坡 45 米处,制粉塔破碎成约 0.1~0.5 平方米的碎片。药粉输送管道解体,受到严重破坏。水管、气管、电线(电缆)管网全部解体成 0.5~3 米的小段。东面 2 个避雷线铁塔受损,西面 2 个避雷线铁塔从离地 2~3 米处断裂、倒塌。邻近厂房内设备基本完好,少数电气设施轻微受损。

4.事故破坏分布情况

土堤内:房屋彻底垮塌,结构件全部解体,设备设施全部破坏,东南面护坡被毁山体局部滑坡,防护土堤局部损坏,靠近土堤外面的廊道全部倒塌,东南、正南面所有围墙全部倒塌,绝大部分钢筋混凝土构件和设备支撑架塌落在土堤内。

距爆坑 50 米的范围内:TNT 球磨工房房盖开裂、墙体出现 10~20 毫米宽裂缝,大部分木门窗脱落、折断，玻璃碎落，少数人员受轻伤，该范围内散落有几十块大块飞散物和设备部件，最重的一块钢板约有 300 千克。

距离爆坑中心 50—100 米范围内：工房墙面掉落，个别工房的墙体出现 5～8 毫米宽(长 1～2 米)裂纹，散落有 50～300 千克的大块飞散物数十件，建筑物部分门窗损坏，大部分玻璃破碎，在冲击波泄爆正面方向上的树枝、避雷针等被折断。

距离爆坑中心 100～150 米范围内：东北角锅炉房石棉瓦坠掉地，建筑物木门开裂，部分玻璃破碎，冲击波泄爆正面的树木倾斜、少量被折断，散落有 10～50 千克的大块飞散物数十件。

距离爆坑中心 150～200 米范围内：建筑物少量玻璃破碎，散落有数件 0.5～10 千克的飞散物。

5.其他情况

2005 年 4 月 23—24 日现场清理过程中，在原工房西南角和附近现场清理出一批袋装已破乳的"乳化炸药"和乳化基质，经技术组派员核实，共计约 2.28 吨。

二、事故调查鉴定评估需要解决的问题

根据"4.21"爆炸事故专家组中炸药专业专家对爆炸现场的相关资料和爆炸事故的后果分析结论，必须开展胶状乳化基质爆炸是否是雷电引爆的调查、鉴定、评估工作，回答爆炸时是否有雷电天气，该工厂是否在雷击区；爆炸车间是否有防雷设施，防雷设施是否合格，是那种雷电危害方式造成了此次爆炸事故等问题。为事故定性和防止类似事故提供科学依据和技术支撑。

三、爆炸事故调查鉴定评估简介

爆炸事故发生后，重庆市气象局立即启动重庆市雷电灾害应急预案，胡怀林副局长率队于 2005 年 4 月 22 日凌晨 00 时 50 分冒雨摸黑徒步两千米在第一时间到达事故现场，22 日 2 时 10 分，市长王鸿举召开了事故现场办公会(图 4-3)。王鸿举市长指示：组成专家组，立即调查事故原因。会后，重庆市政府立即成立了以周慕冰副市长为指挥长的"4.21"特大爆炸事故处置现场指挥部，重庆市气象局胡怀林副局长为抢险救援组成员，李良福、李家启为事故调查分析专家组成员。

4 月 22 日 05 时，根据重庆市气象局胡怀林副局长的指示，及时部署事故调查处置工作，决定：从 22 日 08 时，重庆市气象局业务科技处、气象台、装备中心、市防雷办、防雷中心、綦江县气象局实行联动机制，重庆市气象台继续启动一时一报专题气象服务。同时，现场成立了重庆市气象局重庆市东溪化工有限公司"4.21"特大爆炸事故调查工作组，重庆市气象局副局长胡怀林任组长，市防雷办主任、业务科技处处长李良福，市防雷中心主任李家启任副组长，下设以下五个工作小组：综合协调组(胡

图 4-3　市长王鸿举召开事故现场办公会

怀林、李良福负责)、技术分析组(李良福、李家启、覃彬全负责)、事故现场勘测组(李家启、李良福、许伟负责)、走访调查组(李建平、陈宏、覃彬全负责)、后勤保障组(杜祥均、汤德本负责)。

4 月 22 日 07 时,胡怀林副局长率领工程技术人员冒大雨进入爆炸事故现场,并且是事故调查组成员单位首家第一时间进入爆炸事故现场(图 4-4)。根据爆炸事故现场调查分析的要求,各组立即进行爆炸事故现场调查取证、爆炸事故现场和该公司防雷设施安全性能全面复测、事故现场人员走访取证等工作。

图 4-4　重庆市气象局事故调查组首家第一时间进入爆炸事故现场

(一)雷暴天气形势分析

对 2005 年 4 月 21 日雷暴天气预报资料和雷达、自动气象站、闪电定位系统实况资料(图 4-5)以及通过电视、手机短信息平台、96121 电话、12121 电话提取雷暴天气预报发布资料进行调查分析,得到的结论是:重庆市气象台、綦江县气象局及时发布了雷暴天气消息,并且及时通过电视、手机短信息平台、96121 电话、12121 电话方式向社会、单位和个人发布;2005 年 4 月 21 日 22 时 20—40 分重庆东溪化工有限公司所在区域处于强雷暴天气活动区。

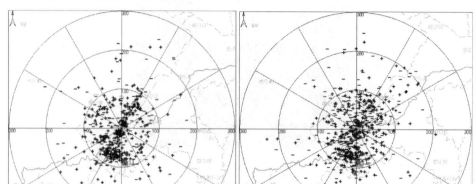

2005年4月21日22时20分至22时25分闪电次数平面分布图　2005年4月21日22时25分至22时30分闪电次数平面分布图

图 4-5　重庆市东溪化工有限公司所在地闪电定位系统实况

（二）乳化车间防雷设施情况调查分析

根据国家有关技术规范，对乳化车间设计资料、现场勘测资料和綦江县气象防雷中心检测资料进行分析，得到乳化车间防雷设施符合国家规范的结论，尤其是在防御直击雷方面采取了 3 道防线：一是设置独立的架空避雷线，二是车间房顶安装避雷带，三是乳化车间建筑物采用了钢筋混凝土框架结构的法拉第笼网。并且车间建筑物高度仅为 12—15 米，独立架空避雷线接地电阻为 1.8Ω，乳化车间防雷抗静电接地电阻 1.0Ω。

（三）事故发生时间走访取证情况

根据走访的医生、伤员、群众等 32 人得知，爆炸发生的时间在 22 时 25 分左右，而此时正是强雷暴天气发生时间。

（四）雷击对乳化车间可能产生的危害性分析

防雷装置的安装是最大限度地防止或减少雷电灾害损失，不可能 100% 地杜绝雷击灾害。虽然东溪化工厂防雷设施是完善的，但是该事故不能排除雷击爆炸的可能。雷击对乳化基质产生危害的可能性如下：

1.雷电在空中或其他地方放电，引起空间电磁场变化，当金属部件之间接触不良时可能会产生局部放电形成电火花。

2.雷电击中避雷针或架空避雷线泄流入地，引起高电位反击和空间电磁场变化，当金属部件之间接触不良时可能会产生局部放电形成电火花。

3. 由于乳化车间防雷设施符合国家规范,具有防直击雷的架空避雷线作为防雷的第一道防线,在车间屋顶设置有避雷带作为防雷的第二道防线,并且该车间是框架结构的建筑物,框架结构中具有网状钢筋作为防雷的第三道防线。因此,直击雷很难突破这些雷电防护设施直接击入车间内引爆胶状乳化炸药基质。但根据国家现行有关规范(GB50089－98 第 12.7.1 条,GB50057－94(2000 年版)有关条款),避雷针或架空避雷线保护范围存在雷电($I<5.4$ kA)的绕击现象,这种现象是一种小概率事件,即雷电有可能绕过避雷针或架空避雷线直接击在乳化车间的建筑物上,击在车间屋顶的避雷带或建筑物钢筋网上引起空间电磁场变化,当金属导体之间接触不良时可能会产生局部放电形成电火花。

4. 雷击在金属管道或输电线路,以雷电波的形式进入室内,可能造成供电设备损坏,并在配电箱产生火花或引起配电箱爆炸。

5. 球雷直接窜入车间内,引起爆炸。球雷的出现是小概率事件,其形成机理不清楚,目前中外尚无有效设施对其防护,但是原化工部早在 20 世纪 90 年代就将它纳入化学工业雷击灾害之一。

(五)雷电引爆胶状乳化炸药基质的可能性分析

在"4.21"爆炸事故专家组中,炸药专业专家对爆炸现场的相关资料和爆炸事故的后果分析结论(此次爆炸是胶状乳化基质首先引爆而不可能是粉状炸药首先引爆)的基础上,爆炸事故专家组中炸药专业与防雷专业专家,就雷电引爆胶状乳化炸药基质的可能性进行了反复讨论论证。

首先对可能造成重庆市东溪化工有限公司制药工房爆炸的各种雷击因素进行归纳、分层,然后采用事故致因理论、气象因素事故因果模型和排除法就可能造成重庆市东溪化工有限公司制药工房爆炸的各种雷击因素进行分析排除。通过认真分析、反复推敲、不断求证,最后排除了雷电空间放电引起空间电磁场变化、雷电直击架空避雷线、雷电直击制药工房建筑物或击入乳化制药工房或发生直击雷($I<5.4$ kA)绕击现象击在制药工房建筑物上、雷电波入侵等 4 种因素,而球雷窜入制药工房引爆胶状乳化炸药基质的可能性不能排除。

最后,专家组一致认为:虽然直击雷(温度高达 10^4℃数量级、雷电峰 $I=200$ kA,脉冲波头时间 $T_1=10\mu s$)的高温、爆炸的冲击波能引起胶状乳化炸药基质的爆炸,但由于防雷设施合格,直击雷不可能直接击在车间建筑物上引起建筑物倒塌或击入车间内,因此本次事故与直击雷无关,而最大可能性是球雷直接窜入车间内引起胶状乳化炸药基质爆炸。

(六)球雷的相关资料

1. 防雷专家王时煦对球雷的论述

主审中国第一部《建筑物防雷设计规范》(GBJ57－83)、第二部《建筑物防雷设计规范》(GB50057—94)的建筑物防雷泰斗王时煦先生在《综论建筑物防雷》中对球雷的特性作了详细的论述。

王时煦认为:雷击就是严重的自然灾害之一。但就中国而言,过去防雷设计在整个建筑设计中所占的比重很小。电气设计人员不重视,其他专业的设计人员更不重视,但雷击所造成的损失却无法轻视。如1989年山东黄岛油库遭受雷击并引起大火,损失惨重。20世纪80年代以前,中国没有建筑物防雷规范,建筑电气设计人员只能凭自己的认识设计避雷针。

在国际建筑物防雷标准(IEC/TC—81)和中国的《建筑物防雷设计规范》中,均没有对球雷的防护作出规定。根据王时煦的调查,北京地区的球雷事故还是不少的,球状闪电约占闪电统计总数的8%～13.7%。尽管中外科技人员对球状闪电的形成机理尚无一致的认识,但对其性质、状态和危害还是比较清楚的。

球雷(即球状闪电)是一种橙色或红色的类似火焰的发光球体,偶尔也有黄色、蓝色或绿色的。大多数火球的直径在10～100厘米。球雷多在强雷暴时空中普通闪电最频繁的时候出现。球雷通常沿水平方向以1～2米/秒的速度上下滚动,有时距地面0.5～1米,有时升起2～3米。它在空中飘游的时间可由几秒到几分钟。球雷常由建筑物的孔洞、烟囱或开着的门窗进入室内,有时也通过不接地的门窗铁丝网进入室内。最常见的是沿大树滚下进入建筑物并伴有嘶嘶声。球雷有时自然爆炸,有时遇到金属管线而爆炸。球雷遇到易燃物质(如木材、纸张、衣物、被褥等)则造成燃烧,遇到可爆炸的气体或液体则造成更大的爆炸。有的球雷会不留痕迹地无声消失,但大多数均伴有爆炸声且响声震耳。爆炸后偶尔有硫黄、臭氧气味。球雷火球可辐射出大量的热能,因此,它的烧伤力比破坏力要大。

下面是一个典型的球雷实例:1982年8月16日,钓鱼台迎宾馆两处同时落球雷,均为沿大树滚下的球雷。一处在迎宾馆的东墙边,一名警卫战士当即被击倒,该战士站在2.5米高的警卫室前,距落雷的大树约3米,树高20多米。球雷落下的瞬间,他只感到一个火球距身体很近,随后眼前一黑就倒了。醒来后,除耳聋外并无其他损伤。但该警卫室的混凝土顶板外檐和砖墙墙面被击出几个小洞,室内电灯被击掉,电灯的拉线开关被击坏,电话线被击断,估计均为电磁感应的电动力所致。另一处在迎宾馆院内的东南区,距警卫室约100米,也是沿大树滚下。距树2米处有个木板房(仓库),该房在3棵14～16米高大槐树包围之中,球雷沿东侧的大树滚下后钻窗进屋,窗玻璃外有较密的铁丝网,但没有接地,铁丝网被击穿8个小洞,窗玻璃被击穿两个小洞。球雷烧焦了东侧木板墙和东南房角,烧毁了室内墙上挂的两条自行车内胎,烧坏了该室的胶盖闸,室内的照明电线也被烧断。

2.球雷的其他有关资料

另据有关资料表明,球雷可分为移动的或不移动的两种。移动的球雷,一般速度不快,约 2 米/秒。它或者取决于气流的速度,随气流飘移;或者能独立移动,这与球雷当时所处的电场有关。移动的球雷还有"附壁效应",即周围有建筑物、墙壁、树木之类物体时,常能沿着这些物体飘行。移动的球雷还能穿过缝隙,溜进室内,穿堂过屋。不移动的球雷常固定在避雷针上、金属屋顶的尖端边缘处或高大烟囱的上部,这时它就发出白光。移动或不移动的球雷可以互相转化,不移动的球雷挣脱了它的附着物,就会成为移动的;移动的球雷有时附着在某个物体上,便成为不移动的。大的球雷还会分裂成数个较小的火球。

另据有关资料表明,球雷具有很高的温度,落到金属上,会使金属熔化甚至汽化;落到水里,水也会被烧热。温度可达上千摄氏度,一般可燃物遭受雷击会立即引起火灾。

另据有关资料表明,在最近 20 年里已获得超过 1 万次这样的证据,因此科学家现在深信球形闪电的存在。但仅有 1% 的人声称见过球形闪电。

另据有关资料表明,它不辐射热量,但是能熔化玻璃,能穿透玻璃窗进入房间。还能击穿厚厚的预制板。

另据有关资料表明,球雷大多数在强雷暴时空中普通闪电最频繁的时候出现;有时也会出现在无雷雨的天气里,但大多发生在高山或潮湿地带。

另据有关资料表明,球雷一般直径为几厘米到几十厘米,但在高空也有直径几米到几十米的。

另据国际上有关专家观测拍摄的球雷外形图(图 4-6)及其移动路径(图 4-7)如下:

 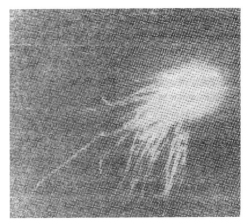

图 4-6　球雷外形图

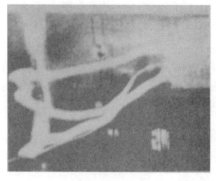

球闪路径(Wolf,1956)　　　　球闪入室(Dqvidov,1958)

图 4-7　球雷移动路径

3. 球雷的典型灾害事例

(1)山西省大同基准气候站每天 24 小时人工观测,承担着 7 次天气报任务,同时还担负太阳辐射、沙尘暴监测、自动站观测任务。2004 年 5 月 15 日 15 时 08 分,大同基准气候站周围多个"球状雷"先后落地炸响,基准站仪器设备遭到雷击,造成供电系统、自动站计算机系统、网络传输系统、沙尘暴监测系统全部瘫痪,致使自动站数据采集传输一度中断。据统计,直接损失达 15000 元。

大同国家基准气候站 2003 年 5 月安装了防雷设施。设在办公室顶部的 2 支避雷针作为直击雷保护,可覆盖整个自动站机房;对自动站机房的电源、信号系统以及机房建筑物还安装了综合防雷设施,进行了多级保护,防雷设备均符合技术要求。由于现有防雷设施对"球状雷"的防御能力几乎为零,因此还是不可避免地遭到此次雷击。

(2)2004 年 9 月 4 日晚天洋坪农贸市场商住楼遭遇球雷袭击,球雷穿过窗户,进入室内,将内墙击出坑状并将放于水缸案板的水瓢击穿(图 4-8)。

图 4-8　雷击现场图

(3)1983 年 8 月 15 日,北京市东郊炼焦化工厂,因球形雷烧毁高 4.4 米、直径 6 米、体积 100 立方米的酒精罐 2 个;同日,北京东郊十八里店公社铸造厂落球雷烧爆 10 吨汽油罐 2 个以及 2 吨柴油罐 2 个。

(4)北宋著名科学家沈括在《梦溪笔谈》中,记述了一次球形闪电的实况,描述了雷暴运行的过程。球形闪电自天空进入"堂之西室"后,又从窗间檐下而出,雷鸣电闪过后,房屋安然无恙,只是墙壁窗纸被熏黑了。令人惊奇的是屋内木架子以及架内的器皿杂物(包括易燃的漆器)都未被电火烧毁,相反,镶嵌在漆器上的银饰却被电火熔化,其汁流到地上,钢质极坚硬的宝刀竟熔化成汁水。令人费解的是,用竹木、皮革制作的刀鞘却完好无损。

(5)2004 年 7 月 20 日 04 时前后,长沙市黄材镇井冲村栗山组一团火球从村民袁腊华家卧室的窗户钻入,击中了熟睡中的袁腊华及其妻子,二人被烧成高度重伤,毛发全被烧掉,头部、面部、躯干和双手手掌、手臂被烧得面目全非,靠外睡的袁妻更是被火雷冲击波抛到了地上,袁腊华当场口吐鲜血;球雷的雷电冲击波还震坏衣柜,衣柜内的衣服洒落一地;球雷并没有马上消失,而是在房屋内快速地跳跃移动,穿过了数堵砖墙,在袁母的床前地面上转了几圈后穿过砖墙窜到屋后的猪圈内,击死 4 头猪。从砖墙上的孔来看,球雷的直径大约 10 厘米,就连厚厚的预制板也被击穿 3 个大洞。

(6)根据《Nature》刊载,有科学家观测到在一次强雷暴期间由云中落下一个发光火球,它漂移了相当一段距离后停留一会,然后继续漂移,直至最后击中码头,并发生爆炸,爆炸将码头上的一根木桩震裂成许多细条。科学家 Zimmerman(1970) 根据码头的木桩被球雷炸成碎片,估算出 1 个球雷的能量量级在 10^5 焦耳以上。

4.球雷的相关特性

(1)在国际建筑物防雷标准(IEC/TC−81)和中国的《建筑物防雷设计规范》中,均没有对球雷的防护作出规定。

(2)近 20 年里已获得超过 1 万次这样的证据,因此科学家现在深信球形闪电的存在。但仅有 1% 的人声称见过球形闪电,以北京地区为例,球状闪电约占闪电统计总数的 8%～13.7%。

(3)球雷大多数在强雷暴时空中普通闪电最频繁的时候出现;有时也会出现在无雷雨的天气里,但大多发生在高山或潮湿地带。

(4)球雷一般直径为几厘米到几十厘米,但在高空也有直径几米到几十米的。

(5)球雷通常沿水平方向以 1～2 米/秒的速度上下滚动,有时距地面 0.5～1 米,有时升起 2～3 米,它在空中飘游的时间可由几秒到十几分钟。

(6)球雷常由建筑物的孔洞、烟囱或开着的门窗进入室内,有时也通过不接地的门窗铁丝网进入室内。

(7)最常见的是沿大树滚下进入建筑物并伴有嘶嘶声。

(9)球雷有时自然爆炸,有时遇到金属管线而爆炸。球雷遇到易燃物质(如木材、纸张、衣物、被褥等)则造成燃烧,遇到可爆炸的气体或液体则造成更大的爆炸。

(10)球雷能熔化玻璃,能穿透玻璃窗进入房间。还能够击穿厚厚的水泥板和砖墙。

(11)球雷具有很高的温度,温度可达上千摄氏度;落到金属上,会使金属熔化甚至汽化;落到水里,水也会被烧热。

(12)球雷可将木桩震裂成碎片,科学家估算出 1 个球雷的能量的量级在 10^5 焦以上。

(七)乳化车间遭受球雷袭击的可能性分析

根据上述分析,并结合事故发生地所处的地理位置与气候背景以及爆炸时的雷雨天气实况,可以得出以下结论:首先,雷雨天气和乳化车间所处位置比较潮湿有利于球雷的形成;其次,乳化车间四周有较多的树木,并且车间建筑物四壁有较多的开放式门窗(窗 45 个、门 24 个),为球雷窜入车间提供了有利的通道;根据胶状乳化炸药基质的特性以及事故后果判断,球雷本身的高温和球雷爆炸的冲击波将会引起胶状乳化炸药基质的爆炸。

因此,2005 年 4 月 26 日,重庆市东溪化工有限公司"4.21"特大爆炸事故调查技术组根据防雷技术小组对球雷的相关资料进行收集、调研和分析的结果及事故发生地所处的地理位置与气候背景以及爆炸时的雷雨天气实况,一致认为:(1)雷雨天气和乳化制药工房所处位置比较潮湿有利于球雷的形成。(2)该工房四周有较多的树木,并且建筑物外墙有较多的开放式门窗(窗 45 个、门 24 个),为球雷窜入工房提供了有利的通道。根据乳化炸药基质的特性以及事故后果判断,球雷本身的高温和球雷爆炸的冲击波将会引起乳化炸药基质的爆炸。

通过上述分析,专家组(图 4-9)对本次爆炸事故得出技术原因结论如下:球雷直接窜入工房内引起乳化炸药基质爆炸的可能性最大,不能排除;雷击爆炸导致人员伤亡事故扩大的原因是雷电灾害天气临近重庆市东溪化工有限公司所地,工厂仍然生产而没有停产撤离人员。

该案例说明,该公司若在 2000 年申请建设生产工房是乳化(含粉状乳化)炸药制药工房时,参照国际电工委员会第 81 技术委员会制定并颁布的《雷击损害风险的评估(Assessment of the risk of damage due to lightning)》(IEC61662－1995,说明:我国当时还没有雷电灾害风险评估的技术标准和要求建设项目必须进行雷电灾害风险评估规定),进行"生产工房是乳化(含粉状乳化)炸药制药工房"建设项目雷电灾害风险评估,就能知道雷电灾害天气是其最大的风险源,就会制定防御雷电灾害应急预案,在雷电灾害天气来临重庆东溪化工有限公司所地之前,就会停产撤离人员,也许

重庆市东溪化工有限公司"4.21"特大爆炸事故
技术组调查分析报告专家组

姓　名	单　位	专家组职务	职　称	职　务	签字
钟序亚	重庆市民爆器材协会	组　长	高级工程师 国家注册安全工程师	秘书长	钟序亚
叶毓鹏	中国爆破器材行业协会	副组长	教　授		叶毓鹏
杨祖一	国防科工委民爆服务中心	成　员	教授级高工 国家注册安全工程师 公安部重特大爆炸事故调查专家	处　长	杨祖一
张兴明	国家民爆质检中心	成　员	博士　工程师		张兴明
贾棯根	重庆市公安局治安总队	成　员	工程师		贾棯根
吴明胜	重庆市八四五化工有限责任公司	成　员	高级工程师	总经理	吴明胜
唐胜	重庆市八四五化工有限责任公司	成　员	高级工程师	总工程师	唐胜
李良福	重庆市防爆安全工作委员会办公室	成　员	教授级高级工程师 国家注册安全工程师	主　任	李良福
李家居	重庆市防雷中心	成　员	工程师	主　任	李家居
杨民刚	煤科总院爆破技术研究所	成　员	研究员	副所长	杨民刚
黄学会	煤科总院爆破技术研究所	成　员	高级工程师	主　任	黄学会
杜华善	煤科总院爆破技术研究所	成　员	研究员	主　任	杜华善
邓祥才	重庆南桐化工厂	成　员	高级工程师	副厂长	邓祥才

图 4-9　专家组成员及签字表

就不会造成大量的人员伤亡。

　　为此,重庆市气象局根据 2005 年 2 月 1 日施行的《防雷减灾管理办法》(中国气象局令第 8 号)第五章雷电灾害调查、鉴定和评估中有关"雷击风险评估"的规定,参考国际电工委员会第 81 技术委员会制定并颁布的《雷电防护第二部分:风险管理(Protection against Lightning—Part 2:Risk management)》(IEC 62305−2:2006 IDT)于 2006 年制定了重庆市地方标准《雷电灾害风险评估技术规范》(DB50/214−2006),开展了雷电灾害风险评估工作,为雷电灾害敏感单位提供雷电灾害风险评估技术服务,使雷电灾害敏感单位充分认知雷电灾害的风险,切实增强其防御雷电灾害的敏感性。随后国务院防雷行政主管部门——中国气象局也于 2007 年制定并颁布了《雷电灾害风险评估技术规范》(QX/T85—2007),2008 年中国也等同采用《雷电防护第二部分:风险管理(Protection against Lightning—Part 2:Risk management)》(IEC 62305−2:2006 IDT)标准制作为"雷电风险评估技术"国家推荐性技术规范(GB/T 21714.2−2008)。

　　因此,基层气象部门要高度重视灾害性天气引发本行政区域和本行政区域内气象灾害敏感单位安全事故,加强和完善本行政区域和本行政区域内气象灾害敏感单位的气象灾害风险评估工作,采取有效措施积极指导区(县)、乡(镇、街道办事处)、村民委员会(居民委员会)三级基层行政管理机构和区(县)与乡(镇、街道办事处)级有关部门以及村民委员会(居民委员会)管理辖区内气象灾害敏感单位对本行政区域和本单位的气象灾害风险识别、气象灾害风险分析、气象灾害风险评价、气象灾害风险管理,提高区(县)、乡(镇、街道办事处)、村民委员会(居民委员会)三级基层行政管理机构和区(县)与乡(镇、街道办事处)级有关部门以及村民委员会(居民委员会)管理辖区内气象灾害敏感单位对灾害性天气风险源的认知水平,增强基层公共气象服务的敏感性,切实增强本行政区域和本行政区域内气象灾害敏感单位防御气象灾害的敏感性和科学防灾、减灾、抗灾能力,是防止或者减少、减轻灾害性天气引发本行政区域和本行政区域内气象灾害敏感单位安全事故的重要环节。

综上所述,基层气象部门加强和完善本行政区域和本行政区域内气象灾害敏感单位的气象灾害风险评估,强化基层公共气象服务敏感性是进一步做好基层公共气象服务的基本前提。

第四节　完善气象灾害应急预案 强化基层公共气象服务的前瞻性

近年来,我们强调灾害事故的责任追究,用事故指标考核各级政府、部门和气象灾害敏感单位。当气象灾害敏感单位发生气象灾害事故后,常常采取"开会"、"出文件"、"拉网式隐患排查"、"现场检查、督察"、"回头看"等办法和措施,这些办法和措施都带有事后性、被动性和治标性等特征。而要体现"安全第一、预防为主、综合治理"安全方针,基层气象部门就要充分研究分析导致本行政区域和本行政区域内气象灾害敏感单位发生气象灾害的灾害性天气,切实提高基层气象灾害监测体系自动化水平以及预报预测的准确性、精细化程度,特别是提高空间尺度小、时间尺度短的局地性突发性气象灾害临近预报能力,加强灾害性天气预警的及时性、有效性、针对性、畅通气象灾害预警信息发布的渠道,完善气象灾害应急预案,增强本行政区域不同季节灾害天气的公共气象服务的前瞻性,全面提升本行政区域和本行政区域内气象灾害敏感单位防御气象灾害能力和水平,使区(县)、乡(镇、街道办事处)、村民委员会(居民委员会)三级基层行政管理机构和区(县)与乡(镇、街道办事处)级有关部门以及村民委员会(居民委员会)管理辖区内气象灾害敏感单位的气象灾害防御工作具有科学的预防性和超前性。但是,近年来由于对灾害性天气引发气象灾害敏感单位安全事故应急预案不够完善,导致气象灾害事故时有发生。例如:2008年12月2日由于陕西省定边县天气寒冷,导致陕西省定边县堆子梁中学学生晚上在宿舍用炭炉取暖造成11名学生煤气中毒死亡和1名学生煤气中毒的灾害事故,就是典型的学校气象灾害防御工作缺乏前瞻性案例。

从 2008 年 12 月 2 日由于陕西省定边县堆子梁中学在宿舍用炭炉取暖造成 11 名学生煤气中毒死亡和 1 名学生煤气中毒的事故现场分析表明,引起中毒的主要原因是:由于天气寒冷,学生在宿舍用炭炉取暖,在封堵炉子时,可能把燃煤块掉在了地上却没有发现,而学生床板底下就堆积着煤块。当学生入睡后,燃煤把堆放的煤块点燃,产生大量的一氧化碳有害气体,导致 11 名学生煤气中毒死亡和 1 名学生煤气中毒(图 4-10)。

图 4-10　堆子梁中学一氧化碳中毒事故现场

事故发生后陕西省省长袁纯清要求有关部门以此为教训,加大学校安全取暖工作力度,确保学生生命安全。同时教育部发出紧急通知,要求各地切实做好农村寄宿制学校冬季取暖安全工作。其具体要求是:一是要迅速组织力量开展寄宿制学校学生宿舍安全排查。对校内宿舍和学校集体租用的校外宿舍,特别是有燃煤取暖的宿舍,进行一次全面安全排查。在教室、宿舍、办公室等室内安装的燃煤取暖设施要以确保通风和安全为前提,必须安装有排烟管道,周围不能存放易燃物品,要保证排烟管道畅通、不漏气,同时房间应装有风斗,并经常进行检查和更换,必要时可采取深夜闭火等措施,防止一氧化碳积聚造成中毒和火灾的发生。二是要进一步落实寄宿制学校学生宿舍安全管理责任。各地要以堆子梁学校的惨痛教训为戒,按照谁主管、谁负责的原则,切实把寄宿制学校各项安全管理规定落到实处。一定要有专人负责学生宿舍夜间管理和安保工作,加强夜间值班和定时巡查。三是要采取紧急措施加强中小学校安全设施建设。今后仍需采用燃煤取暖的学校,要尽快在学生宿舍安装一氧化碳报警装置。有条件的地方要借鉴河北省等地的做法,对农村寄宿制学校取暖设施进行全面改造,采取学校集中供暖,尽量早日取代室内燃烧煤炉取暖的方式。四是要有针对性地开展对学生的安全教育。根据寄宿制学校学生宿舍冬季燃煤取暖的现状,要让广大学生进一步掌握预防一氧化碳中毒的基本知识和方法,保持宿舍室内通风,提高学生的安全防范意识和一旦发生中毒时的应急处置能力。

众所周知,天气寒冷的冬季是燃煤取暖不当造成学生煤气中毒和火灾的易发期,教育部也曾多次就各地切实做好农村寄宿制学校冬季取暖安全工作发出通知和预警,但仍有一些学校安全意识薄弱、管理不到位、措施不落实。若事前,陕西省榆林市定边县堆子梁学校就天气寒冷的冬季燃煤取暖易发生煤气中毒事故,做好防御低温天气燃煤取暖易发生煤气中毒事故的应紧预案,依据当地低温天气预报,按照应紧预案要求加强冬季燃煤取暖易发生煤气中毒事故的隐患进行排查和治理,指定专人负责学生宿舍夜间管理和安保工作,加强夜间值班和定时巡查,将低温寒冷天气学校燃煤取暖易发生煤气中毒事故隐患消灭在萌芽状态,超前性做好学校由低温寒冷天气引发的衍生灾害和次生灾害防御工作,也许此次事故可以避免。

因此,基层气象部门要高度重视本行政区域和本行政区域内气象灾害敏感单位气象灾害事故应急处置,通过对本行政区域和本行政区域内气象灾害敏感单位的灾害天气敏感类别、敏感发生期、敏感出现地域和灾害天气可能产生后果以及防御措施等研究分析,采取有效措施积极指导区(县)、乡(镇、街道办事处)、村民委员会(居民委员会)三级基层行政管理机构和区(县)与乡(镇、街道办事处)级有关部门以及村民委员会(居民委员会)管理辖区内气象灾害敏感单位加强并完善其气象灾害应急预案,并对指导区(县)、乡(镇、街道办事处)、村民委员会(居民委员会)三级基层行政管理机构和区(县)与乡(镇、街道办事处)级有关部门以及村民委员会(居民委员会)管理辖区内气象灾害敏感单位进行前瞻性公共气象服务,为本行政区域和本行政区域内气象灾害敏感单位防御气象灾害赢得防御气象灾害的提前量,从而有效防御气象灾害。

综上所述,基层气象部门加强和完善本行政区域和本行政区域内气象灾害敏感单位的气象灾害应急预案,强化基层公共气象服务前瞻性是进一步做好基层公共气象服务,有效防御气象灾害的根本保障。

第五节　完善气象灾害隐患排查　强化基层
公共气象服务的动态性

目前,各级气象部门,区(县)、乡(镇、街道办事处)、村民委员会(居民委员会)三级基层行政管理机构和区(县)与乡(镇、街道办事处)级有关部门以及村民委员会(居民委员会)管理辖区内气象灾害敏感单位对气象灾害隐患普查、排查、监管、报告、备案、检查、督查、治理等措施都是静态的,没有根据区(县)、乡(镇、街道办事处)、村民委员会(居民委员会)三级基层行政管理机构和区(县)与乡(镇、街道办事处)级有关部门以及村民委员会(居民委员会)管理辖区内气象灾害敏感单位所在地气象灾害天气的动态变化特性采取动态、实时、适时的气象灾害防御措施,从而导致气象灾害事故时有发生。例如:2012年4月20日,广东省茂名市下辖的化州市宝圩镇仓板小学因暴雨形成的洪水,导致4名小学生被洪水冲走、失踪的暴雨灾害事故,就是典型的学校气象灾害防御工作缺乏动态性管理的案例。

　　2012年4月20日12时许,广东省茂名市下辖的化州市宝圩镇仓板小学的小茵、广余、琳琳、秋霞、思露等5个学生结伴去上学,途中走到一个叫响水桥的小桥时,发现暴雨形成的洪水很猛,水已经漫过桥面,无法过桥,就原路返回家中。小茵说他们回到村边的门口桥时,站在桥上看洪水,才站了一会儿,不知道怎么回事,感觉头脑一片空白,就掉进了河里(图4-11)。

学生出事的地点——门口桥　　　　　　消防官兵在学生出事的小河搜救

图4-11　事故现场

　　宝圩镇仓板村委会丰满村的钟朋标村长告诉记者,事故发生在20日13时前后,由于当时下着大雨,他就到田间看水势。突然他听到有小孩大叫"救命",虽然不通水性,但他还是冒着已经涨到大腿高的洪水跑到河边,看到一个小女孩在桥的下游约8米处抓住岸边的竹子,还有一名男孩抓住被冲到河中间的一根竹子的尾部。他冲过去把小女孩拉上岸,并连忙护送她到安全地带,但是由于自己不通水性,未能救起那个男孩,深感内疚。小茵还告诉记者"当天雨很大(2012年4月18日8时至21日8时,广东省的阳江、茂名、肇庆、江门和珠江三角洲等地出现了大到暴雨,局部大暴雨,阳西县塘口镇等7个监测站点记录到超过300毫米的降水。)但她们并没有接到学校停课的通知。"事故发生后根据《南方日报》记者毕嘉琪采访可知,虽然4月20日8时许,广州市的暴雨预警信号一度从黄色升级为橙色,但学生们仍需顶着狂风暴雨上学。广州市教育部门有关负责人表示,根据气象台的防御标准,只有达到红色暴雨预警信号才需要中小学和幼儿园停课。不过,出现严重水浸等险情的学校可迅速请示上级教育部门批准,自行停课。但是广州市市民刘先生说"这么大的雷暴雨,怎么能保证学生的上学安全呢?就算到校了至少也淋成'落汤鸡',一下子就病了!"。因此,多名受访家长认为,根据广州4月20日早上的雨势,有关部门应让幼儿园和小学停课或延迟上课。针对家长的诉求,广州市教育部门有关负责人表示,4月20日不要求停课是因为仍没达到规定标准。记者了解到,暴雨预警信号分为蓝色、黄色、橙色和红色四级,只有最高的红色级别才达到幼儿园和中小学停课标准。该负责人告诉记者,由于各区的雨势雨量有所不同,市教育局会根据实际情况与各区政府迅速沟通,假如确定需要停课,将马上通知区内各校;假如学生已经到校上课,教育部门也不会让他们回家,以保证学生在教室里安全上课;不过假如因大雨造成学校水淹或其他紧急状况,学校可申请自行停课。

　　由于暴雨灾害天气形成雨量具有明显的地理分布差异和时间差异,广州市的暴雨预警信号并不能够代表宝圩镇仓板小学所在地的暴雨量。因此,若学校依据本校所处的地理位置、周边环境条件和暴雨灾害性天气形成的暴雨雨量采取动态、实时、适时研判,而不是根据广州市的暴雨预警信号是否达到最高的红色级别,才采取学校停课的气象灾害防御措施,也许此次事故可以避免。

　　因此,基层气象部门要高度重视本行政区域和本行政区域内气象灾害敏感单位的气象灾害隐患普查、排查、监管、报告、备案、检查、督查、治理等方面工作,可参照下面给出的重庆市基层气象部门雷电灾害隐患普查、排查、监管、报告、备案、检查、督查、治理的具体做法,对不同的气象灾害敏感单位的不同气象灾害的隐患和同一气象灾害敏感单位的同一气象灾害的不同时间的隐患,应根据气象灾害敏感单位随着经济社会发展而发生变化导致其气象灾害的隐患发生变化和气象灾害天气的动态变化特性导致其气象灾害的隐患具有动态变化,完善本行政区域和本行政区域内气象灾害敏感单位的气象灾害隐患普查、排查、监管、报告、备案、检查、督查、治理等方面工作机制,及时发现隐患,为本行政区域和本行政区域内气象灾害敏感单位有效防御气象灾害,提供有针对性的动态公共气象服务。

　　目前,重庆市基层气象部门雷电灾害隐患普查、排查、监管、报告、备案、检查、督查、治理的具体做法如下:

　　一是建立雷电灾害风险评估工作机制,杜绝雷电灾害隐患。根据建设项目不同阶段按照《雷电灾害风险评估技术规范》(DB50/214－2006)进行建设项目雷电灾害风险预评估、建设方案评估、现状评估,从而发现建设项目不同阶段的雷电灾害隐患,并给建设项目业主单位、设计单位、建设单位、使用单位提供有针对性的防御措施。建设项目雷电灾害风险预评估是根据建设项目的使用性质和所在地雷电活动时空分布特征及雷电流散流情况等,分析建设项目的雷电灾害易损性和所在地大气雷电环境状况,辨识与分析建设项目潜在的雷电灾害风险、发现建设项目在选址及功能分区布局方面存在的雷电灾害隐患,预测发生雷电灾害事故的可能性及其严重程度,及时对建设项目的选址及功能分区布局从雷电防护的角度提出科学、合理、可行的安全对策措施建议,为城市规划和项目选址提供重要依据;建设项目雷电灾害风险建设方案评估是针对建设项目初步设计,对该项目可能存在的雷电危险(有害)因素的种类、雷电危险性和危险度进行分析,提出合理科学的安全对策、措施及建议,为施工图防雷设计提供依据;建设项目雷电灾害风险现状评估是通过对既有建设项目的防雷安全现状进行安全评价,针对建设项目的生产经营活动,辨识与分析其存在的雷电灾害风险,查找其存在的雷电灾害隐患,预测发生雷电灾害事故的可能性及其严重程度,提出合理、可行的防御雷电灾害的建议及安全对策措施,为安全监督管理提供技术依据。

二是建立建设项目防雷工程全过程的安全监督机制。该监督机制主要包括两方面,一方面是依据重庆市已建立的防雷标准化体系,对新建改建、扩建的建设项目防雷工程设计评价、施工过程监审、工程竣工后检测总体验收;另一方面对已完成防雷工程投入使用的建设项目防雷装置安全性能进行定期(一年、半全)检测,从源头上杜绝建设项目防御雷电灾害的基础设施存在的安全隐患。

三是建立雷电灾害应急预警机制。重庆市、区(县)气象部门针对其行政区域不同雷电灾害敏感单位对雷电灾害天气敏感差异性,根据雷电灾害天气变化通过手机短信、电子显示屏、网络等及时向雷电灾害敏感单位发布不同等级的预警,指导雷电灾害敏感单位启动防御雷电灾害预案,科学采取防范措施,有效杜绝因雷电灾害天气的动态变化特性产生的安全隐患。

四是建立雷电灾害调查鉴定机制。重庆市、区(县)气象部门按照《雷电灾害调查与鉴定技术规范》关于雷电灾害调查原则、雷电灾害调查项目、雷电灾害调查组织及程序、雷电灾害现场调查、雷电灾害分析与鉴定等有关规定,科学、准确、及时地查清发生雷电灾害的原因,查明雷击事故性质,总结教训,并对雷电灾害发生前的雷电灾害防御措施进行评估,研判是否存在未能发现的雷电安全隐患,提出进一步完善防御措施的对策建议,从而有效杜绝隐性的雷电安全隐患。

综上所述,完善气象灾害隐患普查、排查、监管、报告、备案、检查、督查、治理工作机制,强化基层公共气象服务的动态性是进一步做好基层公共气象服务,有效防御气象灾害的关键环节。

第六节 提升气象防灾减灾能力 强化基层 公共气象服务的系统性

基层气象防灾、减灾能力,不仅仅是指基层气象部门的"气象防灾、减灾能力",还包括区(县)、乡(镇、街道办事处)、村民委员会(居民委员会)三级基层行政管理机构和区(县)与乡(镇、街道办事处)级有关部门以及村民委员会(居民委员会)管理辖区内气象灾害敏感单位等的"社会气象防灾、减灾能力",长期以来基层气象部门在上级气象部门和当地政府的领导、关怀、帮助、支持下,其气象防灾、减灾能力远比"社会气象防灾、减灾能力"强,"社会气象防灾、减灾能力"的局限性,已经产生基层气象部门增强基层气象防灾、减灾能力,提高公共气象服务水平的"短板效应"。而在现行体制下,基层气象部门的气象社会管理能力和水平比较弱,全面构建基层气象现代化体系,提升基层气象防灾、减灾能力,实现一流、系统、完整的基层公共气象服务,还需要奋斗十年甚至更长时间。因此,提升基层气象防灾、减灾能力是基层气象事业发展"永恒"的主题、"动态"的目标,但是基层气象防灾减灾、民生需求不会等待我们这么长的时间去建设、去奋斗。我们必须根据《中共中国气象局党组关于推进县级气象机构综合改革指导意见》精神,在现有资源的基础上,借鉴浙江省气象部门"德清模式"和重庆市气象部门"法规与标准互动的气象灾害敏感单位认证管理模式"、"永川模式"的具体做法,切实强化基层气象社会管理,明确区(县)、乡(镇、街道办事处)、村民委员会(居民委员会)三级基层行政管理机构和区(县)与乡(镇、街道办事处)级有关部门以及村民委员会(居民委员会)管理辖区内气象灾害敏感单位防御气象灾害的主体责任,督促区(县)、乡(镇、街道办事处)、村民委员会(居民委员会)三级基层行政管理机构和区(县)与乡(镇、街道办事处)级有关部门以及村民委员会(居民委员会)管理辖区内气象灾害敏感单位,承担防御气象灾害社会责任,依法投入人、财、物提升"社会气象防灾、减灾能力"建设,从而充分利用社会资源,实现国家、地方、社会资金共同依法投入基层气象防灾、减灾能力建设的防御气象灾害新格局,切实提高基层公共气象服务水平。

为了提升基层气象防灾、减灾能力,实现一流的、系统的、完整的基层公共气象服务,我们必须按照"德清模式"、"法规与标准互动的气象灾害敏感单位认证管理模式"、"永川模式"的工作方法,科学分析区(县)、乡(镇、街道办事处)、村民委员会(居民委员会)三级基层行政管理机构和区(县)与乡(镇、街道办事处)级有关部门以及村民委员会(居民委员会)管理辖区内气象灾害敏感单位所在地敏感气象灾害类型和敏感气象灾害出现的时期,结合区(县)、乡(镇、街道办事处)、村民委员会(居民委员会)三级基层行政管理机构和区(县)与乡(镇、街道办事处)级有关部门管理工作性质和气象灾害敏感单位的地理、地质、土壤、气象、环境等条件与重要性、工作特性以及气象灾害敏感单位在遭受敏感气象灾害性天气时,可能造成人员伤亡和财产损失的后果的严重性,明确区(县)、乡(镇、街道办事处)、村民委员会(居民委员会)三级基层行政管理机构和区(县)与乡(镇、街道办事处)级有关部门以及村民委员会(居民委员会)管理辖区内气象灾害敏感单位依据法律法规、规范性文件要干什么和依据技术标准怎么干,才能科学、规范、正确、及时防御气象灾害;并依据区(县)、乡(镇、街道办事处)、村民委员会(居民委员会)三级基层行政管理机构和区(县)与乡(镇、街道办事处)级有关部门以及村民委员会(居民委员会)管理辖区内气象灾害敏感单位的需求牵引原则和轻重缓急的原则,以系统观念,按照"服务对象需求→需求所需监测要素、监测方法、监测仪器→预报方法、预报服务产品→服务方式→服务产品发布→指导服务对象应用服务产品→服务效果评估→修改完善服务内容、服务流程、服务链条"的基层公共气象服务思路,调整现行的气象部门内部业务流程,建立适应基层气象社会管理和公共气象服务全过程的系统化业务流程和业务链条,通过大量区(县)、乡(镇、街道办事处)、村民委员会(居民委员会)三级基层行政管理机构和区(县)与乡(镇、街道办事处)级有关部门以及村民委员会(居民委员会)管理辖区内气象灾害敏感单位将公共气象服务自觉应用于自身决策、管理和生产实践中产生的政治、经济、社会、生态、防灾减灾、安全等效益来实现基层气象工作促进当地经济社会发展的政治、经济、社会、生态、防灾减灾、安全等效益,从而不断提高基层气象部门的社会影响力和在政府部门中的地位以及气象工作水平。

例如:依据 2007 年 6 月实施的《重庆缙云山国家级自然保护区森林防火远程监测系统森林火险等级预警预报分系统建设工程》,就是一个典型"以系统观念建立适应气象社会管理和公共服务全过程的业务流程与业务链条"的案例。

重庆气象局为了加强重庆市森林火险敏感区森林火险气象等级预警预报服务工作,于 2007 年 6 月 1 日与重庆市林业局联合签署了《重庆市林业局与重庆市气象局关于联合建设重庆市森林火险敏感区火险等级预警预报系统合作协议书》(图4-12),该协议书明文规定:市、区(县)林业部门根据重庆市森林的重要性、分布特征、发生森林火灾的可能性和后果,以及重庆市森林火灾的历史资料,负责划分重点林区和自然保护区核心森林的森林火险敏感区;提供每个森林火险敏感区的地理、植被、林种、面

图 4-12　合作协议书及签字仪式现场

积等背景资料;建立与森林火灾发生密切相关的林区温度、湿度、降水、风向、风速、雷电的森林火险特种气象自动监测站和森林火险等级预警、预报信息接收终端;制定每个森林火险敏感区的防御森林火灾应急预案。市、区(县)气象部门负责指导市、区(县)林业部门在每个森林火险敏感区的森林火险特种气象自动监测站建设;负责建

立市、区(县)森林火险敏感区森林火险特种气象自动监测站自动观测资料共享平台；负责每个森林火险敏感区的森林火险等级预警、预报系统研发，并通过手机短信、手机气象站、安全气象网,向市、区(县)林业局,市、区(县)森林防火办,森林火险敏感区防火办发布每个森林火险敏感区的森林火险等级预警、预报信息；负责制定扑救森林火灾气象保障应急预案,并根据市、区(县)森林防火办的指示,在发生森林火灾时,启动和实施扑救森林火灾气象保障应急预案。重庆市、区(县)林业局负责森林火险敏感区森林火险特种气象自动监测站建设经费和维持经费；重庆市气象局负责全市森林火险敏感区森林火险特种气象自动监测站自动观测资料共享平台建设经费和维持经费以及每个森林火险敏感区的森林火险等级预警、预报系统研发经费；重庆市气象局负责每个森林火险特种气象自动监测站技术保障,技术保障经费纳入森林火险特种气象自动监测站的维持经费。

根据协议书精神,实施了重庆北碚区《重庆缙云山国家级自然保护区森林防火远程监测系统森林火险等级预警预报分系统建设工程》(图 4-13),建立了森林火险特种气象自动监测子系统、信息传输子系统、信息加工处理子系统、信息发布子系统等,系统工作流程如图 4-14 所示。

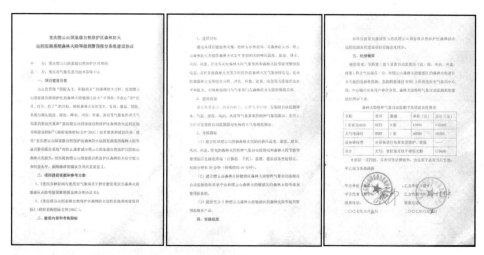

图 4-13　森林火险等级预报预警分系统建设协议

(一)森林火险特种气象自动监测子系统

在重庆市北碚区缙云山东坡梁家山、西坡沙帽石、山脊香炉峰安装能自动监测降水、气温、湿度、风向、风速等气象要素的特种气象监测站,在缙云林业保护站安装能自动监测雷电电场的大气电场监测站。

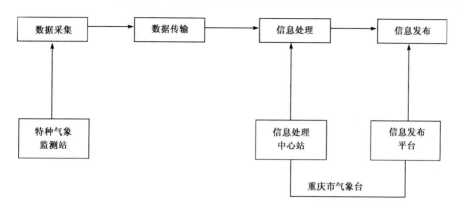

图 4-14　森林火险等级预报预警分系统工作流程图

(二)信息传输子系统

各监测站点采集到的数据通过无线通信方式传输到市级信息处理中心站(中心站设在重庆市气象信息与技术保障中心),中心站主要由网络交换机、服务器、信息收集平台(计算机)等设备组成。

中心站根据情况确定数据发送时间,一般情况每 30 分钟发送一次数据,特殊情况每 10 分钟发送一次数据。

(三)信息加工处理子系统

信息加工处理子系统主要对各种监测数据进行质量检查、分析、存储,制作出缙云山森林火险等级预警、预报信息。主要由计算机设备和应用系统软件组成。

1.质量控制

给出各种观测要素不同季节的可能出现的最大、最小值,对各种监测数据进行奇异值分析,标注奇异标志,提醒分析使用者注意。

2.数据库

采用 Microsoft SQL Server 建立数据库,其优点在于能够使用视图、存储过程等方便地对数据库进行各方面的管理,视图、存储过程等也可以为其他子系统提供调用接口,客户通过简单的编程,就可以利用视图、存储过程等调用特殊要求的数据库资料,用户也可以在程序中直接利用 SQL 语句进行查询。

应用程序采用典型的 C/S(客户/服务器)模式建立,客户端基于 Windows 平台开发,能够方便地实现数据维护的日常功能及数据分析等客户要求,也容易应用程序的拓展。

3.缙云山森林火险等级预警、预报系统

重庆市气象台利用数值预报产品、卫星、雷达、探空资料及缙云山森林火险特种气象自动监测站实况资料,结合缙云山植被状况和火灾历史资料,采用客观分析方

法、天气学方法和气象统计学方法建立起缙云山森林火险等级预警、预报模型,提供以下森林火险气象条件等级预警预报服务产品:

(1)未来 1～3 天缙云山防火敏感区森林火险气象条件等级预报(图形或文字或表格)。

(2)近期各监站的降水、气温、湿度、风向、风速要素分布状况和缙云山林区大气电场变化状况。

(3)根据特殊需求,可临时提供未来 3 小时缙云山防火敏感区森林火险气象条件等级预报。

(4)在出现重大森林火灾时开展现场气象保障服务,滚动提供未来 3 小时森林火险等级预报和相关天气情况,开展火场人工增雨作业。

(5)实时预警。利用高密度的实时监测资料,提供每 30 分钟一次(特殊情况每 10 分钟一次)的森林火险特种气象监测信息(包括降水、气温、湿度、风向、风速、雷电的大气电场)。

(6)决策咨询。根据各种森林火险等级预报和天气实时信息提出防御森林火灾的决策建议。

(四)信息发布子系统

各类监测、预报和服务信息采用专线分发。主要由计算机设备和应用软件组成。信息传输的方式有:专线传输、互联网(安全气象网)、传真、电话、电视("安全气象"节目、预警信号等)、广播、手机短信、气象专用电话(12121、96121)、其他。

另外,还明确了《重庆缙云山国家级自然保护区森林防火远程监测系统森林火险等级预警预报分系统建设工程》的考核指标如下:

(一)建立针对缙云山防御森林火灾的林区温度、湿度、降水、风向、风速、雷电的森林火险特种气象自动监测站和森林火险等级预警、预报信息接收终端(计算机、手机),监测、通信设备性能稳定,时间分辨率 30 分钟(特殊情况 10 分钟)。

(二)建立缙云山森林火险敏感区森林火险特种气象自动监测站自动监测资料共享平台和缙云山森林火险敏感区的森林火险等级预警、预报系统。

(三)提供至少两种缙云山森林火险敏感区的森林火险等级预警、预报服务产品(一是天气实况监测产品,二是火险等级预报产品)。

图 4-15 是针对缙云山森林火险敏感区发布森林火险等级预警、预报服务产品。

图 4-16 是重庆市气象局、北碚区气象局对《重庆缙云山国家级自然保护区森林防火远程监测系统森林火险等级预警预报分系统建设工程》的森林火险特种气象自动监测子系统运行情况现场检查和使用情况现场督查。

自缙云山森林火险等级预警、预报分系统建成后,极大提升缙云山国家级自然保护区森林防火能力,尤其是在高森林火险天气时,森林保护站工作人员采取有效措

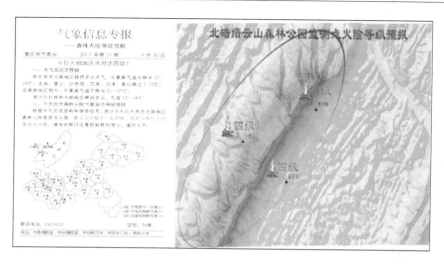

图 4-15　缙云山森林火险敏感区森林火险等级预警、预报服务产品

施,如通过加大宣传力度、扩大巡逻范围,延长巡逻时间,增加视频等高科技手段对林区监控的手段,严禁游客、附近居民等人员野外一切用火,有时还根据森林火险天气的严重性采取封山防火。真正实现了重庆缙云山国家级自然保护区森林火险敏感区防火"早预报、早放心"和"打早、打小、打了"的目标,防止或者减少森林火灾损失,切实提高了森林防火综合能力和整体水平,保障森林资源安全。

图 4-16　森林火险特种气象自动监测子系统运行情况现场检查和使用情况现场督查

上述案例表明,充分利用社会资源,实现国家、地方、社会资金形成共同依法投入基层气象防灾、减灾能力建设的防御气象灾害新格局,并以系统观念建立适应气象社会管理和公共服务全过程的业务流程与业务链条,从而进一步提升基层气象防灾、减灾能力,有效强化基层公共气象服务的系统性是提高基层公共气象服务水平和防御气象灾害不可缺少的环节与重要的支撑。

第七节　提升气象预测预报能力　强化基层公共气象服务的准确性

基层气象预测、预报能力,不仅仅是指基层气象部门的气象预测、预报能力,还包括气象灾害敏感单位的气象预测、预报能力。长期以来基层气象部门在上级气象部门和当地政府的领导、关怀、帮助、支持下气象预测、预报能力显著提高,而目前气象灾害敏感单位的气象预测、预报能力非常薄弱,甚至有的气象灾害敏感单位就没有气象预测、预报能力。因此,气象灾害敏感单位的气象预测、预报能力的局限性,已经成为基层气象部门增强基层气象预测、预报能力,强化基层公共气象服务的准确性,提高基层公共气象服务水平的"短板"。为了提升基层气象预测、预报能力,进一步强化基层公共气象服务的准确性,基层气象部门必须根据《中共中国气象局党组关于推进县级气象机构综合改革指导意见》精神,在现有资源的基础上,借鉴重庆市气象部门"法规与标准互动的气象灾害敏感单位认证管理模式"的具体做方法,切实强化基层气象社会管理,明确区(县)、乡(镇、街道办事处)、村民委员会(居民委员会)三级基层行政管理机构和区(县)与乡(镇、街道办事处)级有关部门以及村民委员会(居民委员会)管理辖区内气象灾害敏感单位防御气象灾害的主体责任,协助区(县)、乡(镇、街道办事处)、村民委员会(居民委员会)三级基层行政管理机构对辖区内气象灾害敏感单位承担防御气象灾害社会责任进行监管和指导,同时也督促并协助区(县)与乡(镇、街道办事处)级有关部门对所属所管的气象灾害敏感单位承担防御气象灾害社会责任进行监管和指导。并指导气象灾害敏感单位按照《气象灾害敏感单安全气象保障技术规范》(DB50/368—2010)规定,建立健全了本单位的安全气象保障的工程性和非工程措施,形成了国家气象观测、区域气象观测、气象灾害敏感单位气象观测互动和共享的业务平台;建立在基层气象部门灾害天气预报、预警服务产品指导下,形成结合气象灾害敏感单位实际状况的自我研判并自觉应用于自身决策、管理和生产实践中的本单位灾害天气预报、预警服务产品的技术路线与业务流程;针对性地增强气象灾害敏感单位的气象预测、预报能力,真正实现满足气象灾害敏感单位定时、定点、定量需求的气象服务产品,极大提升气象灾害敏感单位防御气象灾害能力和防御气象灾害应急零时间科学响应能力。因此,利用气象灾害敏感单位安全气象保障的工程性与非工程措施和基层气象部门的气象预测、预报能力的有机结合、互动、共享来完善和提升基层气象预报、预测能力,转变了传统气象仅仅依靠部门气象内部来提高气象预报预测能力、气象防灾减灾能力的思维方式,是进一步强化基层公共气象服务准确性的新途径。

　　例如:2005 年 7 月 9 日,发生在重庆市北碚区重庆市天府矿业公司三汇煤矿一矿"7·9"暴雨引起透水事件,就是一个典型应用暴雨灾害敏感单位的暴雨监测、煤矿水文地质监测、防御暴雨引起煤矿透水应急预案、矿井灾害预防处理计划与气象部门的煤矿安全气象服务有机结合,切实落实气象灾害敏感单位防御气象灾害的主体责任从而提高气象灾害的监测预报准确率,强化基层公共气象服务准确性的案例。

　　2005 年 7 月 9 日重庆市天府矿业公司三汇煤矿一矿在"7·9"暴雨引起透水事件中,由于制定了《防御暴雨引起煤矿透水应急预案》,在暴雨到来之前,依据重庆市气象局北碚区气象局 7 月 8 日《煤矿安全气象服务专报》作了《煤矿水文地质临时预报通知书》,检查了排水、抽水设施和矿井通信系统,并通知井下作业工人做好随时撤离准备,并且矿领导和安监人员、相关技术人员进行 24 小时应急值班。因此,当 7 月 9 日 01 时,瓢泼大雨铺天盖地般向重庆市合川市三汇镇袭来时,位于华蓥山脚下的天府矿业公司三汇煤矿一矿因地势低洼,很快便成了四周雨水的主要汇集地。凌晨 3 时,华蓥山自动站 1 小时的降雨量就超过 30 毫米!(8—9 日降水过程的雨量实况是:北碚 75.7 毫米,合川 125.6 毫米,离三汇一矿最近的华蓥山区域自动站 215.5 毫米。)雨水通过岩溶漏斗、灰岩裂隙不断涌向三汇一矿。当暴雨来临时,三汇一矿按照《防御暴雨引起煤矿透水应急预案》,启动了暴雨监测,所有矿领导和安监人员、相关技术人员到达自己应急处置岗位,做应急处置准备工作。当凌晨 4 时,水情观察员向矿领导紧急汇报:"+770、+674 两水平涌水已漫过水沟进入水面",而此时井下正有 220 名工人在紧张作业。面对险情,矿领导果断启动《防御暴雨引起煤矿透水应急预案》,按照《矿井灾害预防处理计划》迅速组织井下正在紧张作业的 220 名工人撤离。在 4 个小时的撤离过程中,有的矿工拧着湿透了的衣服走出来,有的矿工淌着齐胸深的水摸索着走出来,有的矿工顶着矿灯在没顶的洪水中奋力游出来,当最后一名矿工安全返回了地面时,矿井涌水量每小时已达 19154 立方米,高出了历年最大平均涌水量 10727 立方米近一倍,厚约 1 厘米的挡水墙钢板也被洪水冲弯变形。事后专家们说"在如此大的暴雨引起的煤矿透水事件中,220 人能无一伤亡地全部撤离,创下了煤矿安全工作的奇迹。"2005 年 7 月 11 日,当重庆市气象局业务处长李良福教授带领北碚区气象局、合川市气象局的同志到现场了解灾情时(图 4-17),矿领导回想起当时的情景,仍心有余悸地说:"在三汇镇还从未见过如此大的暴雨,若没有《防御暴雨引起煤矿透水应急预案》、《煤矿安全气象服务专报》、《煤矿水文地质临时预报通知书》、《矿井灾害预防处理计划》,撤离指令肯定会晚半小时下达,若真是晚半小时下达撤离指令,真不敢想象会有什么样的后果。我们要感谢气象部门及时给我们提供了暴雨天气预报信息。"如果没有《煤矿安全气象服务专报》和如此充分的准备时间及完备的应急预案,面对这场罕见的暴雨,也许华蓥山下又将发生一出人间悲剧。

图 4-17　市气象局向天府矿业公司三汇煤矿领导了解灾情及受灾现场图片

因此,该案例证明了通过落实气象灾害敏感单位防御气象灾害的主体责任,实现气象灾害敏感单位安全气象保障的工程性与非工程措施和基层气象部门的气象预测预报能力的有机结合、互动、共享,来完善和提升基层气象预报、预测能力是进一步强化基层公共气象服务准确性,有效防御气象灾害的新途径。

第八节　健全安全气象责任链条　强化基层
公共气象服务的社会性

通过在服务中实施管理,在管理中体现服务来加强和创新社会管理,建设服务型政府,要求基层公共气象服务具有广泛的社会性和规范性,但是由于目前体制机制决定了中国社会管理与公共服务是社会分工合作提供。因此,基层气象部门要确保基层公共气象服务具有广泛的社会性和规范性,必须调动全社会资源共同参与基层公共气象服务,才有可能实现。而目前能够调动全社会资源共同参与基层公共气象服务的方式主要有三种:一是通过上级政府、管理部门、社会单位对下级政府、下级管理部门、下级社会单位的人事、财政、物质资源控制与管理的行政管理链条,来调动下级政府、下级管理部门、下级社会单位资源参与基层公共气象服务;二是通过市场经济规律的经济效益链条,来调动想在基层公共气象服务中来获得经济效益的政府、管理部门、社会单位的资源参与基层公共气象服务；三是通过《气象灾害防御条例》等有关法律、法规、规章和技术标准及规范性文件规定的政府、部门、社会单位防御气象灾害责任的安全气象责任链条，来调动具有防御气象灾害责任的安全气象责任政府、管理部门、社会单位的资源参与基层公共气象服务。

显然，基层气象部门对区(县)、乡(镇、街道办事处)、村民委员会(居民委员会)三级基层行政管理机构和区(县)与乡(镇、街道办事处)级有关部门以及村民委员会(居民委员会)管理辖区内气象灾害敏感单位无行政管理权，同时也无法满足那些想通过基层公共气象服务获得经济效益的政府、行业管理部门、社会单位的经济效益需求，也即基层气象部门不可能通过"行政管理链条"、"经济效益链条"来调动全社会资源参与基层公共气象服务。因此，基层气象部门必须以基层气象机构综合改革为契机，以落实区(县)、乡(镇、街道办事处)、村民委员会(居民委员会)三级基层行政管理机构和区(县)与乡(镇、街道办事处)级有关部门、气象灾害敏感单位防御气象灾害的主体责任为抓手，建立、健全适应基层公共气象服务与气象防灾、减灾服务的区(县)、乡(镇、街道办事处)、村民委员会(居民委员会)三级基层行政管理机构和区(县)级气象部门及区(县)与乡(镇、街道办事处)级有关部门、气象灾害敏感单位等气象防灾、减灾全过程的"安全气象责任链条"，明确区(县)、乡(镇、街道办事处)、村民委员会(居民委员会)三级基层行政管理机构和区(县)级气象部门及区(县)与乡(镇、街道办事处)级有关部门、气象灾害敏感单位在基层公共气象服务与气象防灾、减灾服务每个环节的公共气象服务责任与防灾、减灾服务安全职责，才能形成"政府主导、部门联动、社会参与"的全社会齐抓共管、各负其责，共铸基层公共气象服务与气象防灾、减灾服务新格局，才能确保基层公共气象服务与气象防灾、减灾服务全过程中上下衔接沟通无接头，左右并联协作无缝隙，才能实现全社会参与的、服务全社会的、服务一流的基层公共气象服务。下面以重庆市气象局指导重庆市黔江区气象局健全安全气象责任链条，强化基层公共气象服务的社会性为例，进行详细论述。

重庆市气象局按照中国气象局的战略部署，依据《中华人民共和国气象法》、《气象灾害防御条例》、《国务院办公厅关于进一步加强气象灾害防御工作的意见》、《国务院办公厅关于印发国家气象灾害应急预案的通知》，中国气象局、国家发展和改革委员会联合下发经国务院批准的《国家气象灾害防御规划(2009—2020年)》、《重庆市气象条例》、《重庆市气象灾害条例》、《重庆市防御雷电灾害管理办法》、《重庆市气象灾害预警信号发布与传播办法》、《重庆市人民政府办公厅关于加强气象灾害敏感单位安全管理工作的通知》、《重庆市突发气象灾害应急预案》等法律、法规、规章与规范性文件，指导重庆市黔江区气象局通过"安全气象责任链条"，以《重庆市黔江区突发事件预警信息发布平台》建设为切入点，明确了黔江区三级基层行政管理机构和区级相关部门、气象灾害敏感单位在黔江区的公共气象服务与气象防灾减灾服务每个环节的职责，形成了"黔江区政府、乡(镇、街道办事处)、村民委员会(居民委员会)三级基层行政管理机构对管理辖区内公共气象服务与气象防灾减灾服务进行领导、组织、协调、督察，黔江区气象局牵头、承办、督办、技术指导，区级相关部门联办、协查，气象灾害敏感参单位参与并负责本单位气象灾害防御"的全社会齐抓共管、各负其责、共铸基层公共气象服务与气象防灾、减灾服务新格局，确保了黔江区公共气象服务与气象防灾、减灾服务全过程中上下衔接沟通无接头，左右并联协作无缝隙，实现了黔江区全社会参与、服务全社会、服务水平一流的黔江区公共气象服务。

一、重庆市黔江区政府强化基层公共气象服务与气象防灾、减灾服务的主导作用

为了贯彻落实重庆市委、市政府《关于加快把黔江建成渝东南地区中心城市的决定》(以下简称"决定")，重庆市气象局和黔江区人民政府决定共同加快推进黔江气象事业发展，为渝东南中心城市建设提供优质高效的气象保障与支撑服务，并签订合作备忘录。

图 4-18 是《重庆市气象局与重庆市黔江区政府关于加快推进渝东南中心城市气象事业发展合作备忘录》及合作备忘录签字仪式现场。合作备忘录的主要内容如下：

图 4-18　合作备忘录及其签字仪式现场

（一）指导思想

以邓小平理论和"三个代表"重要思想为指导，深入实践科学发展观，认真贯彻落实《国务院关于加快气象事业发展的若干意见》（国发〔2006〕3号）和重庆市委、市政府《决定》（渝委发〔2010〕36号），通过共同推进渝东南气候变化及极端天气气候监测预警、应急联防中心项目建设，加快推进和不断完善黔江防灾、减灾应对气候变化和应对气候变化的防灾、减灾能力，加强黔江气象工作在渝东南地区的区域中心作用和地位建设，率先发展黔江气象事业，使黔江气象事业发展与渝东南中心城市发展格局相适应，为把黔江建成渝东南地区中心城市、武陵山区重要经济中心、重庆东南向的重要开放门户、全国民族地区扶贫开发示范区、重庆最宜居城市之一提供更加优质的气象保障与支撑服务。

（二）工作目标

到2012年，初步建成适应需求、结构完善、布局合理、功能先进的现代气象业务体系，建成渝东南气候变化及极端天气气候监测预警、应急联防中心，并投入使用，为渝东南中心城市建设气象防灾、减灾和气象防灾、减灾为渝东南中心城市建设气象保障服务能力明显增强，率先在全市建成一流气象台站。

到2015年，气象监测预报的准确性、灾害预警的时效性、气象服务的主动性、防范应对的科学性进一步提高，气象为渝东南地区经济社会发展、生态环境安全和应对气候变化的保障支撑能力明显提升，区域中心作用得到发挥，率先在全市形成城乡气象统筹发展和"政府主导、部门联动、社会参与"的气象灾害防御体系新格局。

（三）建设内容

1.加强气象防灾、减灾能力建设

加快建立"监测预报预警服务、风险评估、应急处置、应对防范"有机统一的气象防灾、减灾工作机制，完善"政府主导、部门联动、社会参与"的气象灾害防御体系。增强气象灾害及其次生衍生灾害的综合监测、预警和防御能力，提高重大气象灾害监测预警和信息发布的时效性，扩大预警信息发布覆盖面。加快发展人工影响天气业务，完善人工影响应天气作业指挥系统及人工影响天气作业指挥渝东南分中心建设，建设重庆市人工影响天气作业示范基地和现代烟草农业气象保障示范工程，增设防雹增雨作业点并新建标准化固定炮站，扩大对特色农业经济作物的有效保护面积；增添新型火箭作业装备，筹建开展危险化学品严重空气污染等事件和重大社会活动的人工影响天气应急作业业务。进一步增强雷电灾害防御社会管理能力、提高防雷管理服务水平，组织开展新农村防雷减灾示范工程建设。开展气象灾害敏感单位认证工作，加强对气象灾害发生、发展规律、致灾机理以及灾害和经济社会发展、生态环境的关系研究，建立渝东南气象灾害风险评估系统，提高气象灾害风险评估和科学预测、预防水平。加强气象防灾、减灾科普宣传，建设渝东南气象科普宣传（黔江）基地，提高全民的防灾减灾意识、知识水平及避险、自救和互救能力。

2. 加强气象综合观测系统建设

适应和满足渝东南地区对气象灾害监测预警、应急联防、生态环境、农业生产、气候变化等多方面综合监测需求,建设渝东南极端天气气候事件监测分系统,推进地基GPS水汽探测站、闪电定位系统、中等规模同步卫星资料接收处理系统、大气成分观测仪、微波辐射仪等新探测项目的建设;配备气象移动应急监测车、移动式X波段多普勒雷达,提高气象应急保障服务能力;建设黔江区灾害气象保障服务系统、黔江区生态农业土壤墒情自动监测系统、黔江区山洪气象预警服务系统、黔江区交通气象保障服务系统等;推进气象台站基础设施标准化建设,完成黔江国家基本站、值班室标准化建设和区域自动气象站升级、"落地"建设;按照重庆市气象局灾害装备中心标准建设黔江局气象信息系统,设立重庆市气象信息与技术保障黔江分中心,加强渝东南地区气象台站装备保障能力,提升综合观测系统稳定可靠运行能力。

3. 加强气象预测、预报能力建设

在黔江设立渝东南地区气候变化及极端天气气候事件监测预警、应急联防中心,建立渝东南地区重大气象灾害防御上下联动、区域联防机制,加强渝东南地区气候变化及极端天气气候事件监测预警、应急联防中心能力建设,建立面向渝东南天气联防等业务需要,与市级、区(县)级业务分工协作的渝东南地区气象监测预警中心的日常业务和业务平台,建立渝东南地区极端天气短期预报、渝东南地区极端天气短时临近预警和渝东南地区极端天气气候事件分析等业务系统,实现暴雨、大风、冰雹、雷电、高温、强降温、雾等灾害性天气的精细化预报,提高暴雨、强对流天气的短时临近预警能力,加强渝东南地区流域面雨量预报和典型小流域山洪预警,建立和完善面向社会需求的专业化预报业务系统,加强短期气候预测与气候变化预估业务。

4. 加强气象信息传播能力建设

扩大气象信息覆盖面,建设气象预警信息呼叫、气象手机短信彩信预警、公共场所气象预警电子显示屏、公共气象服务网等多渠道的气象信息传播平台;设立气象电视素材采集黔江分中心,推广中国气象频道,借助中国气象频道、黔江有线电视网和村村通工程,增加电视天气预报节目内容和播出频道,提高节目播出质量有效覆盖率,实现黔江电视天气预报节目上主持人和电视字幕滚动播出气象预警信息服务等功能;支持黔江区率先在全市建成突发事件预警信息发布平台。

5. 加强城市气象保障服务能力建设

完善城市内涝、雷电等气象灾害的监测预警系统建设,提高城市突发气象灾害预警信息的时效性和覆盖率;加强城市气象灾害防御体系建设,健全部门气象信息员队伍,组织建设气象灾害防御示范社区,有效提升城市气象灾害的防御水平;开展城市规划、建设和城市居民生活环境的气象环境评价工作与气象灾害风险评估,推进城市规划和建设的气候可行性论证工作。

6.加强为农气象服务工作

推动《黔江区精细化农业气候区划》成果应用,建设渝东南地区气候资源地理信息系统综合平台工作站,积极发展现代农业气象情报预报、现代农业气象灾害监测预警与评估等业务,开展农业政策性保险气象服务试点,提高农用天气预报、农业气象灾害风险评估业务能力,组织开展气象灾害防御示范村建设。推进气象信息进乡入村到户工程,加强农村公共气象信息发布和接收平台建设,健全农村基层气象信息员队伍,推动乡镇农村气象综合信息服务站建设,着力解决农村气象服务信息发布"最后一公里"瓶颈等问题,在重庆市区、县中率先实现能基本满足统筹城乡发展需要的气象预警信息发布城乡一体化网络。

7.加强一流台站建设

加大黔江气象科技开发和人才培养、引进力度,在科研项目、人才支持等方面给予倾斜,深化渝东南片区党建工作协作组制度,提升黔江气象事业软实力。加快推进渝东南地区气候变化及极端天气气候监测预警、应急联防中心业务大楼和业务现代化系统建设,加强台站综合改善,使黔江气象事业发展与渝东南中心城市发展格局相适应,率先在全市建成一流气象台站。

(四)保障措施

1.建立稳定经费投入机制

根据国发〔2006〕3号和渝委发〔2010〕36号文件要求,双方商定,按照多方筹措资金、统筹集约安排的原则,通过共同加大投入,推进渝东南地区气候变化及极端天气气候监测预警、应急联防中心项目建设,率先发展黔江气象事业,使黔江气象事业发展与渝东南中心城市发展格局相适应,为渝东南中心城市建设提供优质高效的气象保障与支撑服务。

2.建立联席会议制度

重庆市气象局、黔江区人民政府每年共同主持召开一次推进渝东南中心城市气象事业发展的联席会议,分析合作进展情况,推动共建大计,促进合作协议的落实。

重庆市气象局办公室和黔江区人民政府办公室分别作为重庆市气象局和黔江区人民政府的联络单位,负责协调双方领导会晤和日常事务,交流通报有关情况,督促落实建设项目的实施。黔江区气象局与重庆市气象局办公室和黔江区人民政府办公室建立经常性联络工作机制,抓好具体项目的落实。

重庆市黔江区政府为了进一步落实公共气象服务与气象防灾减灾服务进行领导、组织、协调、督察,还向各街道办事处,各镇、乡人民政府,区政府各部门,各区属国有重点企业下发了《重庆市黔江区人民政府办公室关于印发重庆市黔江区低温雨雪冰冻灾害应急预案的通知》(黔江府办发〔2011〕4号)、《重庆市黔江区人民政府办公室关于印发黔江区气象灾害防御工作联席会议制度的通知》(黔江府办发〔2011〕94号)、《重庆市黔江区人民政府办公室关于进一步做好防雷减灾工作的通知》(黔江府办发〔2011〕230号)、《重庆市黔江区人民政府办公室关于印发黔江区自然灾害预警预防管理暂行办法的通知》(黔江府办发〔2012〕178号)、《重庆市黔江区人民政府办公室关于印发重庆市黔江区突发气象灾害应急预案的通知》(黔江府办发〔2011〕249号)、《重庆市黔江区人民政府办公室关于印发黔江区气象灾害防御规划的通知》(黔江府办发〔2011〕350号)和《重庆市黔江区人民政府办公室关于印发黔江区自然灾害预警预防管理暂行办法的通知》(黔江府办发〔2012〕178号)等一系列规范文件,进一步明确了各街道办事处,各镇、乡人民政府,区政府各部门,各区属国有重点企业在公共气象服务与气象防灾减灾服务的工作任务及其责任。例如:在《黔江区气象灾害防御工作联席会议制度》中做了以下规定。

一是明确了联席会议的宗旨是加强组织领导,密切协调配和,整合有关部门力量,落实工作责任,研究制定黔江区气象灾害防御工作的指导思想及有关政策措施。

二是明确了联席会议总召集人由黔江区政府主管气象工作的副秘书长担任,日常召集人由黔江区政府应急办主任、黔江区气象局局长担任,并且联席会议原则上每年召开一次,特殊情况可根据气象灾害防御工作需要调整召开时间或临时召开。

三是明确了联席会议主要职责:贯彻落实重庆市有关气象灾害防御工作的安排部署,制定黔江区气象灾害防御规划,研究气象灾害防御有关政策措施;通报气象灾害防御工作进展情况;协调气象灾害防御工作中遇到的热点、难点、重点问题;督促和指导气象灾害防御各项措施的落实,切实增强气象灾害应急指挥和处置能力,提高全社会防御气象灾害能力;督促各街道乡镇、区级有关部门、有关单位履行气象灾害防御工作职责,抓好本地区、本部门气象灾害防御工作的管理,开展灾害防御工作的检查,开展气象灾害防御的宣传教育,提高公民的灾害防御意识,推动气象灾害防御工作社会化;其他需在联席会议上讨论、解决的问题。

四是明确了联席会议办公室主要职责:根据气象灾害防御工作规划、措施和指导意见适时向联席会议提出工作建议和方案;及时向联席会议报告全区开展气象灾害防御工作的情况,反映工作中存在的问题和困难;承办会务工作,督促协调各成员单位落实联席会议议定事项;组织各成员单位交流气象灾害防御工作情况和经验;完成联席会议交办的其他事项

五是明确了联席会议成员单位为:黔江区政府应急办、区气象局、区发改委、区财政局、区民政局、区国土房管局、区水务局、区农委、区卫生局、区安监局、区林业局、区教委、区科委、区城乡建委、区交委、区国资委、区经信委、区公安局、区环保局、区市政园林局、区文广新局、区旅游局、区商务局、区煤监站、机场公司和火车站。

六是明确了联席会议成员单位各确定一名干部担任联络员,原则上每半年召开

一次联络员会议,如果气象灾害防御工作需要,可临时召开;联络员会议由联席会议办公室负责召集;联络员会议的主要内容是:分析总结前期气象灾害防御和气象灾害预警、预报服务工作情况;通报未来一段时间气象灾害预测、预报,并提出相应措施和建议;总结交流各部门气象灾害防御工作和预警服务情况、效益、意见和建议。

七是明确了联席会议成员单位的职责

黔江区政府应急办——组织气象灾害抢险救灾和灾情调查、评估工作;协助做好气象灾害收集、汇总、分析、上报、情况通报工作;做好上情下达,协调全区开展气象灾害防御工作,向社会发布气象灾害、灾情信息;综合协调全区气象灾害应急处置工作。

黔江区气象局——制定全区气象灾害防御规划和应对措施;联合相关成员单位做好气象灾情调查、信息共享、影响评估、联动联防和科技攻关工作;建设气象灾害预警信息发布平台,完善运行机制;组织对城乡规划、重点工程项目的气候可行性论证。

黔江区发改委——组织做好气象灾害防御工作规划与国民经济和社会发展规划的衔接工作;做好气象灾害防御工程的审批工作。

黔江区财政局——根据防御气象灾害工作需要,按照有关要求,做好经费保障工作;加强对该项工作经费管理使用情况的监督、检查。

黔江区民政局——指导社区协助气象部门依法开展气象灾害防御工作,落实气象灾害防御工作措施;协同气象部门做好气象灾情综合调查、评估工作,建立灾情通报制度;依照职责做好气象灾害救灾应急响应工作。

黔江区国土房管局——建立相关成员单位间地质灾害防御基础资料共享、联防联动、灾情会商和调查评估工作;与气象部门联合做好地质气象灾害预报、预警工作;联合开展地质气象灾害防御规划、监测和防治工作;依照职责做好地质气象灾害应急响应工作。

黔江区水务局——在水利工程项目规划、建设中统筹考虑气候可行性和气象灾害的风险性;建立汛情、旱情会商及信息共享制度;负责做好水利工程气象灾害防御和应急响应工作。

黔江区农委——协同建立农业气象灾害、病虫害测报和气象灾害对农业生产影响评估会商制度;做好农业气象灾害预警预报及信息发布,协同推进农业气象灾害信息进村入户工作;依照职责做好农业气象灾害应急响应工作。

黔江区卫生局——负责提供因气象灾害引发的突发公共卫生事件的相关信息,联合气象部门开展气象条件对人体健康影响评估和应对措施的科学研究工作。

黔江区安监局——配合协调气象部门开展人工影响天气和防护雷电安全监督检查;依照职责做好应急响应工作。

黔江区林业局——推进森林病虫害发生发展、林区防火等信息共享、预警预测、影响评估工作;推进沙漠化和湿地变化区域气候变化分析工作和碳收支评估工作,依照职责做好有关气象灾害应急响应工作。

黔江区教委——将气象灾害防御知识纳入学校教育,指导、监督各级各类学校开展气象灾害应急知识教育;组织建立学校气象灾害信息员队伍,协同推进气象灾害预警信息进学校工作。

黔江区科委——协调做好气象灾害防御和应对气候变化科学研究工作。

黔江区城乡建委——依照职责做好在建房屋建筑和市政基础设施工程施工现场的气象灾害应急响应工作。

黔江区交委——建立道路交通基础设施防御气象灾害风险评估制度;协同建立道路交通气象灾害联动联防工作制度;依照职责做好道路交通基础设施气象灾害应急响应工作。

黔江区国资委——督促国有企业将气象灾害防御工作纳入安全培训、教育、考核工作内容;督促企业建立健全气象灾害预案体系,落实好气象灾害应急响应工作。

黔江区经信委——协同推进气象灾害防御、预警信息进村入户工作;依照职责做好气象灾害应急响应工作。

黔江区公安局——做好道路交通防御气象灾害的组织、管理工作;与气象部门建立恶劣天气下的交通管理信息和重大、重特大道路交通事故统计信息相互通报制度;依照职责做好气象灾害应急响应工作。

黔江区环保局——负责提供因气象条件引发的环境污染事件相关信息,开展天气气候事件对大气与水和环境质量等的影响评估及应对措施研究;组织协调改善大气环境质量和人工影响天气工作。

黔江区市政园林局——协同建立气象灾害风险评估制度;协同建立气象灾害联动联防工作制度;依照职责做好市政基础设施气象灾害应急响应工作。

黔江区文广局——指导督促广播电视台站建立定时播发气象预报、及时插播气象灾害预报预警信息制度,共同做好气象灾害防御科学知识普及宣传工作。

黔江区旅游局——配合区气象局规范监督旅游行业建立气象灾害防御预案;协同做好旅游景区(点)、重点旅游建设项目的气象灾害风险评估;配合区气象局指导和规范重点旅游景区(点)建立气象灾害预警信息接收和反馈制度;依照职责做好气象灾害应急响应工作。

黔江区商务局——协同建立气象灾害风险评估制度,协同建立气象灾害联动联防工作制度;依照职责组织大中型商业企业做好灾害应急响应期间物资保障工作。

黔江区煤监站——配合协调气象部门煤矿防护雷电安全监督检查;依照职责做好气象灾害应急响应工作。

黔江机场——建立气象灾害监测预警共享机制;依照职责做好气象灾害应急响应工作。

黔江火车站——与气象部门共同建立铁路沿线气象灾害监测系统；建立气象灾害联动联防工作制度；依照职责作好气象灾害应急响应工作。

上述规定表明，黔江区政府通过《黔江区气象灾害防御工作联席会议制度》建立"安全气象责任链条"，进一步强化了政府落实基层公共气象服务与对气象防灾减灾服务进行领导、组织、协调、督察的主导作用

二、乡镇与街道办事处在公共气象服务与气象防灾减灾服务的工作任务

重庆市黔江区各街道办事处，各镇、乡人民政府按照"安全气象责任链条"，先后成立了落实其公共气象服务与气象防灾、减灾服务工作任务的专门组织管理机构，并与黔江区气象局签订了《气象灾害敏感单位安全管理工作共建协议》，有效提高了黔江区乡镇与街道办事处的防御气象灾害能力，进一步落实了社会单位参与气象防灾减灾的主体责任，形成了全社会共同防御气象灾害的合力，最大限度地降低灾害风险，最大限度地减少灾害损失。

例如：重庆市黔江区人民政府城东街道办事处向管理辖区内的居委和街道各部门下发了《黔江区人民政府城东街道办事处关于成立气象灾害应急领导小组的通知》（城东办事处发〔2012〕89号）。该通知具体内容如下。

各社区居委、街道各部门：

为了建立健全气象灾害应急响应机制，提高气象灾害防范、处置能力，最大限度地减轻或者避免气象灾害造成人员伤亡、财产损失，为经济和社会发展提供保障。经办事处研究决定，成立气象灾害应急领导小组，成员如下：

组　　长：徐章和（办事处主任）；

副组长：王菊英（纪工委书记）、石新弘（办事处副主任、政法书记）；

成　　员：金玉洪（办事处副主任、人武部长）、谢　鹏（办事处副主任）、郑　军（办事处副主任）、谭春柏（办事处副主任）、梁建忠（组织委员）、邵　军（统战委员）、钟国芳（宣传委员）、罗家荣（副调研员）、余正军（党政办主任）、潘生华（安监办主任）、邱长安（人大办主任）、樊林波（城东派出所所长）、何春华（财政所所长）、庹廷松（城东国土所所长）、贺恩军（农业服务中心主任）、朱洪兵（经发科科长）、舒润华（城东司法所所长）、罗泽素（民政办主任科员）、段秋豪（安监办工作人员）、吴昌儒（安监办工作人员）。

街道领导小组下设办公室在街道安监办（电话：79241378），由潘生华同志任办公室主任，邱长安、段秋豪负责日常办公。

8个社区居委气象灾害应急领导小组人员名单

城东街道南海城社区居委气象灾害应急领导小组

组长：王登文；成员：郭舫、王炯、朱芳；由王炯同志负责日常办公（办公电话：

79224393)。

城东街道石城社区居委气象灾害应急领导小组

组长:肖波;成员:万继超、刘长江、张见;由刘长江同志负责日常办公(办公电话:79224583)。

城东街道文汇社区居委气象灾害应急领导小组

组长:张滨;成员:宁超祥、安帮成、文科;由安帮成同志负责日常办公(办公电话:79330150)。

城东街道官坝社区居委气象灾害应急领导小组

组长:曾智芳;成员:刘天明、王勇、侯文艾;由王勇同志负责日常办公(办公电话:79250057)。

城东街道下坝社区居委气象灾害应急领导小组

组长:曾淑琼;成员:田发权、田发应、郭红梅;由田发应同志负责日常办公(办公电话:79224603)。

城东街道杉木社区居委气象灾害应急领导小组

组长:王应举;成员:肖洪平、曾兵、张燕;由曾兵同志负责日常办公(电话:13＊＊＊＊＊834)。

城东街道金桥社区居委气象灾害应急领导小组

组长:孙智;成员:李兴国、黄万科、李小彦;由黄万科同志负责日常办公(电话:15＊＊＊＊＊736)。

城东街道高涧社区居委气象灾害应急领导小组

组长:周波;成员:杨永祥、周胜明、曾启锦;由周胜明同志负责日常办公(电话:13＊＊＊＊＊182)。

同时城东街道办事处还与黔江区气象局签订了《气象灾害敏感单位安全管理工作共建协议》(图4-19)。该协议主要明确了共建的基本原则、共建的范围、共建的内容、共建的方式等。按照"安全气象责任链条",通过黔江区气象局对城东街道办事处的公共气象服务与气象防灾减灾服务工作的技术指导,帮助街道办事处制定《城东街道办事处气象灾害应急预案》,切实增强了街道办事处的公共气象服务能力与气象灾害的防范和处置能力。

三、村民委员会(居民委员会)在公共气象服务与气象防灾、减灾服务中的工作任务

重庆市黔江区气象局与黔江区各街道办事处,各镇、乡人民政府按照"安全气象责任链条",通过"防灾减灾示范村(居委)"建设,积极领导、组织、督察、协调、指导黔江区各街道办事处,各镇、乡人民政府管理辖区内的村民委员会(居民委员会)承担相应的村民委员会(居民委员会)在公共气象服务与气象防灾、减灾服务中的工作任务

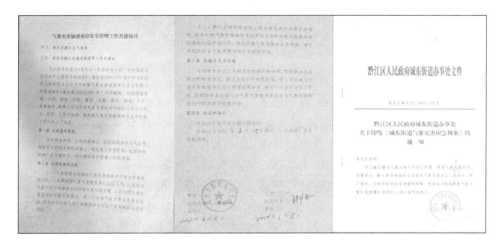

图 4-19　共建协议及印发应急预案通知

及其责任。

例如:重庆市黔江区气象局与黔江区冯家街道办事处签署共建《冯家街道渔滩村防灾减灾示范村协议》(图 4-20),该协议按照"有人员、有职能、有场所、有装备、有考核,实现气象信息进农村、入农户,全面提升冯家街道渔滩村防御和减轻自然灾害的能力。"的要求,进一步明确了农村防灾、减灾示范村"五有"建设标准的"建设项目、建设任务、保障措施",其具体内容如下:

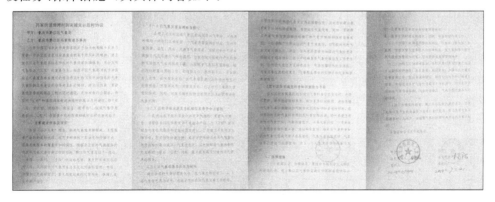

图 4-20　冯家街道渔滩村防灾减灾示范村协议

(一)主要建设项目及建设任务

围绕"公共气象"理念,拓展气象服务新领域,丰富服务产品的种类和内容,采用多种预报产品分发和传播方式,提高气象服务的覆盖率和时效性。根据全区农村气象服务的现状和气象灾害防御工作的目标,黔江区气象局以"一核心,一途径,一依托,一手段"的战略思想,展开防灾、减灾示范村工作,从而提升对气象灾害及其次生灾害的监测、预报、预警和应急救援能力,最大限度地减轻灾害损失,保障人民生命财产安全。

1.农村气象灾害监测及预警、预报服务系统建设工程

以气象灾害监测站为核心,完成以下重点建设任务:一是建立示范村区域气象灾害监测自动气象站。对渔滩村规划一块专门区域安装一个气象灾害监测自动站,实时采集雨量、温度、风向、风速等气象要素,实现对中小尺度灾害性天气及局地小气候的监测,力求达到对区域内产生的各种灾害性天气监测基本不漏。二是以建立气象信息服务站为重点,给示范村配置计算机1台,打印机1台,照相机1台,并安排专人负责。在灾害发生前,区气象局能通过此站向当地及时发布预报、预警等消息;灾害发生后,能实时向气象局反馈受灾情况。同时,收集当地农作物生长情况以及村民咨询的气象问题。

2.农村电子显示屏及手机短信发布平台建设工程

以电子显示屏及手机短信发布平台为途径,完成以下重点建设任务:一是通过电子显示屏发布日常天气预报、重要天气消息、预警信号以及各种农业气象服务产品,为"三农"提供综合气象信息服务和直接的服务建议。二是建立手机短信发布平台,利用短信传递快捷、灵活方便等特点将天气预警信息传送给村委会成员、气象信息员,以达到解决气象预警信息发布的"最后一公里"问题,最大程度减少灾害性天气造成的损失。

3.农村气象信息员队伍建设工程

以气象信息员队伍为依托,建立示范村气象信息员队伍。在黔江区气象局的指导下,以3名气象信息员为骨干,组建示范村应对气象灾害工作机构,主要职责是根据气象灾害预报、预警信息,及时组织群众提早采取有针对性的措施,有效减少气象灾害。同时,带领群众开展气象灾害防御经验推广和气象灾害防御技术措施实验,不断增强广大群众应对气象灾害能力,切实提高农村气象灾害防御水平。并且,黔江区气象局要着力加强对气象信息员的规范管理与培训,进一步明确基层气象灾害应急工作责任制,努力把气象信息员培养成为气象预警信息的传递员、气象灾害信息的收集员、气象服务需求的反馈员和气象科普的宣传员。

4.农村防灾、减灾科普知识宣传建设工程

以防灾、减灾科普知识宣传为手段,在村民经常聚集的地方设立气象科普信息宣传栏,并经常更新。每年结合农时季节,制作更多针对性强、通俗易懂的气象灾害防御避险和气候变化应对知识科普宣传材料,组织面向村民的气象科普培训或科普宣传活动:给村民提供有关农业气象产品、气象科普图书、开展气象讲座以及放映气象灾害防御科教片等。通过科普宣传,使村民气象科普知识和气象防灾减灾意识普遍

增强,气象信息应用能力显著提高,形成一个气象灾害防御科普示范村。

(二)保障措施

1.提高认识,加强领导。要结合本地社会主义新农村建设工作,成立黔江区气象防灾减灾示范村建设领导小组,主要职责是审定示范村建设实施方案,负责示范村建设的组织、协调、检查和督办等工作。

2.加强气象预报、预警技术研究。气象部门要加强气象监测、预报预警及服务技术的科学研究,重点要加强灾害性天气预报、预警技术研究,努力提高预报、预警准确率。

3.加强工作协调和配合。各相关部门要站在建设社会主义新农村的高度,各负其责,加强配合,加强示范村建设日常管理工作,及时沟通和联系,确保示范村各种设施建设质量,共同促进农村气象防灾、减灾示范村建设,切实发挥示范村在气象灾害防御、气象知识普及、气象预警传播等方面的作用。

4.加强宣传报道。重点从示范村的建设项目、作用发挥以及产生的效益等方面进行宣传报道,努力实现气象信息进农村、入农户,全面提升农村防御和减轻自然灾害的能力。

又如:重庆市黔江区气象局与黔江区阿蓬江镇人民政府签订了《气象灾害敏感单位安全管理工作共建协议》(图 4-21),该协议明确了共建基本原则、共建范围及内容、共建方式及实施等核心内容,有效地组织、指导阿蓬江镇各村委、居委开展气象灾害敏感单位类别自评和气象灾害敏感单位类别认证申报工作,督促气象灾害敏感单位制定或完善本单位防御气象灾害方案、落实各项安全气象保障措施;开展气象灾害敏感单位安全气象保障技术应用培训,进一步完善气象灾害信息共享机制,加强气象灾害监测和预警、预报服务,强化气象灾害敏感单位安全生产主体责任量化考评;将气象灾害敏感单位安全气象保障制度、措施的落实情况与该单位安全等级评估挂钩。从而促进了阿蓬江镇管理辖区内的村民委员会(居民委员会)落实其承担相应的村民委员会(居民委员会)在公共气象服务与气象防灾、减灾服务中的工作任务及其责任。下面以《阿蓬江镇两河居民委员会气象灾害应急预案》为例,介绍阿蓬江镇各村民委员会、居民委员会在发生突发气象灾害时的应急管理和处置工作。

(一)总则

1.编制目的

为了防止和减少各类气象灾害造成的损失,保障两河居民委员会人民群众的生命和财产安全,促进两河居民委员会经济可持续发展,维护社会稳定,规范应急管理和处置程序,快速、及时、妥善处置各类气象灾害,防止气象灾害扩大,根据两河居民委员会的实际情况制定本预案。

图 4-21　气象灾害敏感单位安全管理工作共建协议

2.编制依据

本预案依据下列法规、规章及预案编制:《中华人民共和国气象法》、《中华人民共和国安全生产法》、《中华人民共和国防洪法》、《气象灾害防御条例》、《重庆市气象条例》、《重庆市气象灾害防御条例》、《重庆市防御雷电灾害管理办法》、《重庆市气象灾害预警信号发布与管理办法》、《重庆市突发公共事件总体应急预案》、《重庆市突发气象灾害应急预案》。

3.适用范围

本预案适用于阿蓬江镇两河居民委员会突发气象灾害的应急管理和处置工作。

4.工作原则

(1)以人为本、减少危害。把保障人民群众的生命财产安全作为首要任务和应急处置工作的出发点,全面加强两河居民委员会应对气象灾害的体系建设,最大程度减少灾害损失。

(2)预防为主、科学高效。实行工程性和非工程性措施相结合,提高两河居民委员会的气象灾害监测、预警能力和防御标准。充分利用现代科技手段,做好各项应急准备,提高应急处置能力。

(3)依法规范、协调有序。依照法律法规和相关职责,做好两河居民委员会气象灾害的防范应对工作。加强两河居民委员会所属各部门与管理辖区内气象灾害敏感单位的信息沟通,做到资源共享,并建立协调配合机制,使气象灾害应对工作更加规范有序、运转协调。

(4)分级负责、条块结合。根据气象灾害造成或可能造成的危害和影响,对气象灾害实施分级管理,按照职责分工,密切合作,认真落实各项预防和应急处置措施。

(5)常备不懈、快速反应。要积极开展两河居民委员会气象灾害的预防工作,切实做好实施预案的各项准备工作。

(二)单位概况

1.应急资源概况

(1)两河居民委员会各类技术服务人员、党员干部都是事故应急处置的中坚力量。

(2)居民及两河居民委员会管理辖区内各单位的备用设备、通信装备、交通工具、紧急抢险车辆、照明装置、防护装备等,均可作为应急的物资装备资源,同时做好相关的物资储备、管理工作。

(3)可以通过黔江区、乡政府应急办公室、黔江区气象局等机构了解灾害的变化趋势情况,为应急做好充分的准备。

2.危险分析

根据两河居民委员会地理、气候等特征,两河居民委员会人民群众生活和管理辖区内单位有可能受到暴雨、暴雪、寒潮、大风、高温、干旱、雷电、冰雹、霜冻、浓雾、霾、道路结冰、森林火险等灾害性天气的影响。因此,应对灾害性天气可能引起的气象灾害进行风险评估分析,制定此防御措施。

(三)机构与职责

1.两河居民委员会气象工作领导小组的应急职责

(1)在气象灾害发生时,负责指挥、统筹协调管理辖区内各单位做好气象灾害的应急工作;

(2)负责气象灾害应急预案的编制和演练;

(3)负责在气象灾害应急中向区、镇政府报告应急工作情况;

(4)负责气象灾害应急物资的准备工作;

(5)协助上级单位和部门开展气象灾害应急抢险工作;

(6)协调上级部门对气象灾害的调查、取证工作。

2.两河居民委员会气象急抢险队伍的应急职责

(1)在气象灾害发生时,负责组建事故现场应急指挥部,指挥、协调事故应急工作;

（2）负责气象灾害应急物资的准备；

（3）负责气象灾害应急抢险工作；

（4）协助上级部门对气象灾害现场的调查、取证工作；

（5）协助和配合其他部门做好事故处理的应急工作。

（四）应急人员培训

利用已有的资源，针对应急救援人员，定期进行强化培训和训练，内容包括气象灾害的应急知识和本应急预案的学习，开展个人防护用品的使用，抢险自救，抢险设施的正确使用，紧急救治，医疗护理等专业技能训练。

（五）预案演练

为检验本预案的有效性、可操作性，检测应急设备的可靠性，检验应急处置人员对自身职责和任务的熟知度，本预案每年至少进行一次演练。演练结束后，需要对演练的结果进行总结和评估，对本预案在演练中暴露的问题和不足应及时解决。

（六）居民及员工教育

根据气象灾害的不同类型，定期对居民及管理辖区内各单位员工开展针对性抢险、救灾教育，使其了解潜在危险的性质，掌握必要的自救、救护知识，了解各种警报的含义和应急救援工作的有关要求。并利用各种媒体宣传灾害知识，宣传灾害应急法律法规和预防、避险、避灾、自救、互救、自我保护等常识，增强居民及管理辖区内各单位员工的防灾、减灾意识。

（七）互助协议

1.建立救助物资生产厂家名录，必要时签订救灾物资紧急购销协议。

2.建立、健全与军队、公安、武警、消防、气象、民政、卫生等专业救援队伍的联动机制。

（八）应急响应

1.接警与通知

（1）两河居民委员会气象灾害接警值班电话：13101198692

（2）两河居民委员会气象工作领导小组接到事故报警后，应做到迅速、准确地询问事故的以下信息：

1）气象灾害类型、发生时间、发生地点；

2）事故简要经过、伤亡人数、严重程度；

3）灾害造成的损失及其发展趋势的初步评估；

4）事故发生原因初步判断；

5）已采取的控制措施、事故控制情况；

6）报告单位、联系人员及通信方式等

7）其他应对措施。

（3）接到报警的人员如果不是两河居民委员会气象工作领导小组成员,应告知报警人员向两河居民委员会气象工作领导小组再次报警,同时,应将掌握的报警信息立即通报给区、镇气象工作领导小组。

（4）两河居民委员会气象工作领导小组对报警情况进行核实,通知相关人员到位,开展事故分析和研判工作。

2.指挥与控制

（1）两河居民委员会气象工作领导小组接到灾害性天气预警、预报信息后,要加强安全气象保障行政值班工作,密切关注灾害性天气变化趋势,并敦促两河居民委员会有关部门做好相关的准备工作。

（2）两河居民委员会气象工作领导小组接到气象灾害的灾情初报后,立即根据灾情报告的详细信息,启动本应急预案。

1)气象工作领导小组成员与事故应急有关的责任人员就位,相关应急工作全面启动。

2)成立应急指挥部,指定事故应急总指挥,负责做出各项应急决策;确定各项指挥任务的指挥员,负责发布和执行应急决策。

3)与事故所在社区和单位以及事故现场建立通信联系,取得事故应急的决策权,对事故应急工作的开展进行全面指挥和控制。

4)根据事故处置需要,选择应急队伍赶赴现场,组织现场抢险。

5)组织事故设备、备品、备件的采购,提供应急物资。

6)根据事故的具体情况,调配事故应急体系中的各级救援力量和资源,开展事故现场救援工作,必要时求助上级相关部门。

3.报告与公告

（1）灾害性天气预报:两河居民委员会气象工作领导小组接到灾害性天气预警、预报信息后,应在1小时内开展相关的预防准备工作。

（2）灾情初报:两河居民委员会管理辖区内凡发生突发的气象灾害,应在第一时间了解掌握灾情,及时向乡政府气象工作领导小组报告,最迟不得晚于灾害发生后1小时。

（3）灾情续报:在气象灾害的灾情稳定之前,两河居委会干部均须执行24小时零报告制度。每天8时之前将截至前一天24时的灾情向两河居民委员会气象工作领导小组报告。

（4）灾情核报:两河居民委员会气象工作领导小组在灾情稳定后,应在两个工作日内核定灾情,并向乡政府和黔江区气象局以及上级有关管理部门报告。

4.事态监测与评估

两河居民委员会气象灾害现场应急指挥部应与乡政府和黔江区气象局保持密切

联系,及时了解灾害性天气的未来发展趋势,根据灾害性天气的预测情况,在应急救援过程中加强对气象灾害的发展态势及时进行动态监测,并应将各阶段的事态监测和初步评估的结果快速反馈给两河居民委员会管理辖区内各单位应急指挥部,为控制事故现场、制定抢险措施等应急决策提供重要的依据。

5.公共关系

事故发生后,经乡政府气象灾害应急指挥部批准,两河居民委员会办公室负责接受新闻媒体采访、接待受事故影响的相关方和安排公众的咨询,负责事故信息的统一发布,两河居民委员会各部门及员工未经授权不得对外发布事故信息或发表对事故的评论。

6.应急人员安全

应急人员应按事故预案要求,对可能出现气象灾害等方面的常识进行培训,并进行相关安全知识学习,对在抢险时应配置的装备充分了解并进行灾前演练;在进行应急抢险时,应对应急人员自身的安全问题进行周密的考虑,包括安全预防措施、个体防护、现场安全监测等;要在确保安全的情况下进行救援,保证应急人员免受次生和衍生灾害的伤害,防止因不安全造成事故扩大。

7.抢险

对受到气象灾害事故影响或次生灾害危及的生产设备、设施,要及时做好相关的安全措施,确保设备正常运行。抢险工作组要迅速组织抢险队伍排除险情,尽快抢修受灾害影响的设备,确保其尽早投入运行。如果受灾单位通信设施被毁坏,应迅速启动应急通信系统,优先保证与两河居民委员会和乡政府气象灾害应急指挥部的通信畅通,并尽快组织力量修复。

当灾情无法控制时,要一边组织抢险人员实施自救,一边等候乡政府派增援人员救助,同时要做好人群的疏散、安置工作。受灾单位在抢险工作中,运行人员、检修人员一定要注意自身安全,穿戴好个人的防护用品,防止次生灾害及现场再次突发险情对自身造成伤害。

8.警戒与治安

受损设备或有可能引发次生灾害现场要建立警戒区域,实施封闭现场通道或限制出入的管制,维护现场治安秩序,防止与救援无关人员进入事故现场受到伤害,保障救援队伍、物资运输和人群疏散等的交通畅通。

9.人群疏散与安置

人群疏散是减少人员伤亡扩大的关键,对疏散的紧急情况、疏散区域、疏散路线、疏散运输工具、安全蔽护场所以及回迁等做出细致的准备,应考虑疏散人群的数量、所需要的时间及可利用的时间、环境变化等问题。对已实施临时疏散的人群,要做好临时安置。

10.医疗与卫生

两河居民委员会及管理辖区内单位的气象灾害应急抢险医疗组迅速进行现场急救、伤员转送、安置,减少气象灾害造成的人员伤亡,并配合当地医疗部门做好本单位范围的防疫和消毒工作,防止和控制两河居民委员会管理辖区传染病的爆发和流行,及时检查两河居民委员会管理辖区的饮用水源、食品。

11.现场恢复

在恢复现场的过程中往往仍存在潜在的危险,应该根据现场的破坏情况,检查检测现场的安全情况和分析恢复现场的过程中可能发生的危险,制定相关的安全措施和现场恢复程序,防止恢复现场的过程中再次发生事故。

12.应急结束

在充分评估危险和应急情况的基础上,由居民委员会主任宣布应急结束。

(九)后期处置

1.善后处置

两河居民委员会有关部门,按法律、法规及政策规定,处理善后事宜。

2.保险

气象灾害发生后,两河居民委员会气象工作领导小组要及时协调有关保险公司提前介入,按相关工作程序作好理赔工作。

(十)预案管理

1.备案

本预案由两河居民委员会综合治理安全办公室负责备案。

2.维护和更新

两河居民委员会气象工作领导小组负责修改、更新本预案,由两河居民委员会综合治理安全办公室牵头负责组织有关专家对本预案每两年评审一次,并提出修订意见。

3.制定与解释部门

两河居民委员会气象工作领导小组负责制定和解释本预案。

4.实施时间

本预案自2012年01月01日起开始实施。

(十一)气象灾害应急响应程序

气象灾害应急响应程序按流程可分为接警、应急启动、应急行动、应急恢复和应急结束、恢复生产、后期处置等过程,其响应程序框图如图4-22。

1.接警:两河居民委员会气象工作领导小组接到气象灾害情况报警时,应做好受灾的详细情况和联系方式等方面的记录。

2.应急启动:接到灾害通报后,应该立即启动应急预案,如通知两河居民委员会相关人员到位、启用信息与通信网络、调配救援所需的应急资源(包括应急队伍和物

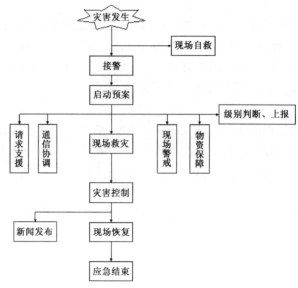

图 4-22　气象灾害应急响应程序框图

资、装备等)、派出现场指挥协调人员和专家组等。

3.应急行动:应急队伍进入受灾单位现场,积极开展人员救助、抢险等有关应急救援工作,专家组为救援决策提供建议和技术支持。当事态仍无法得到有效控制时,应向乡政府应急机构请求实施更高级别的应急响应。

4.应急恢复:救援行动结束后,进入应急恢复阶段,主要包括现场清理、人员清点撤离和受影响区域的连续监测等。

5.应急结束:经两河居民委员会气象工作领导小组会商通过,由两河居民委员会主任宣布应急结束。

6.后期处置:两河居民委员会气象工作领导小组按有关政策,协调事故人员伤亡、财产损失理赔等工作。

(十二)气象灾害应急人员联系电话

1.阿蓬江镇气象灾害应急联系电话

阿蓬江镇气象灾害应急联系电话见表 4-2。

表 4-2　阿蓬江镇气象灾害应急联系电话表

姓　名	职　　务	职　责	办公电话	手　机
侯　俊	镇党委书记	总指挥		13＊＊＊＊＊＊999
邱天旭	镇长	副总指挥		13＊＊＊＊＊＊780
马光明	副镇长	成员		13＊＊＊＊＊＊068

续表

姓　名	职　务	职　责	办公电话	手　机
简友进	综治安全办公室主任	成员		13＊＊＊＊＊＊060
徐小东	综治安全办公室科员	成员		15＊＊＊＊＊＊055
李琼英	综治安全办公室科员	成员		13＊＊＊＊＊＊433
向　东	综治安全办公室科员	成员		13＊＊＊＊＊＊768
周　静	综治安全办公室科员	成员		15＊＊＊＊＊＊933
王书维	党政办公室科员	成员		13＊＊＊＊＊＊027

2.两河居民委员会气象灾害应急联系电话

两河居民委员会气象灾害应急联系电话见表4-3。

表4-3　两河居委气象灾害应急联系电话表

姓　名	职　务	联系电话
孙　伟	居民委员会党支部书记	13＊＊＊＊＊＊836
段儒廷	居民委员会主任	13＊＊＊＊＊＊692
马精灵	居民委员会文书	13＊＊＊＊＊＊018

四、区级相关部门在公共气象服务与气象防灾减灾服务中的工作任务

区级相关部门依据法律、法规、规章和有关规范性文件的规定,在自己的职能、职责范围按照"安全气象责任链条",承担相应的区级相关部门在公共气象服务与气象防灾减灾服务中的工作任务及其责任。

例如:重庆市黔江区气象局与黔江区国土房管局为了深入推进黔江区突发事件预警信息发布平台和地质灾害气象预警、预报能力建设,切实加强地质防治工作,成立了"地质灾害气象预警预防工作领导小组及专家组"(图4-23),并联合签订了《黔江区气象局与黔江区国土房管局关于开展地质灾害气象监测预报预警合作的协议》(图4-24)。该协议的主要内容是:双方充分利用各自的优势渠道加强地质灾害科普宣传教育,提高群众防灾、减灾意识。双方共同建设基层信息员队伍,以其为基础,建立地质灾害群测群防网络,实现信息共享。黔江区气象局充分发挥气象部门的优势,根据黔江区国土房管局的需要,及时整理和统计历史气象资料,为全区地质灾害区划提供气象理论依据和规划建议。为更好地开展地质灾害预报、预警工作,黔江区国土房管局应根据气象部门的需求,提供黔江区历史地质灾害数据、黔江区地质状况以及全区地质灾害区划和实时地质灾害监测数据等资料。黔江区气象局充分利用气象部门的人才和技术优势,开发出黔江区精细化地质灾害预报模式,黔江区气象局以该模式为基础制作黔江区精细化地质灾害气象条件等级预报,利用天气预报和灾害性天

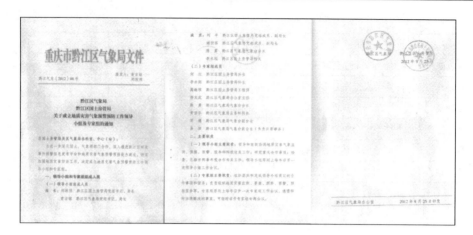

图 4-23　地质灾害气象预警预防工作领导小组及专家组文件

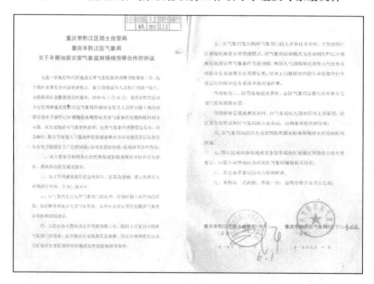

图 4-24　黔江区气象局和国土房管局开展地质灾害气象监测预报预警合作的协议

气发布系统联合发布地质灾害预警信息,黔江区国土局提供相应的专业短信平台年度运行保障和业务系统升级改造经费;当预报有三、四等级地质灾害时,由黔江区气象局直接对政府和有关部门发布预报结果;当预报有五级地质灾害时,黔江区气象局应先通知黔江区国土房管局,经黔江区国土房管局和气象局联合会商后,由两单位共同发布。黔江区气象局向黔江区国土房管局提供国家标准的地质灾害防御简明措施。黔江区境内如有地质灾害发生或全区地质灾害隐患点发生变更后,黔江区国土房管局应及时向黔江区气象局通报有关情况。通过该协议的实施,黔江区气象局开发出了黔江区精细化地质灾害预报模式(图4-25),完善了由黔江区气象局承建管理的黔江区突发事件预警信息发布平台,并建成了与黔江区突发事件预警信息发布平台互动的黔江区国土房管局突发事件预警信息发布平台国土子平台(图4-26)。不仅进一步提升了黔江区气象局地质灾害气象监督预测和预警、预报服务能力,而且更有效地提升黔江区国土房管局地质灾害应急处置能力,最大限度减少人员伤亡和财产损失,为当地政府、部门、社会单位和人民群众提供了更优质的公共服务。

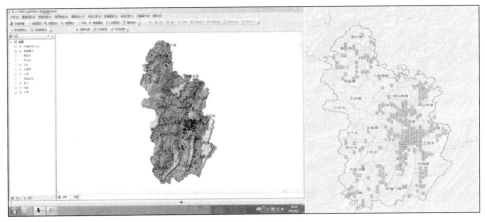

　　　预报系统界面图　　　　　　　　　　　　　　隐患点截图
图4-25　黔江区地质灾害精细化预报系统界面及地质灾害隐患点界面

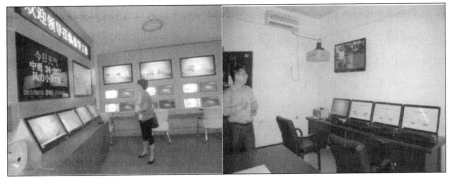

　黔江区突发事件预警信息发布平台　　　　　国土房管局子平台
　　图4-26　黔江区突发事件预警信息发布平台及国土房管局子平台

五、气象灾害敏感单位在公共气象服务与气象防灾、减灾服务中的工作任务

　　根据重庆市黔江区气象灾害种类多、频率高、损失大的特点,为了落实气象灾害敏感单位的公共气象服务与气象防灾、减灾服务主体责任,有效提高各社会单位的气象防灾、减灾能力,充分发挥气象预警信号"消息树"的作用,形成全社会共同防御气象灾害的合力,最大限度地降低灾害风险,最大限度地减少灾害损失。重庆市黔江区气象局会同相关部门按照"安全气象责任链条"以"气象灾害敏感单位认证"为切入点,督促气象灾害敏感单位承担本单位公共气象服务与气象防灾、减灾服务的主体责任,并指导气象灾害敏感单位完成了本单位公共气象服务与气象防灾、减灾服务的工作任务。取得了良好的经济社会效益和防灾减灾效益。

例如:重庆市黔江区气象局和教育委员会根据有关法律法规、技术标准、规范性文件的要求和重庆市关于加强学校气象灾害敏感单位安全管理工作的部署,为进一步提高黔江区中小学校气象灾害的防御能力和气象灾害防御水平,有效减轻学校气象灾害危害,共同签署了《气象灾害敏感单位安全管理工作共建协议书》(图4-27)。

图4-27　气象灾害敏感单位安全管理工作共建协议书

该协议书的主要内容如下:

1.共建基本原则

双方将在平等、互商的基础上,就共同做好学校的防雷、防暴雨的安全管理工作,通过建立共建机制、定期协商机制广泛开展合作,共同推进安全管理工作的开展。

2.共建范围及内容

(1)气象局要切实做好气象灾害敏感单位安全管理前期工作。一是要做好气象灾害敏感单位认证工作。二是要制定完善气象灾害敏感单位防御气象灾害方案。三是加强气象灾害监测和预警预报服务,进一步完善气象灾害信息共享机制。四是组织开展气象灾害敏感单位安全气象保障技术应用培训。

(2)区教委组织本行业相关学校开展气象灾害敏感单位类别自评和气象灾害敏

感单位类别认证申报工作,督促本行业气象灾害敏感单位落实各项安全气象保障措施,加强气象灾害敏感单位安全生产主体责任量化考评。将安全气象保障制度、措施的落实情况与单位安全等级评估挂钩。

3.共建方式及实施

为加强本协议下共同活动的组织和协调,实现本协议范围内的所有协定,推进合作项目顺利实施,甲乙双方建立气象灾害敏感单位安全管理联席会议制度,建立一个对口合作工作组,定期组织有关部门对气象灾害敏感单位安全气象保障制度运行情况进行检查评估。

同时重庆市黔江区气象局和教育委员会还联合向全区中小学校下发了《关于推进校园气象灾害敏感单位认证工作的通知》(黔江气发〔2011〕40号)文件(图4-28)。

图4-28　黔江区气象局与教育委员会联合签发文件

该文件的主要精神如下:

1.认证单位

黔江区气象局、黔江区教育委员会。

2.认证对象

黔江区所有有法人资格的中小学、幼儿园,包括职教中心,特教学校。

3.认证程序

学校申报→调查评估→专家评审→达标认证→授牌

(1)申报:各学校按照《气象灾害敏感单位安全气象保障技术规范》中"气象灾害敏感单位类别认证程序流程图"进行申报,尚未报送申报材料的学校请于2011年9月23日前将申报材料一式三份(含电子档)报区教委政保科,联系人:吴明华,联系电话:13＊＊＊＊＊555。申报材料应包含以下内容:

①气象灾害敏感单位类别认证申请文件及认证申请表;

②气象灾害敏感单位法人资格证明;

③气象灾害敏感单位组织机构代码证复印件;

④气象灾害敏感单位气象灾害应急预案。

(2)认证

由黔江区教育委员会同黔江区气象局对各学校的申请材料进行初审和调查评估后,报重庆市气象局组织有关专家进行考核评审,评审达标的学校由黔江区教育委员会和气象局联合授牌。

(3)复审

获得认证的单位每3年进行一次复审。复审不合格者,将收回认证标志和证书。

4.认证工作措施

(1)有分管气象灾害防御工作的校领导和1～2名工作人员,负责落实本校气象灾害防御,各班班主任为本班气象灾害防御具体责任人,负责落实本校对气象灾害防御工作的具体安排部署。

(2)有气象灾害防御的应急处置预案,每年组织不少于一次的应急演练;有安全的避难场所,可在重大灾害性天气发生时,安置转移人员;应储备必要的应急减灾物资,包括基本救援工具、通讯设备、照明工具、应急药品和必要的生活类物资等。

(3)所有校舍防雷设施符合要求,对不符合要求的进行整改。

(4)将学校主要领导、分管领导、安全保卫人员、各班班主任的手机号纳入黔江灾害性天气预警信息手机短信平台,接收灾害性天气预警信息。

(5)有电子显示屏的学校要利用电子显示屏及时传播气象信息。

(6)组织师生开展气象灾害防御知识宣传和培训活动。

(7)建立防御气象灾害工作定期检查制度,发现问题及时整改。

(8)建立防御气象灾害工作档案,以便查阅。

5.注意事项

对全区各中小学进行气象灾害敏感单位认证,是建立政府主导、部门联动、社会参与的气象防灾、减灾机制的有益探索,目的是为了积极主动有效减轻气象灾害损失,保护师生人身及财产安全。各学校要高度重视,专人负责,把气象灾害敏感单位工作落到实处,确保全区学校、幼儿园全部通过认证。

上述"共建协议"与"文件"的出台,使全区各中小学进一步认识到学校气象灾害敏感单位认证工作是提升学校防御气象灾害能力的基础性工作,是积极主动有效减轻气象灾害损失,保护师生人身及财产安全的重要环节,是落实防御学校气象灾害主体责任的根本要求。因此,全区各学校进一步增强了学校气象灾害敏感单位认证工作自觉性与主动性,高度重视学校气象灾害敏感单位认证工作,于2011年11月26日前全区57所学校(表4-4)全部完成了学校气象灾害敏感单位认证工作(图4-29)。

表 4-4　黔江区学校气象灾害敏感单位类别表

序号	学校	类别	认证时间	序号	学校	类别	认证时间
1	黔江区民族小学	三	20110816	30	黔江区石家镇中心小学	四	20111126
2	黔江区新华小学	三	20110816	31	黔江区太极乡中心小学	四	20111126
3	黔江新华中学	三	20110816	32	黔江区马喇镇中心小学	四	20111126
4	黔江区人民中学	三	20110816	33	黔江区金溪镇中心学	四	20111126
5	黔江实验中学	三	20110816	34	黔江区南海初级中学	四	20111126
6	黔江区实验小学	三	20110816	35	黔江区金洞乡中心小学	四	20111126
7	重庆市黔江中学	三	20110816	36	重庆市黔江区石会中学	四	20111126
8	黔江区人民小学	三	20110816	37	黔江区白石乡中心小学	四	20111126
9	重庆市黔江区民族中学	三	20110816	38	黔江区黑溪镇中心小学	四	20111126
10	黔江区妇联幼儿园	四	20110816	39	黔江区鹅池镇中心小学	四	20111126
11	黔江区正阳中心小学	四	20110816	40	黔江区马喇初级中学	四	20111126
12	黔江区实验幼儿园	四	20110816	41	黔江区五里乡中心小学	四	20111126
13	黔江区舟白中心小学	四	20110816	42	黔江区白土乡中心小学	四	20111126
14	黔江区区直机关幼儿园	四	20110816	43	黔江区邻鄂镇中心小学	四	20111126
15	黔江区城西中心小学	四	20110816	44	黔江区中塘乡中心小学	四	20111126
16	黔江区城东中心小学	四	20110816	45	黔江区阿蓬江初级中学	四	20111126
17	黔江区城南中心小学	四	20110816	46	黔江区水田乡中心小学	四	20111126
18	黔江区特殊教育学	四	20110816	47	黔江区黄溪初级中学	四	20111126
19	黔江区舟白初级中学	四	20110816	48	重庆市黔江区濯水中学	四	20111126
20	黔江区冯家中心小学	四	20110816	49	黔江区杉岭乡中心小学	四	20111126
21	重庆市黔江区民族职业教育中心	三	20111126	50	黔江区冯家初级中学	四	20111126
22	黔江区沙坝乡中心学	三	20111126	51	重庆市黔江区太极职业中学	四	20111126
23	黔江区蓬东乡中心小学	四	20111126	52	黔江区石会镇中心小学	四	20111126
24	黔江区白石初级中学	四	20111126	53	黔江区官渡初级中学	四	20111126
25	黔江区育才小学	四	20111126	54	黔江区水市乡中心小学	四	20111126
26	黔江区黑溪初级中学	四	20111126	55	黔江区新华乡中心小学	四	20111126
27	黔江区石家初级中学	四	20111126	56	黔江区阿蓬江镇中心小学	四	20111126
28	黔江区濯水镇中心小学	四	20111126	57	黔江区黄溪镇中心小学	四	20111126
29	黔江区黎水镇中心学	四	20111126				

图 4-29　黔江区学校气象灾害敏感单位类别认证专家评审会现场

　　全区各学校按照《黔江区气象安全工作学校职责》、《黔江区校园气象安全工作办公室职责》、《黔江区校园气象安全工作班主任职责》和《校园气象灾害防御明白卡》的要求（图 4-30），切实履行学校防御气象灾害主体责任，为防止或减少、减轻学校气象灾害，保护师生人身及财产安全做出了应有的贡献。

图 4-30　学校防御气象灾害的相关职责及明白卡

又如：为了进一步提高社区居民气象防灾、减灾意识，充分发挥气象信息在居民生活、社区安全保障中的作用，重庆市黔江区气象局与重庆市黔龙阳光地产发展有限公司就共建黔龙阳光花园安全气象小区签订了《安全气象小区共建协议》(图4-31)。

启动仪式现场　　　　　　　小区气象信息电子显示屏
图4-31　共建安全气象示范小区启动仪式及小区气象信息电子显示屏

该协议核心内容如下：

一是共建基本原则。双方将在平等、协商的基础上，依据"资源共享、优势互补、注重实效"的原则，通过建立资源共享机制、定期协商机制，广泛开展各个领域的合作，共同推进气象安全小区建设，进一步提高小区安全水平、气象灾害应急处置能力和社区居民生活质量。

二是共建范围及内容。共同构筑防雷安全网：由黔龙阳光地产发展有限公司提出申请，黔江区气象局对小区新建建筑物开展防雷设计评价、施工监审、竣工验收和已建建筑物、公用设施等防雷年度安全检测，对不符合安全要求的提出整改措施，确保小区防雷设施完好，符合国家规范要求，涉及项目服务费用的按原有规定执行；建立黔龙阳光花园小区物业管理、业主手机气象短信发布平台：由黔龙阳光地产发展有限公司负责收集提供小区物业管理人员、业主手机号码，由黔江区气象局负责手机气象短信平台建设；建设气象信息电子显示屏：由黔龙阳光地产发展有限公司负责筹集先期建设经费和每年维持经费，由黔江区气象局负责气象信息电子显示屏建设和维护；小区内天气预报信息和灾害性天气警报信息发布：由黔江区气象局通过手机短信、气象电子显示屏等方式发布每日天气预报、灾害性天气警报和黔龙阳光地产发展有限公司需要发布的其他信息；小区气象科普宣传：由双方共同组织小区管理人员、社区居民开展防雷、气象灾害等方面的气象科普宣传，从而提高社区居民防灾、减灾意识和互助、互救技能。

三是共建方式及实施。为加强本协议下共同活动的组织和协调，实现本协议范围内的所有协定，推进合作项目顺利实施，双方应建立一个对口合作工作组，轮流举行不定期会晤,每次会晤的具体时间由双方协商而定;明确工作人员和联络人员,建立联络员会议机制,共同商讨共建事宜。

通过协议的实施,切实落实重庆市黔龙阳光地产发展有限公司在黔龙阳光花园安全气象小区的公共气象服务与气象防灾、减灾服务的主体责任,提高社区居民气象防灾、减灾意识,充分发挥气象信息在居民生活、社区安全保障中的作用。

第九节 拓展优化公共气象服务 强化基层
公共气象服务的满意性

随着经济社会发展,基层公共气象服务还远不能适应经济社会发展和人民福祉安康需求。因此,基层气象部门要充分认识面临的新形势、新要求,以"县级气象机构综合改革"为契机,科学、系统地分析制约基层公共气象服务科学发展的问题与因素,不仅要拓展气象灾害敏感单位气象灾害风险评估服务领域与服务能力,实现从气象灾害风险区划向气象灾害风险区划与气象灾害敏感单位的气象灾害风险评估并重转变,在宏观层面上指导区(县)、乡(镇、街道办事处)、村民委员会(居民委员会)三级基层行政管理机构做好公共气象服务和气象防灾减灾服务,在微观层面上指导区(县)与乡(镇、街道办事处)级有关部门以及村民委员会(居民委员会)管理辖区内气象灾害敏感单位做好本部门、本单位公共气象服务和气象防灾、减灾服务;而且还要拓展对被服务单位应用公共气象服务产品和气象防灾、减灾服务产品的指导内涵与指导能力,实现从追求公共气象服务产品和气象防灾、减灾服务产品的预测、预报准确率向追求公共气象服务产品和气象防灾、减灾服务产品的预测、预报准确率与公共气象服务产品和气象防灾、减灾服务产品的应用效益率并重转变,优化健全公共气象服务和气象防灾减灾服务全过程业务链条、不断丰富公共气象服务产品和气象防灾减灾服务产品、改善公共气象服务和气象防灾减灾服务手段、拓宽公共气象服务和气象防灾减灾服务领域、提高公共气象服务和气象防灾减灾服务质量,确保区(县)与乡(镇、街道办事处)级有关部门以及村民委员会(居民委员会)管理辖区内气象灾害敏感单位既能获得预测、预报准确的公共气象服务产品和气象防灾、减灾服务产品,又能获得如何将预测、预报准确的公共气象服务产品和气象防灾、减灾服务产品自觉应用于自身决策、管理和生产实践中产生效益的有针对性技术培训和技术指导,有效地增强公共气象服务和气象防灾、减灾服务促进区(县)与乡(镇、街道办事处)级有关部门以及村民委员会(居民委员会)管理辖区内气象灾害敏感单位科学发展、安全发展的政治、经济、社会、生态、防灾减灾和安全等效益,才能进一步充分发挥公共气象服务和气象防灾减灾服务的政治、经济、社会、生态、防灾减灾、安全等效益,才能实现基层气象部门的公共气象服务和气象防灾、减灾服务的加强与创新,才能使基层气象机构公共气象服务和气象防灾减灾服务经得起"科学检验、社会检验、历史检验",获得"人民群众认可、市场经济认可、同行专家认可",最终让"政府满意、单位满意、社会满意"。下面以两个实际案例进行论述。

一、气象灾害风险区划与单位气象灾害风险评估并重而增强服务满意性案例

重庆市北碚区气象局根据中国气象局的战略部署,在重庆市气象局领导下,以气象灾害风险调查和区划为基础,以多发、频发气象灾害防御为重点,以提高灾害风险管理和防御能力为核心,以完善"政府主导、部门联动、社会参与"的气象灾害防御工作机制和"功能齐全、科学高效、覆盖城乡"的气象防灾减灾体系为目标,编制了北碚区的气象灾害防御规划(图4-32),并规划和建设了一批对北碚区防灾减灾和经济社会发展具有基础性、全局性、关键性作用的气象灾害防御工程,以减轻各种气象灾害对当地经济社会发展的影响,切实提升了北碚区公共气象服务能力和气象防灾、减灾能力。同时还以气象灾害敏感单位认证为契机,大力开展气象灾害敏感单位的气象灾害风险评估工作,实现了从气象灾害风险区划向气象灾害风险区划与气象灾害敏

图4-32　北碚区气象灾害防御规划

感单位的气象灾害风险评估并重转变,有针对性地指导了区(县)、乡(镇、街道办事处)、村民委员会(居民委员会)三级基层行政管理机构和区(县)与乡(镇、街道办事处)级有关部门以及气象灾害敏感单位做好基层公共气象服务和气象防灾、减灾服务,充分发挥了公共气象服务和气象防灾、减灾服务对当地经济社会发展的气象科技支撑和保障作用。如"重庆市北碚区气象局在重庆市防雷中心指导下,开展北碚区行政管理辖区内的重庆顺安爆破器材有限公司气象灾害敏感单位认证工作,切实加强了该单位防御气象灾害能力,实现了气象灾害可防、可控,杜绝了气象因素引发安全事故的发生。"就是北碚区气象局"拓展气象灾害敏感单位的气象灾害风险评估服务领域,实现从气象灾害风险区划向气象灾害风险区划与气象灾害敏感单位的气象灾害风险评估并重转变,从微观层面指导重庆顺安爆破器材有限公司做好本单位公共气象服务和气象防灾、减灾服务,使北碚区气象局公共气象服务和气象防灾、减灾服务经得起'科学检验、社会检验、历史检验',获得'人民群众认可、市场经济认可、同行专家认可',最终让'政府满意、单位满意、社会满意'"的典型案例,下面就此案例进行介绍。

(一)重庆顺安爆破器材有限公司申请气象灾害敏感单位认证的文件及申请表

重庆顺安爆破器材有限公司根据本单位的地理、地质、土壤、气象、环境等条件以及单位的重要性、工作特性和雷电灾害风险评估报告结论,按照气象灾害损失等级标准,组织有关专家对单位气象灾害敏感单位类别进行自评,确认本单位气象灾害敏感单位类别为一类。特向重庆市北碚区气象局申请气象灾害敏感单位类别认证,并报送了《气象灾害敏感单位类别认证申请表》。其认证申请文件及申请表如图 4-33 所示。

图 4-33　气象灾害敏感单位类别认证申请文件及申请表

(二)重庆顺安爆破器材有限公司雷电灾害风险评估报告

由于影响重庆顺安爆破器材有限公司的主要气象灾害是雷电灾害,因此,重庆顺安爆破器材有限公司按照《气象灾害敏感单位安全气象保障技术规范》规定,开展了雷电灾害风险评估(图 4-34),为该单位各功能区防雷设施选择提供了科学依据,同时还为该单位安全生产提供了防雷安全指导意见,切实提高了单位防御雷电灾害能力,确保了安全生产。

图 4-34　雷电灾害风险评估现场勘测及评估报告

(三)重庆顺安爆破器材有限公司的气象灾害敏感单位类别专家评估意见表

重庆顺安爆破器材有限公司的气象灾害敏感单位类别专家评估意见表及评估专家表如图 4-35 所示。

图 4-35　气象灾害敏感单位类别专家评估意见表及评估专家表

(四)重庆市气象局对重庆顺安爆破器材有限公司气象灾害敏感单位类别审核认证

按照《重庆市气象灾害预警信号发布与传播办法》和《气象灾害敏感单位安全气

象保障技术规范》的有关规定,重庆市气象局组织专家对重庆顺安爆破器材有限公司的气象灾害敏感单位类别进行了评估,并对专家评估意见进行综合审核,做出该单位为"一类气象灾害敏感单位"的认证结论(图4-36)。同时要求重庆顺安爆破器材有限公司严格按照《气象灾害敏感单位安全气象保障技术规范》的规定,切实落实防御气象灾害的主体责任,建立健全本单位安全气象保障措施,防止或减少气象因素引发的安全生产事故,确保本单位安全生产。

图 4-36　重庆市气象局对重庆顺安爆破器材有限公司审核认证意见表及审批文件

(五)重庆顺安爆破器材有限公司安全气象保障措施

重庆顺安爆破器材有限公司成立了防御雷电灾害工作的领导机构(图4-37),制定了《防御雷电灾害工作计划》(图4-38)和《气象灾害应急预案》(图4-39),定期召开防御雷电灾害工作专题会议和举办防御雷电灾害培训学习(图4-40),加强了本单位的防雷安全工作检查,落实了防雷装置安全性能定期检测制度,切实排除防雷安全隐患,确保了单位防雷安全。

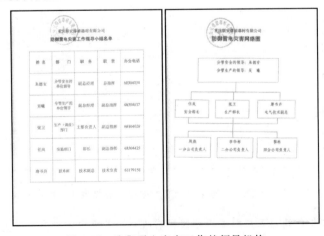

图 4-37　防御雷电灾害工作的领导机构

图 4-38 防御雷电灾害工作计划

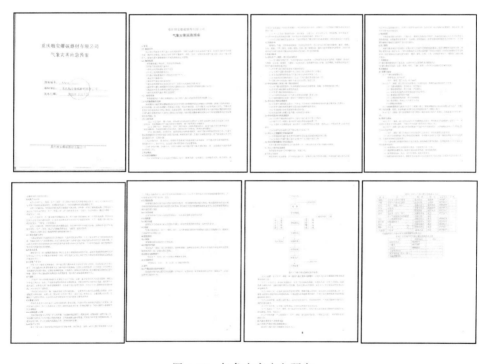

图 4-39 气象灾害应急预案

（六）重庆顺安爆破器材有限公司安全气象保障措施监督检查

按照重庆市委、市政政 2011 年 5 月 23 日召开的全市安全生产电视电话会议精神，切实加强汛期安全生产、恶劣天气安全生产，严防气象因素引发安全事故发生，在重庆市气象局指导下，重庆市北碚区气象局于 2011 年 6 月 7 日组织北碚区应急、安监、消防等部门的专家对重庆顺安爆破器材有限公司防御气象灾害的设施安全性能

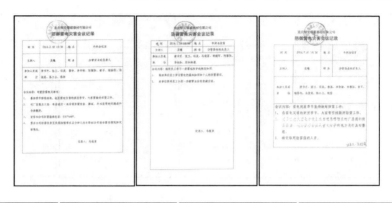

图 4-40　防御雷电灾害工作专题会议与防御雷电灾害培训学习记录表

年度安全检测及其运行情况、应急预案及其演练情况、技术培训、技术资料档案等安全气象保障措施进行了现场监督检查(图 4-41),确保该单位防御气象灾害的安全气象保障措施可靠。通过该单位的现场监督检查,切实提高了该单位防御气象灾害能力,加强了汛期安全生产、恶劣天气安全生产,杜绝了气象因素引发安全事故的发生。

图 4-41　重庆顺安爆破器材有限公司安全气象保障措施现场监督检查

二、服务产品的预测预报准确率与服务产品的应用效益率并重而增强服务满意性案例

由于气象工作的专业性强,使区(县)、乡(镇、街道办事处)、村民委员会(居民委员会)三级基层行政管理机构和区(县)与乡(镇、街道办事处)级有关部门以及村民委员会(居民委员会)管理辖区内气象灾害敏感单位自觉应用公共气象服务产品和气象防灾减灾服务产品于自身决策、管理和生产实践中存在应用局限性,已经成为基层气象部门提高公共气象服务水平和气象防灾减灾服务的"短板"。因此,重庆市彭水县气象局在现有资源的基础上,通过法规与标准互动的"气象灾害敏感单位认证管理实践",在强化气象社会管理,明确社会单位防御气象灾害的主体责任,督促社会单位承担防御气象灾害社会责任,依法投入人、财、物提升本单位的"公共气象服务能力和气象防灾减灾能力"建设,切实提高公共气象服务和气象防灾、减灾服务产品的预测、预报准确率的同时,还依据《气象灾害敏感单安全气象保障技术规范》的有关规定,对区(县)、乡(镇、街道办事处)、村民委员会(居民委员会)三级基层行政管理机构和区(县)与乡(镇、街道办事处)级有关部门以及村民委员会(居民委员会)管理辖区内气象灾害敏感单位进行"安全气象自动监测设施维护、保养、使用"、"气象灾害预警、预报信息应用"、"防御气象因素引起安全事故的应急预案制定"、"气象因素引起单位的

安全事故调查鉴定技术"等气象灾害敏感单位安全气象保障技术应用培训和科普宣传,提升了区(县)、乡(镇、街道办事处)、村民委员会(居民委员会)三级基层行政管理机构和区(县)与乡(镇、街道办事处)级有关部门以及村民委员会(居民委员会)管理辖区内气象灾害敏感单位自觉应用公共气象服务产品和气象防灾、减灾服务产品于自身决策、管理和生产实践中的能力,有效地增强公共气象服务和气象防灾减灾服务促进区(县)、乡(镇、街道办事处)、村民委员会(居民委员会)三级基层行政管理机构和区(县)与乡(镇、街道办事处)级有关部门以及村民委员会(居民委员会)管理辖区内气象灾害敏感单位科学发展、安全发展的政治、经济、社会、生态、防灾减灾、安全等效益,切实提高了彭水县的公共气象服务能力与气象防灾减灾能力和公共气象服务水平与气象防灾减灾水平。例如:2010 年,发生在重庆市彭水县'7.8'暴雨灾害抢险救灾成功案例就是一个典型的"公共气象服务产品和气象防灾、减灾服务产品的预测、预报准确率与公共气象服务产品和气象防灾、减灾服务产品的应用效益率并重,确保彭水县政府、县级有关部门、乡镇领导及工作人员、气象信息员、村社长及时获得准确的灾害天气预测预报服务产品,同时彭水县政府、县级有关部门、乡镇等领导及工作人员、气象信息员、村社长将准确的预测、预报公共气象服务产品和气象防灾、减灾服务产品自觉应用于自身决策、防灾减灾实践中,有针对性采取气象灾害防御措施,产生显著政治、经济、社会、生态、防灾减灾、安全等效益,让'政府满意、单位满意、社会满意"的典型案例。

　　2010 年 7 月 7 日夜间开始重庆市彭水县出现连续性暴雨天气过程(图 4-42)。从区域自动气象站监测情况看,截至 7 月 10 日 20 时全县有桑柘、诸佛、小厂、善感等乡镇雨量超过 300 毫米,鞍子、靛水、桐楼、汉葭等乡镇累积雨量 200~300 毫米,大垭、龙溪、新田等乡镇累积雨量 100~200 毫米,过程最大降水量出现在桑柘(376.6毫米)。全县有小厂、桑柘、诸佛、善感等 39 个乡镇、285 个村(社区)、1883 个组不同

图 4-42　重庆彭水县"7.8"暴雨现场

程度受灾,涉及 16.1 万余户 43.7 万人,紧急转移安置灾民 4.1 万余人,因灾死亡 5人、受伤 2 人,累计经济损失约 2.4 亿元。

2010 年 7 月 8 日 12 时,接到重庆市气象局关于进入Ⅲ级气象应急响应状态的命令后,彭水县气象局立即组织业务人员传达有关精神,宣布启动Ⅲ级应急响应预案,要求全体业务人员在灾害当前要有政治敏锐性和主动性,按照Ⅲ级应急响应工作流程开展好预报服务工作。并启动雨情一时一报。7 月 8 日 20 时,彭水县委召开紧急电视电话会,针对未来天气形势进行抢险救灾安排部署。10 日 00 时 05 分前后,彭水县气象局就彭水县桑柘镇 9 日 23 时—10 日 00 时 1 小时雨量达 59.1 毫米,累计雨量达 308.3 毫米向县政府办公室、桑柘镇党政办公室进行电话报告后,又立即(00时 10 分左右)以手机短信的方式向县领导、部门、乡镇领导及工作人员、气象信息员、村社长进行发布。正在主持召开《全县抗洪救灾动员工作会》的陈航县长,接到彭水县气象局汇报的雨情后,立即就此作出了紧急安排部署。另据新田村气象信息员王保权介绍,新田村有近 2000 人沿河而居,接到气象部门的预警消息后,乡干部及时电话通知各村组组长做好应对准备。"如果不是气象部门预报准确,我们及时转移沿河居住人员,后果将不敢设想。"王保权说。2010 年 7 日晚至 8 日,新田乡降雨量达 100多毫米,8 日 4 时许,河水猛涨并迅速漫过公路,乡领导组织民兵分多路,通过喊话器、安全车挨家挨户通知群众转移,其中,家住河边的邓代兵、陈明怀两家 11 人早上4 时多被转移出来,6 时多,两家除年迈老人外的 8 人又返回住所,不到 10 分钟,房屋便进水 1 米多深,两家人大喊救命。王保权等人迅速赶到,用绳子作牵引将 8 人全部安全救出,凶猛的洪水很快冲坏了邓代兵、陈明怀家的房屋。紧接着,新田中学告急,40 多位老师被困学校,其中还有一名刚生完小孩 2 天的女老师。乡干部们赶到学校,用绳子将全部老师扶救出来。这一晚,他们用绳子共扶救出了 40 多户 100 多人。8 日晚上,新田中学 3 位老师见洪水减弱,又返回学校,很快学校围墙便被洪水冲垮,由王保权等 30 人组成的应急队伍前往救援。这时,水已漫过胸腔,加之天黑雨猛,给救援工作带来极大困难。参与救援的冉川林、贺海济二人因个子稍矮,汹涌的洪水数次淹没他们的头顶。救援过程中,拇指粗的石棉绳断了两次,救援人员只好爬上树打好结重新前行。就这样,他们花了 3 个小时,救出了返校的 3 名教师。谈及"7.8"暴雨,新田乡乡长冯久林对气象部门的准确预报赞不绝口:幸亏气象部门预报及时,我们采取了有效措施,才将灾害损失降到了最低,并做到了在如此严重的灾情面前,无一人因灾伤亡。

重庆市警备区副司令员周茂武少将总结"7.8"暴雨抢险救灾成功的原因为"三个到位:气象预警信息及时到位、政府部门组织响应到位、人民群众遇险自救到位"。此次暴雨期间,重庆市气象台和区、县气象局及时发布了准确的暴雨预报,并利用多种手段在第一时间发布到决策人员和广大信息员手中,同时,重庆市气象局与在彭水等重灾区进行抢险救灾的部队开展了气象服务保障军地联动工作,通过手机短信向救灾部队的 30 位分管领导发布《重要天气服务快报》、暴雨预警信号等气象信息,为减轻自然灾害造成的生命和财产损失发挥了有效的作用,充分发挥了气象预警信息作为"发令枪"、"消息树"的作用。政府部门组织响应及时有力,及时下发了做好防范暴雨灾害的紧急通知,将气象局《重要天气服务快报》全文转发,在组织好预防灾害的同时,及时组织官兵有效地抢险救灾。人民群众在村干部和信息员的组织下开展了积极避险和自救。这些都是"7.8"暴雨抢险救灾成功的基础。

第五章　加强基层气象社会管理与公共气象服务的 GLDLSP 网格立体管理模型研究

第一节　引　言

气象灾害是影响人民生命财产安全、经济社会发展的重要因素,每年全国各种气象灾害导致的灾害损失都以千亿元计(表 5-1)。如何有效进行气象灾害防御,建立有效的气象灾害预警和科学的防灾、减灾、抗灾、救灾机制,减少气象灾害对经济社会发展的负面影响,是现在、同时也是未来摆在我们面前必须解决的重大课题。为此中共中央、国务院高度重视气象灾害防御工作,中央领导同志就气象防灾、减灾工作做出了一系列重要指示和批示,提出了明确的要求。胡锦涛总书记在 2009 年致中国气象局成立 60 周年贺信中强调:"气象事业关系国计民生。随着全球气候变化加剧和我国经济社会快速发展,气象工作的作用日益突出,任务更加繁重。希望各级气象部门和广大气象工作者切实增强责任感和紧迫感,努力探索和掌握气候规律,大力推进气象科技创新,不断提高气象预测预报能力、气象防灾减灾能力、应对气候变化能力、开发利用气候资源能力,进一步推动我国气象事业实现更大发展,为全面建设小康社会、加快推进社会主义现代化提供有力保障,为改善全球气候环境、促进人类社会可持续发展做出积极贡献。"其核心就是通过推进气象科技创新掌握气候规律,不断提高包括"气象防灾、减灾能力"在内的"四个能力"。温家宝总理在 2011 年 3 月 5 日的第十一届全国人大代表第四次会议上所作政府工作报告中要求:"要扎实推进资源节约和环境保护。积极应对气候变化。加强资源节约和管理,提高资源保障能力,加大耕地保护、环境保护力度,加强生态建设和防灾、减灾体系建设,全面增强可持续发展能力。"也再次强调了要积极应对气候变化,加强防灾、减灾体系建设。回良玉副总理在 2007 年 9 月 18 日的全国气象防灾、减灾大会上强调"气象部门作为防灾、减灾工作的决策参谋和重要力量,牢固树立'公共气象、安全气象、资源气象'的发展理念,始终坚持把气象服务工作放在首位,大力加强公共服务系统、预测预报系统、综合观测系统、科技支撑保障系统建设,及时发布灾害预警信息,积极提出防灾减灾建议,为各级政府抗灾救灾决策指挥提供了重要的支持、为广大人民群众防灾避险提供了有效指导,在防灾减灾工作中发挥了重要作用。"同时回良玉副总理还强调"当前和今后一个时期,做好气象防灾减灾工作,必须全面贯彻落实科学发展观,充分认识面临的新形势、新要求,以提高气象防灾减灾服务能力为核心,不断拓宽服务领域、创新服务能力、丰富服务产品、完善服务体系,进一步提高监测预报的准确性、灾害预警的时效性、气象服务的主动性、防范应对的科学性,为构建社会主义和谐社会提供一流的气象服务。"

表 5-1　2006—2010 年全国气象灾害直接经济损失统计表(单位:亿元)

时间(年)	暴雨洪涝 (滑坡、泥石流)	干旱	大风、冰雹、雷电	热带气旋	雪灾、低温冷冻
2006	609.1	708.0	260.4	765.7	172.5
2007	845.3	785.2	227.6	297.7	206.0
2008	651.8	316.9	258.6	320.8	1696.4
2009	655.0	1099.2	373.3	190.9	172.1
2010	3505.0	756.7	350.9	166.4	318.5
合计	6266.2	3666.0	1470.8	1741.5	2565.5

为了进一步做好气象灾害防御工作,国务院颁布了《气象灾害防御条例》,国务院办公厅下发了《国务院办公厅关于进一步加强气象灾害防御工作的意见》和《国务院办公厅关于印发国家气象灾害应急预案的通知》,中国气象局、国家发展和改革委员会联合下发了经国务院批准的《国家气象灾害防御规划(2009—2020 年)》,并且中国共产党第十八次全国代表大会报告提出了"加强防灾减灾体系建设,提高气象、地质、地震灾害防御能力"、"积极应对全球气候变化"。

在中共中央、国务院的正确领导下,各级党委、政府应对气候变化和对防御气象灾害的重视程度与支持力度明显提高,广大人民群众的避险意识和防灾知识明显提高,全社会以人为本、关注民生的气象防灾减灾理念日益坚定,科学发展、社会和谐的气象防灾减灾思想日益深入,科学防灾、综合减灾的气象防灾减灾原则日益强化,中国气象灾害防御能力和水平大幅增强,气象防灾、减灾效益显著。但距全面建成小康社会和构建社会主义和谐社会的要求仍有很大差距,一些长期存在的突出问题仍然没有从根本上得到解决。

一是全球变暖背景下防御气象灾害的压力越来越大。全球变暖已是一个不争的事实,未来 100 年,全球还将持续变暖。全球持续变暖导致一些地方旱涝异常,防汛和抗旱压力增大。降雨异常偏多和偏少、严重高温干旱和极端暴雨洪涝之间突然逆转,使防灾、减灾决策和抗灾、救灾部署难度大大增加。受全球变暖影响,中国防御台风的形势也不容乐观,强台风增多,台风移动路径复杂多变,影响范围变数大,台风灾害脆弱区增多,导致台风影响势力加重、时间延长的复杂局面。中国人口流动性大、聚集度高、防灾意识和能力参差不齐,突发强降雨、雷击、冰雹、飑线、龙卷等给人民生命财产安全、城乡生产生活秩序都带来严重影响,使防御突发强对流天气的难度大大增加。突发强降水导致的山洪、滑坡、泥石流等是造成农村地区人员伤亡的主要灾害。

　　二是气象防灾、减灾能力与经济社会发展和人民福祉安康需求不相适应的矛盾越来越突出。面对经济社会发展日益增长的需求,中国气象防灾、减灾的能力还远不能适应。天气气候预测、预报水平亟待提高,监测能力不适应预报和服务的需求;气象灾害预报预警信息发布渠道、发布时效和覆盖面还存在明显不足;气象防灾、减灾知识宣传和普及不够,面向农村和广大农民的宣传尤为不足;气象灾害综合防御和救助体系尚未建立,各种气象灾害防御的基础设施建设还比较薄弱,各司其职、各负其责、协同作战、密切配合、迅速反应的整体功能有待进一步提高。

　　面对如此严峻的气象灾害防御形势,必须加快建立现代气象业务体系,进一步提高气象灾害监测预报和预警服务能力;坚持以防为主、防避救相结合的原则,加快完善政府统一领导、气象部门组织实施、相关部门协作配合、全社会共同参与的气象防灾减灾体系,进一步提高气象灾害应急处置能力;坚持依靠科技进步,加快建设气象科技创新体系和气象灾害服务体系,完善灾害天气预警发布系统,进一步提高气象灾害应对和防范能力。但是,提高气象灾害应对和防范能力不仅仅是指气象部门的气象灾害应对与防范能力,还包括社会单位的气象灾害应对和防范能力,气象部门的气象灾害应对和防范能力远远比社会单位的气象灾害应对与防范能力强,社会单位的气象灾害应对和防范能力的局限性,已经成为气象部门提高公共气象服务水平,发挥气象防灾减灾益的"短板"。而基层气象是提高公共气象服务水平,加强和创新气象社会管理与公共气象服务,发挥气象防灾、减灾效益的基础,同时也是气象部门行使气象社会管理职能和公共气象服务的最基本载体和一线窗口。为此重庆市气象局根据《气象灾害防御条例》、《国务院关于进一步加强企业安全生产工作的通知》、《重庆市气象灾害预警信号发布与传播办法》、《重庆市安全生产行政责任追究暂行规定》、《重庆市人民政府关于进一步明确安全生产监督管理职责的决定》(渝府发〔2009〕80号)、《重庆市人民政府关于进一步落实企业安全生产主体责任的决定》、《重庆市人民政府办公厅关于加强气象灾害敏感单位安全管理工作的通知》、《重庆市突发气象灾害应急预案》等规章与规范性文件精神和《气象灾害敏感单位安全气象保障技术规范》规定,积极探索并建立了能够进一步强化基层气象社会管理与公共气象服务,提升气象防灾减灾能力,充分发挥气象防灾、减灾效益的 GLDLSP (Government lead-

ership、Department linkage、Social participation），即政府主导、部门联动、社会参与）
网格立体管理模型。

第二节　GLDLSP 网格立体管理模型

一、建模技术路线

　　加强基层气象社会管理、公共气象服务以及气象灾害防御工作的目的就是确保
公共气象服务的准确性、公共气象服务发布的及时性、公共气象服务对象接收公共气
象服务的可靠性、公共气象服务对象应用公共气象服务的科学性。因此，建模技术路
线是依据实现"公共气象服务的准确性、发布的及时性、接收的可靠性、应用的科学
性"途径，按照"气象工作政府化、气象业务现代化，气象服务社会化"的要求，以落实
政府、部门、社会的气象社会管理与公共气象服务责任以及气象灾害防御责任为抓
手，通过气象灾害防御的安全气象责任链条，研究分析政府、部门、社会在加强基层气
象社会管理、公共气象服务与气象灾害防御工作中的职能职责、工作任务以及相互关
系，借鉴并参考浙江省气象局的"德清模式"和重庆市气象局的"永川模式"和"气象灾
害敏感单位分类及认证管理模式"等创新工作实践经验，通过气象灾害防御的安全气
象责任链条，按照图 5-1 给出的加强基层气象社会管理与公共气象服务的 GLDLSP
网格立体管理模型的建模技术路线，创建了加强基层气象社会管理与公共气象服务
的 GLDLSP 网格立体管理模型，健全完善"政府主导、部门联动、社会参与"的基层
气象社会管理、公共气象服务以及气象灾害防御的工作体系。

二、GLDLSP 网格立体管理模型和内容

　　加强基层气象社会管理与公共气象服务的 GLDLSP 网格立体管理模型和内容
如图 5-2 所示。

　　图中 x_1 表示自上而下的各级行政管理机构在行政管理层面上气象社会管理、公
共气象服务以及气象灾害防御工作职能职责及其工作任务，可以通过借鉴和参考"德
清模式"方法，按照《中国气象局关于加强农村气象灾害防御体系建设的指导意见》
（气发〔2010〕93 号）的附件 2——《气象灾害应急准备认证乡镇建设规范》的规定，通
过"建立完善的组织机制、开展乡镇气象灾害风险评估、具有气象灾害预警信息发布
手段、制定和完善气象灾害应急预案、开展气象灾害减灾科普宣传与培训、建设乡镇
气象防灾减灾基础设施、提高居民气象防灾救灾意识与技能、建立气象防灾减灾机
制"工作思路，明确各级行政管理机构气象社会管理、公共气象服务以及气象灾害防
御工作的领导、组织、规划、协调、督察等具体职能职责及其工作任务；x_1 的行政层级

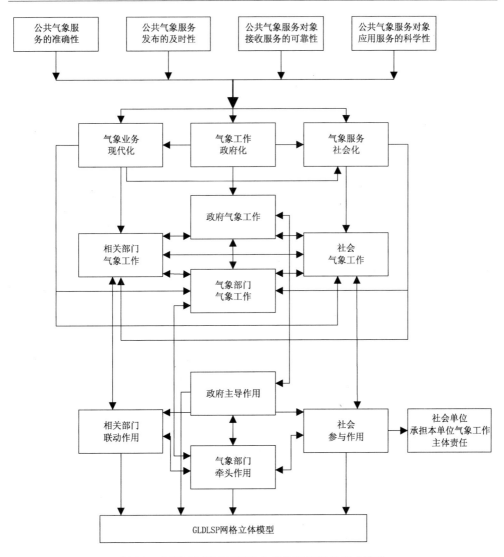

图 5-1 创建 GLDLSP 网格立体管理模型的技术路线

分为村委(居委)、乡镇级人民政府(街道办事处)、县(区、旗)级人民政府、地(市、盟)级人民政府、省(直辖市、自治区)级人民政府、国务院，x_1 的赋值是分别代表不同行政层级具体行政管理机构向具体社会单位提供气象社会管理、公共气象服务以及防御气象灾害服务等方面行政管理与服务，体现了各级行政管理机构在相应行政管理层级的气象工作主导作用。

x_2 表示自上而下的各级气象主管机构在专业管理层面上气象社会管理、公共气象服务以及气象灾害防御工作职能职责及其工作任务，可以按照各级气象主管机构

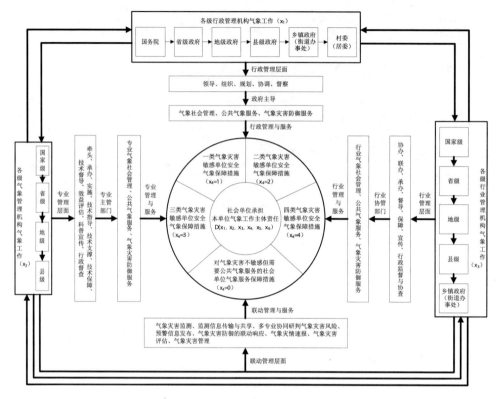

图 5-2　GLDLSP 网格立体管理模型示意图

的行政层级明确其气象社会管理、公共气象服务以及气象灾害防御工作的牵头、承办、实施、技术指导、技术支撑、技术保障、技术督导、效益评估、科普宣传、行政督查等具体职能职责及其工作任务；x_2 的行政层级分为县（区、旗）级气象主管机构、地（市、盟）级气象主管机构、省（直辖市、自治区）级气象主管机构、国家级气象主管机构，x_2 的赋值是分别代表不同行政层级具体气象主管机构为不同行政层级的具体社会单位提供气象社会管理、公共气象服务以及防御气象灾害服务等方面专业管理与服务，体现了各级气象主管机构在相应行政层级的气象工作专业主管作用。

　　x_3 表示与气象有关的自上而下的各级行业管理机构在行业管理层面上气象社会管理、公共气象服务以及气象灾害防御工作职能职责及其工作任务，可以依据各级行业管理机构的职能职责明确其行业气象社会管理、公共气象服务以及气象灾害防御工作的协办、联办、承办、督导、保障、宣传、行政监督与协查等具体行业气象工作职能职责及其工作任务；并通过借鉴和参考"永川模式"方法，按照《"一个工作体系（自然灾害预警预防工作体系）、两个主干网络（自然灾害监测网络、预警信息发布网络）、五个功能平台（多灾种灾害监测平台、多专业协同研判平台、多渠道预警信息发布平台、多部门联动响应平台、多类别灾情速报平台)"为架构的"永川区自然灾害应急联动预警体系"》的建设思路,明确各级行业管理机构须与相应行政层级的气象主管机构在联动管理层面上气象社会管理、公共气象服务以及气象灾害防御工作的气象灾害监测、监测信息传输与共享、多专业协同研判气象灾害风险、预警信息发布、气象灾害防御的联动响应、气象灾情速报、气象灾害评估、气象灾害管理等具体联动职能职责及其工作任务;x_3 的行政层级分为乡镇(街道)级行业管理机构、县(区)级行业管理机构、地(市)级行业管理机构、省(直辖市、自治区)级行业管理机构、国家级行业管理机构,x_3 的赋值是分别代表不同行政层级的具体行业管理管理机构为相应行政层级的具体社会单位提供行业气象社会管理、公共气象服务以及防御气象灾害服务等方面行业管理与服务和与相应行政层级气象主管机构联动管理与服务,体现了各级行业管理机构在相应行政层级的气象工作行业管理与联动服务作用。

x_4 表示省级行政管理区域内具体社会单位 $D(x_1,x_2,x_3,x_4,x_5,x_6)$ 自身的气象社会管理、公共气象服务以及气象灾害防御工作职能职责及其工作任务,可以通过借鉴和参考"气象灾害敏感单位分类及认证管理模式"创新工作实践经验,按照《气象灾害敏感单位安全气象保障技术规范》的规定,通过"气象灾害敏感单位类别认证机制、气象灾害敏感单位应急服务机制、气象灾害敏感单位响应应急机制、气象灾害敏感单位考核督查机制、气象灾害敏感单位确认工作效益评估机制"等工作机制确定(表5-2),体现了社会单位承担本单位气象工作主体责任的社会参与作用;x_4 的具体赋值依据社会单位对气象灾害敏感程度,按照《气象灾害敏感单位安全气象保障技术规范》规定,可分为气象灾害敏感单位一、二、三、四类和对气象灾害不敏感但需要公共气象服务的社会单位等 5 种类别而分别用 x_4 为 1、2、3、4、0 表示。

x_5 表示省、直辖市、自治区与香港、澳门、台湾等地区的编号(表5-3)。

x_6 表示在省、直辖市、自治区与香港、澳门、台湾等地区内的具体社会单位编号,体现了该地区需要气象社会管理与公共气象服务的具体社会单位数量。

上述模型表明,通过"德清模式"、"永川模式"、"气象灾害敏感单位分类及认证管理模式"等创新工作实践经验的有机结合,任何社会单位 $D(x_1,x_2,x_3,x_4,x_5,x_6)$ 需要的气象社会管理、公共气象服务以及防御气象灾害服务都有相应的行政层级的行政管理机构和气象主管机构、行业管理机构提供,并且按照社会单位 $D(x_1,x_2,x_3,x_4,x_5,x_6)$ 对气象灾害敏感程度,明确了社会单位自身的气象社会管理、公共气象服务以及气象灾害防御工作职能职责及其工作任务,进一步落实了社会单位在本单位气象灾害防御工作和气象社会管理与公共服务中的主体责任。同时健全完善了"政府主导、部门联动、社会参与"的气象防灾、减灾体系,不仅进一步强化了基层行政管理机构在气象社会管理与公共服务以及气象灾害防御工作中的领导、组织、规划、协调、督察作用,而且还进一步明确了基层气象主管机构在气象社会管理与公共服务

表 5-2　社会单位承担本单位气象工作主要任务表

x_4	气象灾害敏感程度		社会单位承担本单位气象工作主要任务	
			基本规定	分类规定
1	一类气象灾害敏感单位	最敏感	应根据有关防雷相关规定向当地气象主管机构申请气象灾害敏感单位类别认证;应将安全气象保障工作纳入本单位安全生产工作,层层分解落实安全气象保障工作目标、任务和责任;每年至少组织一次有关专家开展本单位气象灾害隐患排查工作,发现隐患应及时治理;人员密集场所单位应建立面向公众的电子显示屏等安全气象预警、预报信息发布平台。	应成立负责气象灾害防御工作的领导机构,明确单位的主要领导分管气象灾害防御工作;应成立负责安全气象保障工作的工作机构,配备1-3名专职安全气象保障工作人员;应每年组织两次开展防御气象灾害的科普宣传,普及气象防灾、减灾知识和避险自救技能;应开展气象灾害风险评估分析,绘制气象灾害风险图,全面掌握气象灾害影响或危及的区域、部位、重要设施情况;应按防御气象灾害需求建立特种安全气象自动监测站及其仪器维护、保养制度和定期检定制度,并建立监测数据自动向当地气象主管机构传输的数据共享平台和监测数据储存容量的数据储存系统;应建立手机、电子显示屏、计算机网络的安全气象预警、预报信息接收终端;应每年组织两次安全气象保障行政值班人员参加当地气象主管机构举办的气象灾害敏感单位安全气象保障技术应用培训;应建立安全气象保障专职工作人员24小时行政值班制度;应制定防御气象灾害应急预案,组建专职应急队伍,应按照应急预案要求定期演练,分析总结演练的经验和不足,不断完善应急预案;应建立气象灾害应急避难场所,并在避难场所以及附近的关键路口等,设置醒目的安全应急标志或指示牌,同时明确可安置人数、管理人员等信息;应储备防御气象灾害应急物资;应建立防御气象灾害工作定期检查制度,发现问题及时整改;应建立防御气象灾害工作档案,以便查阅。
2	二类气象灾害敏感单位			应成立负责气象灾害防御工作的领导机构,明确单位负责安全生产的领导分管气象灾害防御工作;应成立负责安全气象保障工作的工作机构,应配备1-3名兼职安全气象保障工作人员;应每年组织一次开展防御气象灾害的科普宣传,普及气象防灾、减灾知识和避险自救技能;应开展气象灾害风险评估分析,绘制气象灾害风险图,掌握气象灾害影响或危及的区域、部位、重要设施情况;应按防御气象灾害需求建立特种安全气象自动监测站及其仪器维护、保养制度和定期检定制度,并建立监测数据自动向当地气象主管机构传输的数据共享平台和监测数据储存容量的数据储存系统;应建立手机、计算机网络的安全气象预警、预报信息接收终端;应每年组织一次安全气象保障行政值班人员参加当地气象主管机构举办的气象灾害敏感单位安全气象保障技术应用培训;应建立安全气象保障兼职人员24小时行政值班制度;应制定防御气象灾害应急预案,组建兼职应急队伍,应按照应急预案要求定期演练,分析总结演练的经验和不足,不断完善应急预案;应建立气象灾害应急避难场所,并在避难场所以及附近的关键路口等,设置醒目的安全应急标志或指示牌,同时明确可安置人数、管理人员等信息;应储备防御气象灾害应急物资;应建立防御气象灾害工作定期检查制度,发现问题及时整改;应建立防御气象灾害工作档案,以便查阅。

续表

x_4	气象灾害敏感程度	社会单位承担本单位气象工作主要任务	
		基本规定	分类规定
3	三类气象灾害敏感单位		应明确单位负责安全生产领导分管气象灾害防御工作;宜成立负责安全气象保障工作的工作机构,配备 1—3 名兼职安全气象保障工作人员;应每两年组织一次开展防御气象灾害的科普宣传,普及气象防灾、减灾知识和避险自救技能;宜开展气象灾害风险评估分析,绘制气象灾害风险图,掌握气象灾害影响或危及的区域、部位、重要设施情况;应建立手机的安全气象预警、预报信息接收终端;应每两年组织一次安全气象保障行政值班人员参加当地气象主管机构举办的气象灾害敏感单位安全气象保障技术应用培训;应建立安全气象保障兼职人员 24 小时手机行政值班制度;应制定防御气象灾害应急预案,宜组建兼职应急队伍,按照应急预案要求定期演练,分析总结演练的经验和不足,不断完善应急预案;宜建立气象灾害应急避难场所,并在避难场所以及附近的关键路口等,设置醒目的安全应急标志或指示牌,同时明确可安置人数、管理人员等信息;宜储备防御气象灾害应急减灾物资;宜建立防御气象灾害工作定期检查制度,发现问题及时整改;宜建立防御气象灾害工作档案,以便查阅。
4	四类气象灾害敏感单位		应明确单位负责安全生产领导分管气象灾害防御工作;应配备 1 名兼职安全气象保障工作人员;宜每两年组织一次开展防御气象灾害的科普宣传,普及气象防灾、减灾知识和避险自救技能;宜开展气象灾害风险评估分析,掌握气象灾害影响或危及的区域、部位、重要设施情况;应建立手机的安全气象预警、预报信息接收终端;宜每两年组织一次安全气象保障行政值班人员参加当地气象主管机构举办的气象灾害敏感单位安全气象保障技术应用培训;应建立安全气象保障兼职人员 24 小时手机行政值班制度;应制定防御气象灾害应急预案,按照应急预案要求定期演练,分析总结演练的经验和不足,不断完善应急预案;宜建立防御气象灾害工作定期检查制度,发现问题及时整改;宜建立防御气象灾害工作档案,以便查阅。
0	但需要公共气象服务的单位	不敏感	参考四类气象灾害敏感单位的气象工作任务做好本单位的公共气象服务工作。

表 5-3　省级行政区与台湾香港澳门地区编号(x_5)表

地区	北京	上海	天津	重庆	河北	山西	内蒙古	辽宁	吉林
x_5	1	2	3	4	5	6	7	8	9
地区	黑龙江	江苏	浙江	安徽	福建	江西	山东	河南	湖北
x_5	10	11	12	13	14	15	16	17	18
地区	湖南	广东	广西	海南	四川	贵州	云南	西藏	陕西
x_5	19	20	21	22	23	24	25	26	27
地区	甘肃	青海	宁夏	新疆	香港	澳门	台湾		
x_5	28	29	30	31	32	33	34		

以及气象灾害防御工作中的牵头、承办、实施、技术指导、技术支撑、技术保障、技术督导、效益评估、科普宣传、行政督查作用以及基层有关行业管理机构在其职能、职责范围内对气象社会管理、公共气象服务和气象灾害防御工作的联办、协办、承办、督导、保障、宣传、行政监督与协查作用;并且进一步增强了基层行政管理机构、气象主管机构、专业管理机构为社会单位提供公共气象服务的科学性、及时性、针对性,极大提高了社会单位的气象灾害防范、处置能力,充分发挥了公共气象服务经济社会效益和防灾、减灾效益。另外,该模型还为基层气象主管机构应用计算机数据库技术、通信网络技术建立社会单位气象社会管理与公共气象服务流程、实现基层气象社会管理与公共气象服务的信息化、标准化、程序化、便捷化奠定了坚实基础。

第三节　GLDLSP 网格立体管理模型应用案例

加强基层气象社会管理与公共气象服务的 GLDLSP 网格立体管理模型是一种"按照《气象灾害防御条例》的规定,通过气象灾害防御的安全气象责任链条,结合气象社会管理与公共服务以及气象灾害防御工作实际,将'德清模式'、'永川模式'、'气象灾害敏感单位分类及认证管理模式'等创新工作实践经验综合应用,进一步明确各级行政管理机构、气象主管机构、行业管理机构和社会单位等在气象社会管理、公共气象服务以及气象灾害防御方面具体工作职能、职责及其工作任务;既解答了在气象工作中各级行政管理机构'主导什么——怎么主导'、各级气象主管机构'管什么——怎么管',行业管理机构'联动什么——怎么联动',社会单位'参与什么——怎么参与'等问题,又释疑了各级行政管理机构、气象主管机构、行业管理机构和社会单位等在气象工作中'做什么——怎么做'的困惑;从而健全完善了'政府主导、部门联动、社会参与'的气象社会管理、公共气象服务以及气象灾害防御的工作体系,实现了气象社会管理与公共气象服务以及气象灾害防御工作'政府主导自上而下,部门联动横向到边,纵向到底,社会参与到点(具体社会单位)'的管理方式"网格立体管理模型。下面以"健全完善重庆市中小学校的'政府主导、部门联动、社会参与'的气象社会管理、公共气象服务以及气象灾害防御的工作体系,实现学校气象社会管理与公共服务以及气象灾害防御工作'政府主导自上而下,部门联动横向到边、纵向到底,社会参与到校'管理方式"为例,详细论述 GLDLSP 网格立体管理模型的应用。

一、GLDLSP 网格立体管理模型的政府主导

各级政府高度重视学校的安全工作,温家宝总理在 2010 年政府工作报告中明确提出了"加快推进中西部地区初中校舍改造和全国中小学校舍安全工程,尽快使所有学校的校舍、设备和师资达到规定标准。"中共中央政治局委员、国务委员刘延东2010 年 2 月 3 日在"全国中小学校舍安全工程领导小组第二次全体会议"上讲话时,强调"要充分发挥建设、国土、水利、地震、气象、公安消防等专业部门的指导作用,经过严谨科学程序,逐校逐栋来确定。建设、国土、水利、地震、气象、公安消防等部门要本着安全、必须、节俭的原则,为当地的校舍安全工程提供更直接、具体、有力的指导,帮助建设和施工单位提出省工节本、安全高效的加固、改造方案。"全国中小学校舍安全工程领导小组办公室《关于落实全国中小学校舍安全工程领导小组第二次全体会议纪要的通知》(全国校安办〔2010〕1 号)和《国务院办公厅关于印发全国中小学校舍安全工程实施方案的通知》(国办发〔2009〕34 号)等文件进一步强调了中小学校舍安全工程要结合地震、山体滑坡、崩塌、泥石流、地面塌陷和洪水、台风、火灾、雷击等综合防灾避险要求,切实提高中小学校舍综合防灾能力。

重庆市人民政府也非常重视校舍安全工程,成立了以重庆市人民政府黄奇帆市长为组长,重庆市气象局等 15 个市级部门负责人为成员的"重庆市中小学校舍安全工程领导小组",领导小组下设办公室,办公室下设综合协调组、排查鉴定组、技术指导组和监督检查组;市气象局具体负责全市中小学校舍安全工程与气象因素有关的学校气象灾害防灾能力建设的综合协调、排查鉴定、技术指导、监督检查等工作。同时,重庆市各区、县人民政府也成立了相应领导机构,区、县气象局负责本地区中小学校舍安全工程与气象因素有关的学校气象灾害防灾能力建设的综合协调、排查鉴定、技术指导、监督检查等工作。

为了扎实推进校舍安全工程,重庆市人民政府于 2009 年 6 月 1 日召开了"重庆市中小学校舍安全工程电视电话会议",于 2009 年 7 月 31 日召开了"重庆市中小学校舍安全工程推进暨排查鉴定工作培训会议",于 2010 年 4 月 22 日召开了"重庆市中小学校舍安全工程 2010 年工作部署会议"(图 5-3);同时还建立了重庆市中小学校舍安全工程领导小组成员单位联席会议制度和月通报制度,每月将校舍安全工程进

图 5-3　重庆市中小学校舍安全工程 2010 年工作部署会议现场

度及时报告重庆市政府有关领导、领导小组成员单位和各区、县党政主要领导;还采取每月给区(县)书记、区(县)长一封信的方式促进区、县校舍安全工程。形成了重庆市各级政府齐抓共管、各负其责,共铸学校安全的良好局面。目前,重庆中小学校舍安全工程在国家财政专项资金的带动下统筹 30 多亿建设资金,全面完成了中小学校舍安全工程。其中,在中国气象局支持下的重庆中小学校舍安全工程之"中小学防雷示范工程"实施以来,各区、县境内中小学未发生一例雷击伤亡事故,真正是实现了重庆中小学雷电灾害防御技术科学发展上水平,人民群众得到了实惠。因此,应用GLDLSP 网格立体管理模型分析重庆市中小学校舍安全工程全面完成的过程中,各级政府在提高学校防御地震、山体滑坡、崩塌、泥石流、地面塌陷和洪水、台风、火灾、雷击等综合防灾能力方面,采取的领导、组织、规划、协调、督察措施,充分体现了各级政府在学校综合灾害防御中的主导作用。

二、GLDLSP 网格立体管理模型的部门联动

学校气象灾害防御安全管理工作是加强气象社会管理和提升公共气象服务水平在学校的具体实践,是提升学校防御气象灾害能力的有效手段,是实现气象灾害可防、可控的核心环节,是科学防灾、减灾、抗灾、救灾,打造"平安校园"的重要举措,是"中小学校舍安全工程"的有机组成部分。为此,重庆市气象局高度重视学校气象灾害防御安全管理工作,在重庆市气象灾害敏感单位认证管理的实践基础上,根据《气象灾害防御条例》、《重庆市气象灾害预警信号发布与传播办法》、《气象灾害敏感单位安全气象保障技术规范》、《国务院办公厅关于印发全国中小学校舍安全工程实施方案的通知》、《关于建设"五个校园"的意见》(渝委办发〔2009〕50 号)、《重庆市人民政府办公厅关于加强气象灾害敏感单位安全管理工作的通知》(渝办发〔2010〕344 号)、《重庆市人民政府关于进一步明确安全生产监督管理职责的决定》(渝府发〔2009〕80号)等法律法规和规范性文件的要求,与重庆市教育委员会、重庆市安全生产监督管

理局联合向各区、县(自治县)气象局、教委(教育局)、安监局、市教委直属中小学校下
发了《关于在全市中小学、幼儿园开展气象灾害敏感单位安全管理工作的通知》(渝气
发〔2012〕43 号)(图 5-4),就全市中小学及幼儿园开展气象灾害敏感单位安全管理工
作提出以下明确要求。

图 5-4　重庆市中小学、幼儿园开展气象灾害敏感单位安全管理工作的通知

(一)提高认识,增强做好学校气象灾害敏感单位安全管理工作紧迫感和责任感

　　气象灾害敏感单位是防御气象灾害的重要载体,是实现气象灾害可防、可控的核
心环节,是平安校园建设的重要内容。重庆市地形复杂,自然生态条件脆弱,自然灾
害天气种类繁多,且发生频率高、突发性强、危害大。学校是人员密集场所,气象灾害
容易对师生生命财产的安全构成严重威胁。各单位要切实增强紧迫感和责任感,充

分认识加强学校气象灾害敏感单位安全管理工作对保障师生生命财产安全的重要意义,把此项工作纳入重要议事日程,认真落实安全气象保障措施,尽快形成政府统一领导、部门协调联动、学校具体负责的校园防灾、减灾新格局。

(二)落实责任,认真完善学校气象灾害敏感单位安全气象保障措施

1.各区、县(自治县)气象局作为学校气象灾害敏感单位安全管理工作的牵头部门,要会同当地教育、安监部门,切实做好气象灾害敏感单位安全管理工作:一是要做好学校气象灾害风险评估和气象灾害敏感单位的类别初评工作;二是指导学校开展气象灾害敏感单位安全管理工作;三是要加强气象灾害监测和预警、预报服务,做好气象灾害预警信息的发布工作;四是要做好学校防雷设施的安装指导和防雷装置定期检测工作;五是每年要配合教育部门至少开展一次学校气象灾害防御的科普教育。

2.各区、县(自治县)教委(教育局)作为学校气象灾害敏感单位安全管理工作的具体组织实施部门,要按照《气象灾害敏感单位安全气象保障技术规范》的要求,认真组织辖区内所有学校开展气象灾害敏感单位类别自评和气象灾害敏感单位类别认证申报工作;指导学校制订完善防御气象灾害应急预案;将气象灾害防御知识纳入学校教学内容,积极推进气象防灾、减灾示范校园建设;统筹安排学校安全气象保障措施建设经费,督促学校落实各项安全气象保障措施,并将学校气象灾害敏感单位安全管理纳入教委年度安全目标考核。

3.各区、县(自治县)安监局为学校气象灾害敏感单位安全管理工作的监督部门,要将学校气象灾害敏感单位安全管理纳入安监年度安全目标考核,并牵头组织当地教育、气象等部门定期对学校落实安全气象保障措施情况进行监督检查。

4.各个学校要切实肩负起防御气象灾害的主体责任,对照所确认的气象灾害敏感单位类别,完善相应的安全气象保障措施:一是明确分管气象灾害防御工作的校领导和1-2名工作人员,负责领导和组织本校气象灾害防御工作。各班班主任为本班气象灾害防御具体责任人员,负责落实本校对气象灾害防御的工作部署。二是建立本校气象灾害防御的应急处置预案,每年组织不少于一次的应急演练,建立安全避难场所,储备必要的应急减灾物资。三是在校园安装符合要求的防雷设施,定期接受防雷装置安全性能检测,确保防雷装置有效运行。四是将学校主要领导、分管领导、安全保卫人员、各班班主任的手机纳入当地气象灾害预警信息短信平台,及时接收灾害性天气预警信息,依据预警信息启动应急预案。五是有条件的学校应在校园设立可接收气象灾害预警信息的电子显示屏和自动气象站。六是建立健全学校防御气象灾害制度和安全气象工作档案。

(三)明确目标,按照程序和时间节点要求完成相应工作

1.目标

(1)2012年,市级直属中小学校气象灾害敏感单位安全管理覆盖面达到100%。

各区、县(自治县)中小学、幼儿园气象灾害敏感单位安全管理覆盖面达到 50%。

(2)2013 年,各区、县(自治县)中小学、幼儿园气象灾害敏感单位安全管理覆盖面达到 80%。

(3)2014 年,各区、县(自治县)中小学、幼儿园气象灾害敏感单位安全管理覆盖面达到 100%。

2.程序

学校申报→调查评估→达标验收。

3.时间要求

(1)每年 4 月 30 日前,各区、县(自治县)气象局会同教委完成辖区内中小学、幼儿园的气象灾害敏感单位安全管理工作方案,并报重庆市气象局、教委备案。工作方案应明确工作机制、工作步骤、保障措施等内容。

(2)每年 6 月 15 日前,各区、县(自治县)中小学、幼儿园按照工作方案和《气象灾害敏感单位安全气象保障技术规范》要求,完成气象灾害风险评估与申报工作。

(3)每年 6 月 30 日前,各区、县(自治县)气象局要会同当地教育、安监部门,完成当年辖区内所申报学校类别的初评工作,并正式上报重庆市气象局。

(4)每年 8 月 31 日前,重庆市气象局组织专家对上报学校的气象灾害敏感单位类别进行评估,并发文确认。

(5)每年 9 月 30 日前,各区、县(自治县)教委要会同当地气象、安监部门,督促学校完善各项安全气象保障措施。

(6)每年 10 月 31 日前,重庆市气象、教育、安监等部门组成联合检查组,对区、县学校安全气象保障措施落实情况进行督查。

(四)加强领导,建立学校气象灾害敏感单位安全管理工作机制

1.加强统筹协调。各区、县(自治县)气象、教育、安监等部门务必高度重视,精心组织,加强领导,协作实施。建立气象、教育、安监等部门参加的学校气象灾害敏感单位安全管理联席会议制度。依托气象灾害预警信息短信发布平台,完善学校安全管理综合信息发布机制。

2.加大安全投入。学校气象灾害敏感单位安全管理是安全生产工作的重要组成部分,要将气象灾害敏感单位安全管理工作经费纳入校舍安全工程、平安校园建设中统筹解决,各区、县(自治县)教育、安监等部门要按照职责分工督促学校落实经费,确保专款专用。

3.加强监督检查。各级气象、教育、安监等部门要加强学校气象灾害敏感单位安全管理的定期检查评估工作,将学校气象灾害敏感单位安全管理工作纳入其目标考核体系。

4.加强联系沟通。各区、县(自治县)气象、教育、安监部门应安排专人负责学校

气象灾害敏感单位安全管理工作,各区、县(自治县)气象局于 4 月 30 日前将本地区气象、教育、安监部门联络人员名单报重庆市气象局法规处(联系人:冯萍,联系电话:89116161,传真:89116164)。

目前,重庆市各区、县(自治县)气象局、教委、安监局正按照有关法律法规、技术标准、规范性文件的要求和重庆市气象局、教委、安监局部署,组织全市中小学、幼儿园开展学校气象灾害敏感单位安全管理的相关工作,即将实施《学校气象灾害敏感单位安全风险管理系统工程》建设,该系统工程由学校气象灾害风险评估工程、学校气象预警、预报服务系统升级改建工程、运行监测系统升级改建工程和服务管理系统升级改建工程等 4 个子工程构成。

(一)学校气象灾害风险评估工程

研究灾害性天气引发学校安全事故的成灾机制,在目前学校气象灾害风险评估的 LEC 法、MES 法、MLS 法、人工神经网络法、安全模糊综合法、安全状况灰色系统评法、系统危险性分类法、危险概率法、FEMSL 法、模糊评估法等基本评估方法的基础上,结合重庆学校气象灾害风险评估试验点工作经验,从科学性、实用性、操作性等方面参考并吸收当前常用的自然灾害风险评估方法和气象灾害风险评估方法以及安全生产评价方法的优点,建立了在 MES 评估方法基础上进行优化改进的学校气象灾害风险评估实用方法,也即学校气象灾害风险评估的实用模型——CQMES 模型。根据学校所处的地理位置、地质特征、土壤特性、气候背景、周边环境等条件以及学校的重要性、工作特性等,按照客观、科学、系统、动态的评估原则,采集学校气象灾害敏感单位所在地气象历史资料和学校由于灾害性天气导致的安全事故的历史资料等相关数据资料,分析学校面临的主要气象灾害风险源,利用系统工程方法对将来或现在学校因受灾害性天气作用和影响下可能存在的危险性及安全事故后果进行综合评估和预测,提出学校气象灾害敏感单位气象灾害风险处置措施和对策建议,并针对每所学校出具气象灾害风险评估报告。其目的是通过科学、系统的安全评价,帮助学校了解其所面临的气象灾害风险源、各种承灾体发生气象灾害的可能性和气象灾害发生的后果,为学校的总体安全性制定有效的预防和防御措施等提供科学依据,并消除或控制学校气象灾害安全隐患,最大限度降低学校的灾害性天气致灾风险。

学校气象灾害风险评估工程分 3 年完成,每隔 5 年重新评估一次,其风险评估流程图如图 5-5 所示。

(二)学校气象预警、预报服务系统升级改建工程

学校气象预警、预报服务系统以现有的数据库和服务系统为基础,进行完善和开发,形成新一代学校气象预警、预报服务系统。该系统将以高分辨率的地理信息数据库,高分辨率数值预报产品库、学校基础信息数据库和相关气象服务产品库为基础,开展面向学校的气象预警、预报服务产品制作及发布、传播。该服务系统包括学校气

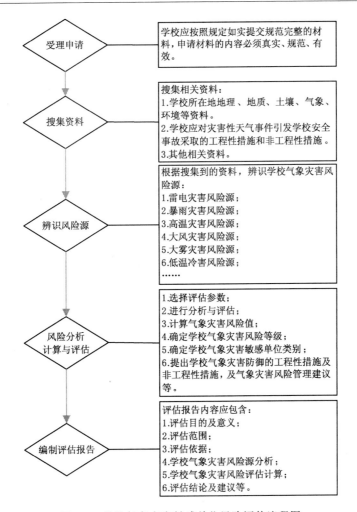

图 5-5　学校气象灾害敏感单位风险评估流程图

象预警、预报基础信息数据库、地理信息服务平台、学校气象灾害敏感单位预警、预报服务产品制作子系统和学校气象灾害敏感单位预警、预报服务产品发布子系统等 4 个部分。

1. 学校气象预警、预报基础信息数据库

（1）地理空间信息框架数据库

根据《重庆市基础地理信息电子数据标准》《重庆市地理空间信息内容及要素代码标准》等相关标准，基于 1:2000、1:10000、1:50000、1:250000 和其他尺度基础地理空间信息数据库和专题信息数据库，实现多源、多比例尺地理空间信息数据的整合，建成地理空间信息框架数据库系统，以支持各种应用系统的使用。

（2）学校气象预警、预报服务专题数据库

包括重庆市学校的建设背景、建设规模、所在区域特征等信息。同时还包括其附近的暴雨灾害洪涝重点防御区、山洪泥石流易发区、地质灾害易发区、干旱易发区、雷电易发区、风灾易发区、冰雹易发区、低温雨雪冰冻易发区、森林火灾易发区等风险区划、地震等各种灾害的资料。

（3）学校应急处置人员信息库

建立包括各级学校的气象防灾、减灾应急处置人员数据库，统一归档管理，保证信息的定期更新和核实。

（4）学校气象预警、预报服务产品库

主要包括以下产品：各个学校所在地区的未来 72 小时的逐小时温度、雨量、湿度、风速和风向等各类气象预报资料服务产品以及经过客观分析的实况资料服务产品。雷达拼图，卫星云图，以及 0 到 2 小时预警信息，重要天气服务信息等各类预警服务产品。

2.地理信息服务平台

（1）建立资源子系统，通过调用空间数据服务接口实现数据访问；实现地理空间数据二维、三维自由切换，提供专题信息叠加展示、查询统计、简单地理信息应用分析功能，为平台用户提供平台资源展示和查询功能。资源子系统中，二维地理信息的处理采用 SuperMap 软件系统，三维地理信息的处理采用 SkyLine 软件系统。

（2）建立共享服务接口子系统，为平台用户提供数据服务和接口服务，以及二次开发接口，内容包括网页地图服务（Web Map Server）、网页要素服务（Web Feature Server）等符合开放地理空间信息联盟（OGC）标准规范的接口，和基于 Web Service 的查询统计、空间分析等接口，此外还提供 Javascript、Silverlight、Flex 等 API 在内的二次开发接口，满足不同应用需求。

（3）建立服务管理子系统，提供平台服务查询、第三方服务注册、服务管理等功能，保证平台的开放性和丰富性。

（4）建立运行、维护管理子系统，实现用户权限管理、日志管理、安全审查、数据访问统计、平台监控管理等功能开发。

（5）部署 Skyline 应用软件。该软件是基于地理信息系统（GIS）、遥感系统（RS）、全球定位系统（GPS）和虚拟现实技术的三维可视化地理信息系统。能够利用数字正射影像、数字高程模型、矢量数据、三维模型和非空间属性数据等信息源，创建交互式的三维可视化场景；能够迅速创建、编辑、浏览、处理和分析广域范围的真实三维地表景观、建筑物景观等，并且支持大型数据库和实时信息通讯技术，能够满足对学校的地理信息三维可视化的需求。

3.学校气象灾害敏感单位预警、预报服务产品制作子系统完善学校精细化实时监测数据客观分析模块。以重庆市气象部门的气象自动观测站数据为基础,利用各种客观分析方法(Cressman、三次样条插值、反距离加权平均、Kriging 等)给出各个学校所在地区的温度、降雨量、风速和风向等监测信息数据。

完善学校气象预警、预报产品制作模块。在预警方面以监测数据为基础,结合各类气象灾害(暴雨、大风、高温、雷电、大雾、低温等)风险评估模型及其分类分级分时段致灾阈值,当实时监测资料达到相应阈值时,实现自动报警功能,自动调用预警信息发布平台,将报警信息通过手机短信、专用预警终端、电子显示屏等渠道快速发布到指定区域的学校和指定人群。在预报方面将基于重庆市精细化数值天气预报模式系统,利用各种客观分析方法和变分分析方案,提供各个学校所在地区的未来 72 小时的逐时温度、雨量、湿度、风速和风向等各类气象预报信息,同时提供 0—2 小时预警信息、重要天气服务信息等各类预警服务产品。

4.学校气象灾害敏感单位预警、预报服务产品发布子系统

完善产品的编审发布模块,通过桌面客户端(网页服务端)、手机客户端、手机短信和气象预警视频服务等方式,建立面向教育主管部门、面向学校、面向学生的"气象－教委－学校－班主任－学生(家长)"的气象预警、预报信息传输服务链(图 5-6)。

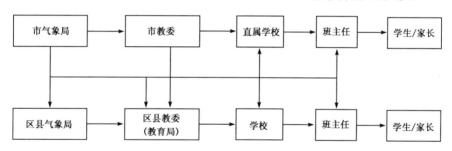

图 5-6 学校气象灾害敏感单位气象信息传输服务链

(1)完善产品编审分发模块。对所有气象服务产品分类,建立一套产品审核和发布系统。发布系统整合现有的突发事件预警发布平台数据库,实现制作审核完成后一站式发送,并实现产品发送后的接收阅读情况的监测反馈信息。

(2)完善气象与教育部门间的气象信息服务模块。按照属地原则,各级气象部门采取手机短信、桌面客户端(网页服务端)、手机客户端、气象预警视频等服务方式,及时向各级教育主管部门提供学校气象灾害敏感单位安全管理的各类气象服务信息。

手机短信服务方式。以手机短信的方式,通过"10639121"气象灾害预警信息短信发布平台,及时向教育主管部门相关人员发送气象预警信息、重要天气服务信息等。

桌面客户端(网页服务端)和手机客户端服务方式。通过桌面客户端(网页服务

端)和手机客户端,为教育主管部门提供学校所在地区监测、预警和预报服务产品的查询和展示应用模块,该模块以地理信息服务平台为基础,以文本、表格、图像、图形(饼状、柱状、曲线、色斑、等值线等)形式实现各种监测、预警和预报信息的静态、动态和三维显示。手机客户端是通过智能手机、平板电脑的 iOS(iPhone)、Andriod 等智能移动终端操作系统,利用互联网传输渠道,为教育主管部门提供监测、预警和预报信息的"掌上气象服务";桌面客户端或网页服务端是依托电信 MSTP 网络,为教育主管部门提供监测、预警和预报信息。

气象预警视频服务方式。以各级气象主管机构的气象影视编播系统为基础,编辑制作各种图片和视频类的气象预警、预报服务产品,同时在各级教育管理部门布设配置有专用机顶盒的 LCD 或者彩色 LED 终端设备,并利用电信 VPDN 网络向这些终端设备传输气象监测预警、预报产品(图 5-7)。

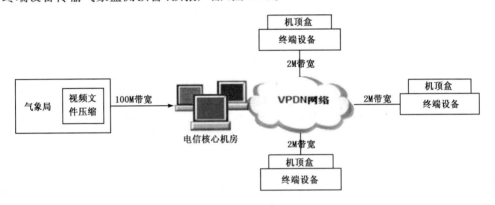

图 5-7　气象主管机构与教育管理机构的视频接收网络连接建设示意图

传输气象监测预警、预报产品主要有以下几种具体产品:

图片类产品:实况服务产品(全市逐时降雨量、平均温度、最高气温、最低气温、风速风向分布图,24 小时累计雨量图),地质滑坡等级预报,森林火险等级预报,航道能见度预报,风景区预报,各类生活指数预报,卫星云图和雷达拼图等。

视频类产品:中国气象频道播放的视频产品、重庆市天气预警预报视频产品、重庆市气象灾害预警信号视频产品、实时气象灾害监测信息与气象新闻、气象科普与气象专题片等。

文字类产品:短期预警,短时预警,重要天气预报,72 小时全市天气预报(含乡镇),节日天气预报,风景区天气预报,空气污染潜势预报,各类指数预报,旬、月气候预报,气候监测,农用天气预报,高温日数统计等。

(3)完善教育系统的气象信息传递机制

建立教育系统内部气象信息传递机制。各级教育主管部门在接收到气象预警预报、重要天气服务、实时监测资料等气象信息后,应及时通过手机短信等方式将气象信息和安全警示等向其所辖学校及其相关责任人员传递。各学校在接收到上述信息后,应通过手机短信、黑板报、广播、电子显示屏等方式将相关信息及时告知班主任,同时校方和班主任再通过黑板报、班会、通知、家校通、校讯通等方式进一步传播至学生及家长。

　　建立气象预警信息"直通"机制。通过桌面客户端(网页服务端)服务方式,为学校提供相关气象监测、预警和预报信息。实行教育部门气象预警短信直通发布,通过电信运营商的手机短信发布平台,直接向各学校分管安全的校领导、校安办负责人、安保值班人员和班主任等相关人员发送气象预警信息。教育系统气象信息传递流程如图 5-8 所示。

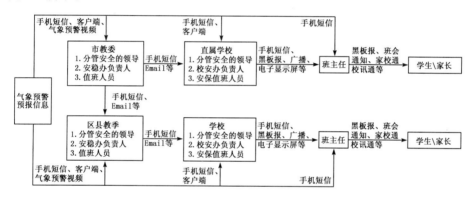

图 5-8　教育系统气象信息传递流程图

（三）运行监控系统升级改建工程

　　完善运行网络监控模块:对各网络节点的运行状态进行监控,出现故障应及时报警,提示维修人员及时对故障设备进行维护排除故障,保证整个网络系统的正常运行。

　　完善系统运行维护模块:对系统的服务器运行状况、硬盘使用量、温度等硬件信息,系统内各个平台之间的数据流、信息流、业务流等进行监控,保证系统的平稳运行。

（四）服务管理系统升级改建工程

　　完善用户管理模块。对系统的所有用户进行分类管理,后台可管理用户的基本信息,增减用户数量,设置不同用户的使用权限等。前台在每个分系统中设置交流窗口,方便用户提交交流反馈、需求分析信息等。

　　完善服务应用管理模块。包括系统权限管理、产品数据管理和修改密码等。系统权限管理包括用户管理分类、用户权限管理。用户分类管理:将所有的用户进行分类,管理用户的基本信息,包括联系方式、联系人等。产品数据管理包括产品数据格式、产品类别管理、产品权限管理、模板管理等。

上述学校气象灾害敏感单位安全管理的相关工作的开展和即将实施《学校气象灾害敏感单位安全风险管理系统工程》,为提升学校防御气象灾害能力,实现学校科学防灾、减灾、抗灾、救灾,打造"平安校园"提供了有益的实践与探索,为学校安全稳定提供了可靠的气象科技支撑和保障。因此,应用 GLDLSP 网格立体管理模型分析重庆市学校气象灾害防御工作全过程中,各级气象主管机构在提高学校防御气象灾害能力方面采取的牵头、承办、实施、技术指导、技术支撑、技术保障、技术督导、效益评估、科普宣传、行政督查等措施,充分体现了各级气象主管机构在学校气象灾害防御中的专业管理与服务作用;各级教育管理机构在提高学校防御气象灾害能力方面采取的行业联办、协办、承办、督导、保障、宣传、行政监督与协查等措施,充分体现了各级教育管理机构在学校综合灾害防御中的行业管理与服务作用;同时各级气象主管机构与各级教育管理机构按照有关法律法规、规范性文件和技术标准规定在提高学校防御气象灾害能力方面,共同采取的气象灾害监测、监测信息传输与共享、多专业协同研判气象灾害风险、预警信息发布、气象灾害防御的联动响应、气象灾情速报、气象灾害评估、气象灾害管理等措施,充分体现了各级气象主管机构与各级教育管理机构在学校综合灾害防御中的联动管理与服务作用。

三、GLDLSP 网格立体管理模型的社会参与

随着全球气候变化的影响,台风、暴雨(雪)、寒潮、大风(沙尘暴)、低温、高温、干旱、雷电、冰雹、霜冻和大雾等所造成的灾害和气象因素引发的衍生、次生灾害交织发生,特别是重庆市地形复杂,自然生态条件脆弱,自然灾害天气种类繁多,且发生频率高、突发性强、危害大。而学校作为人员密集场所,是气象灾害的敏感单位之一,频发的气象灾害极易对师生生命财产安全构成严重威胁,给学校公共安全带来严峻挑战。

近年来,中国多次发生因气象灾害引发的学校财产损失和师生人员伤亡事件。学校气象防灾、减灾工作受到各级政府、部门的高度重视,实施了"全国中小学校舍安全工程"等强化学校防灾、抗灾能力的建设项目。中国气象局、教育部先后下发了《加强学校防雷安全工作的紧急通知》《关于做好 2007 年秋季中小学和幼儿园气象灾害防御工作的通知》等重要文件。重庆市也将气象灾害防御纳入了学校安全管理内容,强化了学校气象灾害防御工作的组织领导,开展了本行政区域的学校气象灾害隐患的排查和治理,完成了全市 1202 所中小学雷电灾害防御示范工程建设,切实提高了学校气象防灾、减灾能力,有效防止或减少了学校气象灾害,获得了显著的安全效益、社会效益、政治效益、经济效益。

调查显示,大部分学校对其所面临的气象灾害风险源、暴露于气象灾害风险中的

承灾体、气象灾害发生的可能性和气象灾害发生的后果缺乏预见,自身采取的工程性和非工程性气象灾害防御措施不到位,是导致学校气象灾害事故发生乃至扩大的重要原因之一。目前宏观的、缺乏具体而深入指导的学校气象灾害防御工作远不能满足广大人民群众和社会各界对学校气象防灾、抗灾、救灾工作越来越高的要求。因此,迫切需要依据学校的需求牵引原则和轻重缓急的原则,以系统观念,按照"服务对象需求→需求所需监测要素、监测方法、监测仪器→预报方法、预报服务产品→服务方式→服务产品发布→指导服务对象应用服务产品→服务效果评估→修改完善服务内容、服务流程、服务链条"的思路,建立适应学校气象灾害敏感单位安全风险管理和学校气象预警、预防服务全过程的业务流程与业务链条,并科学分析学校所在地敏感气象灾害类型和敏感气象灾害出现的时期,结合学校的地理、地质、土壤、气象、环境等条件和学校的特性,科学评估学校在遭受敏感的灾害性天气时可能造成人员伤亡和财产损失后果的严重性,加强对学校科学防御气象灾害措施的指导。这对有效减轻和避免学校突发气象灾害安全事故的危害,提升学校综合防灾、减灾能力,保障师生生命财产安全,形成政府统一领导、部门协调联动、学校具体负责的校园防灾减灾新格局具有十分重要的意义。

前面第 4 章第 8 节第 5 小节"气象灾害敏感单位在公共气象服务与气象防灾减灾服务的工作任务"中列举的重庆市黔江区气象局、黔江区教育委员会根据有关法律法规、技术标准、规范性文件的要求和重庆市关于加强学校气象灾害敏感单位安全管理工作实践经验以及本章本节列举的重庆市学校气象灾害敏感单位安全管理的相关工作的开展情况和即将实施《学校气象灾害敏感单位安全风险管理系统工程》,都对学校承担本校气象社会管理、公共气象服务以及气象灾害防御工作职能、职责及其工作任务进行了比较详细的论述。为压缩篇幅,本部分的重点放在详细介绍"灾害性天气引发学校安全事故的成灾机制"、"学校气象灾害风险基本概念"、"重庆学校的气象灾害风险源分析"、"学校气象灾害风险评估的实用模型",为学校进一步强化本校气象社会管理、公共气象服务以及气象灾害防御工作职能职责及其工作任务提供理论支撑。

(一)灾害性天气引发学校安全事故的成灾机制

1.灾害性天气引发学校安全事故的机理分析

灾害性天气引发学校安全事故是气象自然灾害之一。因此,灾害性天气引发学校安全事故的机理与气象自然灾害成灾机理完全相同。而气象自然灾害是自然灾害的主要灾害,占自然灾害总量 70% 以上,参考中外有关自然灾害形成机制的致灾因子论、孕灾环境论、承灾体论及区域灾害系统论等理论,得出灾害性天气引发学校安全事故应是学校所在地的灾害天气致灾因子、学校孕灾环境、学校承灾体和灾害性天气等重要因素综合、相互作用的产物(图 5-9)。

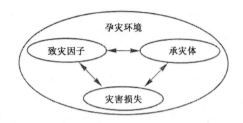

图 5-9　灾害性天气引发学校安全事故构成要素示意图

（1）学校孕灾环境

学校气象灾害事故的孕灾环境是指灾害性天气危险因子、学校承灾体所处的外部环境。它是由大气圈、岩石圈、水圈、生物圈、物质文化（人类技术）圈所组成的综合地球表层环境，但不是这些要素的简单叠加，而表现在地球表层过程中一系列具有耗散特性的物质循环和能量流动以及信息与价值流动的非线性，即过程响应关系。从广义角度看，孕灾环境的稳定程度是标定区域孕灾环境的定量指标，孕灾环境对气象灾害系统的复杂程度、强度、灾情以及灾害系统的群聚与群发特征起决定性的作用。

（2）学校致灾因子

学校致灾因子即灾害性天气危险因子（如暴雨、高温、雷电等），它是指可能造成财产损失、人员伤亡、资源与环境破坏、社会系统混乱等孕灾环境中的异变因子，存在于孕灾环境之中。

（3）学校承灾体

学校承灾体即灾害天气作用的对象，它是指包括学生、教职工、教学设施、教学楼、实验室等在内的物质文化环境。

（4）学校气象灾害损失

学校气象灾害损失即灾情，是灾害性天气引发学校安全事故造成的灾害结果，灾情的大小不仅与灾害性天气的强度有关，而且与学校的脆弱性、防灾减灾能力、学生、教职工对气象灾害的认识水平等很多因素有关。

2.灾害性天气引发学校安全事故的形成过程

灾害性天气引发学校安全事故的形成在时间上有一个孕育和发展演化过程，与气象灾害形成过程相同。一般分为孕育期、潜伏期、预兆期、爆发期、持续期、衰减期和平息期七个阶段，从而构成气象灾害的一个周期（图 5-10）。但是由于气象灾害成灾机制和影响因素非常复杂，使每一次气象灾害在各个形成阶段的时间尺度、表现形式、严重程度不尽相同。因此，每个气象灾害形成过程，时间有长短，程度有轻重，都由具体的气象灾种确定。

（1）气象灾害孕育期

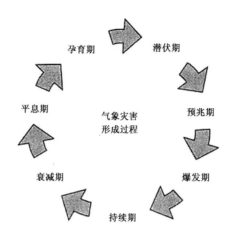

图 5-10　气象灾害形成过程

气象灾害的孕育是一个复杂的过程,各种孕灾因子相互作用,为灾害的发生创造有利条件。有时一种孕灾因子的作用即可引发一场灾害,但更多的情况是多因子的交互组合,共同作用。

(2)气象灾害潜伏期

气象灾害经过孕育期的发展,气象灾害的致灾因子开始进入量的积累阶段,但致灾因子对承灾体并不产生明显的破坏作用,气象灾害处于"暗发生"阶段,以致人们往往不能察觉灾害的存在。抗灾能力对致灾因子的扩充、发展还能起一定的抑制作用,对致灾因子的侵袭也能进行有效的调控,因而致灾因子的作用并不明显。

(3)气象灾害预兆期

当气象灾害的致灾因子经过量的变化,积累达到一定的程度后,往往在其自然形态方面或与之相关联的其他方面表现出某种特殊的迹象来,常常预示着不久之后灾害的爆发。

(4)气象灾害爆发期

气象灾害致灾因子开始对气象灾害承灾体产生破坏作用的阶段称为爆发期。爆发期的时间长短,与气象灾害类别密切相关,差异很大。

(5)气象灾害持续期

气象灾害持续期是气象灾害爆发后的气象灾害范围、区域迅速扩散,灾情全面形成阶段。该阶段是气象灾害致灾因子的破坏性力量积聚到一定程度的释放,也是人类采取一系列措施抗御灾害的时期。

(6)气象灾害衰减期

气象灾害的发生是物质和能量聚散的结果。灾害爆发后,经过一段时间的持续期,灾害因子的能量在与承灾体的相互冲突对抗作用中不断耗散和输出,当灾害输入和积聚的能量不足以在更大的规模和更高的程度上破坏承灾体时,灾害的破坏性逐渐减弱,灾害范围开始缩小,灾情相对缓解,灾害因子处于自我收敛的状态,这一阶段就是灾害的衰减期。

(7)气象灾害平息期

气象灾害载体的破坏力弱化到一定程度,不再对承灾体构成危害时,停止破坏作用,气象灾害的发生即进入平息期。此时,造成灾害的各种因子已从异常变动状态恢复到正常运行状态,并将在条件允许的情况下孕育下一次灾害的发生。

(二)学校气象灾害风险基本概念

1.学校气象灾害风险的科学内涵

风险评估又称安全性或危险性评价,有时也称为风险评价,是指利用系统工程方法对将来或现有系统因受外力因素作用和影响下可能存在的危险性及后果进行综合评估和预测,目的是通过科学、系统的安全评价估算,为评估系统的总体安全性以及制定有效的预防和防御措施提供科学依据,并消除或控制系统中的危害因素,最大限度降低系统中存在的致灾风险。"风险"一词,以不同的观点在不同的学科、领域,有不同的定义,一般安全生产方面分析与研判事故发生的可能性与防范措施,习惯称为"安全评价",而自然灾害方面分析与研判事故发生的可能性与防范措施,习惯称为"风险评估",其实这两种称谓没有本质区别。从灾害学的角度,因大气变化的不确定性和突发性而造成损失或损害的可能性,就是气象灾害风险。而学校气象灾害风险是指学校气象灾害发生及其给学生、教职工及学校财产造成损失的可能性,具有自然属性和社会属性。由于无论自然变异还是人类活动都可能导致气象灾害发生。因此,学校气象灾害风险具有普遍性。学校气象灾害风险的基本概念包含气象灾害风险识别、气象灾害风险分析、气象灾害风险评价和气象灾害风险管理。

(1)学校气象灾害风险识别

学校气象灾害风险识别即对学校面临的潜在灾害性天气风险加以判断、归类和鉴定的过程。识别学校气象灾害发生的风险区、气象灾害种类、引起气象灾害的主要危险因子以及气象灾害引发后果的严重程度。识别气象灾害风险危险因子的活动规模(强度)和活动频次(概率)以及气象灾害时、空动态分布。

(2)学校气象灾害风险分析

学校气象灾害风险分析主要有两种方式:一是利用学校所地气象灾害历史资料对学校气象灾害风险进行量化分析,计算出风险的大小,即给出学校气象灾害事件的发生概率以及产生的后果;二是根据学校气象灾害致灾机理,对影响气象灾害风险的各个因子进行分析,计算出学校气象灾害风险指数大小,学校气象灾害风险分析是学校气象灾害风险管理的核心内容。

（3）学校气象灾害风险评价

学校在气象灾害风险分析的基础上，建立一系列评估模型，根据学校气象灾害特征（致灾因子及其强度）、风险区域特征和学校气象灾害防御能力，寻求可预见未来时期的各种承灾体的经济损失值、伤亡人数等状况。

（4）学校气象灾害风险管理

针对学校不同的风险区域，在学校气象灾害风险评价的基础上，利用学校气象灾害风险评价的结果判断是否需要采取措施、采取什么措施、如何采取措施，以及采取措施后可能出现什么后果等做出判断。

2.学校气象灾害风险的基本特征

学校气象灾害风险与其他气象灾害承灾体一样，其气象灾害风险具有客观性、随机性、模糊性、必然性、不可避免性、区域性、社会性、可预测性、可控性、多样性、差异性、迁移性、滞后性、重现性等特征。充分认识学校气象灾害风险的基本特征对于研究学校气象灾害的演变规律、成灾机制，建立、健全学校气象灾害监测预警体系，提升学校气象灾害防御能力，加强学校气象灾害风险管理水平具有重要现实意义。

3.学校气象灾害风险形成的基本要素

学校气象灾害风险与其他承灾体的气象灾害风险一样，其气象灾害风险的基本要素可以归纳为以下几方面。

（1）学校承灾背景要素

学校承灾背景主要包括自然和社会经济两个方面。自然背景，如学校所在地的大气环流和天气系统，主要包括影响该地各个时期的环流系统和各种尺度的天气系统；水文条件，主要指流域、水系、水位变化等条件；地形地貌是影响天气系统的重要因素，主要包括海拔、高差、走向、形态等；植被条件对灾害发生强度有很大影响，主要涉及植被类型、覆盖率、分布等。社会经济条件主要包括人口数量、分布、密度，厂矿企业的分布，农业、工业产值和总体经济水平等，还包括现有气象灾害防治能力等。

（2）学校致灾体活动要素

学校气象灾害产生和存在与否的第一个必要条件是要有气象灾害风险源。学校气象灾害风险中的风险源也称灾变要素，主要反映学校气象灾害本身的危险性程度，主要包括：气象灾害种类、灾害活动规模、强度、频率、致灾范围、灾变等级等。这种过程或变化的频率越大，那么它给学校造成破坏的可能性就越大；过程或变化的超常程度越大，它对学校造成的破坏就可能越强；相应地，学校承受的来自该气象灾害风险源的灾害风险就可能越高。

（3）学校承灾体特征要素

有气象灾害危险性并不意味着气象灾害就一定存在，因为气象灾害是相对于行为主体——学生、教职工及学校教学活动而言的，只有某风险源有可能危害某学校承灾体后,对于一定的风险承担者来说,才承担了相对于该风险源和该风险载体的灾害风险。学校承灾体特征要素主要反映学校承灾体的脆弱性、承灾能力和可恢复性。

(4)学校破坏损失要素

学校破坏损失要素主要反映学校承灾体的期望损失水平,主要包括损失构成,即受灾种类、损毁数量、损毁程度、价值、经济损失、人员伤亡等。

(5)学校气象灾害防治工程要素

主要包括学校气象灾害防御工程措施、工程量、资金投入、防治效果和预期减灾效益等。例如:学校防御雷电灾害的雷电防护工程。

4.学校气象灾害风险形成机理

自然灾害风险是指未来自然因子变异的可能性及其造成损失的程度,其形成机制如图5-11所示。学校气象灾害风险是自然灾害风险之一,因此,按照自然灾害形成原理,结合学校防御气象灾害能力对学校气象灾害风险制约与影响的因素,学校气象灾害风险是学校气象灾害危险度、学校承灾体暴露性、学校承灾体脆弱性、学校防灾减灾能力等4个主要因素相互影响,共同作用而形成风险(图5-12)。

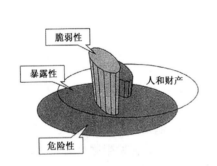

自然灾害风险形成机制图　　　　自然灾害风险形成的三要素

图 5-11　　自然灾害风险形成机制及要素示意图

学校气象灾害的危险性,是指学校所在地气象灾害异常程度,主要是由气象危险因子活动规模(强度)和活动频次(概率)决定。一般学校气象危险因子强度越大,频次越高,学校气象灾害对学校造成的破坏越严重,学校气象灾害的风险就越大。

学校承灾体的暴露性,是指学校可能受到气象危险因子威胁前所有的学生、教职工和财产。一个学校暴露于气象危险因子的学生、教职工越多和财产越大,则学校可能遭受潜在损失就越大,学校气象灾害风险越大。

学校承灾体的脆弱性,是指在学校的所有学生、教职工和所有财产,由于潜在的气象危险因素而造成的伤害或损失程度,综合反映了学校气象灾害的损失程度。一般学校承灾体的脆弱性愈低,气象灾害损失愈小,气象灾害风险也愈小,反之亦然。

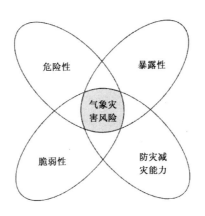

图 5-12　学校气象灾害风险四要素

学校防灾、减灾能力是指学校在受灾害之前的防御气象灾害能力与在短期和长期内能够从气象灾害中恢复的水平。包括学校防御气象灾害的工程性措施和非工程性措施以及学校应急管理能力、减灾投入、资源准备等。显然学校防灾、减灾能力越强，可能遭受潜在损失就越小，学校气象灾害风险越小。

虽然学校气象灾害既有自然属性、社会经济属性，又具有普遍性；但是，由于学校气象灾害因子自身变化的不确定性和学校气象灾害风险评估方法的不精确性导致评估结果的不确切性以及为减轻学校气象灾害风险而采取措施的可靠性等影响，导致学校气象灾害风险又具有不确定性。因此，学校气象灾害风险的大小，是由学校气象灾害的危险性、学校承灾体的暴露性、学校承灾体的脆弱性以及学校防灾、减灾能力等 4 个因子相互作用决定的。

（三）学校气象灾害风险的评估程序

学校气象灾害风险评估程序流程见图 5-13。

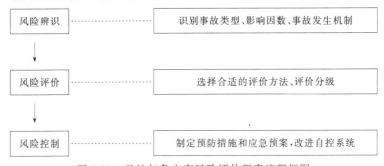

图 5-13　学校气象灾害风险评估程序流程框图

学校气象灾害风险评估的步骤如下：

1. 前期准备阶段：明确被评估学校，到学校进行现场调查和收集中外相关法律法规、技术标准及学校建设项目有关资料。

2.学校气象灾害风险源辨识与分析阶段:根据学校地理、地质、土壤、气象、环境等条件以及学校教学工作的特性,识别和分析其潜在的气象灾害危险因素。

3.确定学校气象灾害风险评估方法阶段:根据目前常用的学校气象灾害风险基本评估方法,结合重庆市学校气象灾害风险评估试验点工作经验,选择了在 MES 评估方法基础上进行优化改进而建立的重庆学校气象灾害风险评估实用方法——CQMES 模型,作为学校气象灾害风险评估方法。

4.学校气象灾害风险定性与定量评价阶段:根据选择的 CQMES 模型,对灾害性天气引发学校安全事故发生的可能性和严重程度进行定性、定量评价,以确定事故可能发生的部位、频次、严重程度的等级及相关结果,为制定学校防御气象灾害对策措施提供科学依据。

5.形成防御学校气象灾害的对策措施及建议阶段:根据学校气象灾害风险定性与定量评价结果,提出消除或减弱学校气象灾害风险因素的工程性措施和非工程性措施以及学校气象灾害风险管理建议。

6.编制学校气象灾害风险评估报告阶段:根据学校气象灾害风险定性与定量评价结果,对学校防御气象灾害的工程性措施和非工程性措施及学校气象灾害风险管理中存在的一些问题及解决方法形成书面的报告形式。

(四)重庆市学校的气象灾害风险源分析

学校是气象灾害敏感单位之一,要分析重庆市学校的气象灾害风险源就必须首先分析重庆市气象灾害敏感单位的气象灾害种类和重庆市气象灾害敏感单位的灾害性天气,才能进一步明确重庆市学校的气象灾害风险源。

1.重庆市气象灾害敏感单位的气象灾害种类

根据重庆市行政区域内气象灾害敏感单位的气象灾害发生实际情况,经有关专家认真研究,重庆市地方标准《气象灾害敏感单位安全气象保障技术规范》规定了重庆市行政区域内的气象灾害敏感单位的气象灾害主要有暴雨、暴雪、寒潮、大风、高温、干旱、雷电、冰雹、霜冻、大雾、霾、道路结冰和森林火险等 13 种气象灾害。

2.重庆市气象灾害敏感单位的灾害性天气

灾害性天气是指严重威胁人民生命财产安全,极易造成人员伤亡、财产损失的天气,具有明显的破坏性。根据重庆市特殊地理位置和气候背景,结合重庆市行政区域内气象灾害敏感单位的气象灾害种类的实际情况,重庆市地方标准《气象灾害敏感单位安全气象保障技术规范》规定了重庆气象灾害敏感单位的灾害性天气主要有暴雨、暴雪、寒潮、大风、高温、干旱、雷电、冰雹、霜冻、大雾、霾、道路结冰和森林火险等 13 种灾害性天气。

(1)暴雨灾害性天气

是指 12 小时降水量超过 30.0 毫米或 24 小时降水量超过 50.0 毫米的降雨天气
过程,具有"集中性"和"强度大"等特性。

（2）暴雪灾害性天气

是指 12 小时内降雪量将超过 4 毫米,或者已超过 4 毫米且降雪持续的天气
过程。

（3）寒潮灾害性天气

是指 24 小时内最低气温将要下降超过 12℃,最低气温不高于 0℃,陆地平均风
力超过 6 级;或者已经下降超过 12℃,最低气温不高于 0℃,平均风力超过 6 级,并可
能持续的天气过程。

（4）大风灾害性天气

是指瞬时风力超过 7 级（风速 13.9 m/s）的强风天气现象,具有"瞬时性"的
特征。

（5）高温灾害性天气

是指日最高气温不低于 35℃的天气现象。

（6）干旱灾害性天气

是指某时段由于降水和蒸发的收支不平衡造成的水分短缺,使田地干裂,农业减
产,河流、塘库干涸,人畜饮水困难的天气过程。

（7）雷电灾害性天气

是指积雨云强烈发展阶段产生的闪电鸣雷天气现象,是云层之间、云地之间、云
与空气之间的电位差增大到一定程度后的放电现象。常伴有大风、暴雨、冰雹等灾害
天气。

（8）冰雹灾害性天气

是指坚硬的球状、锥状或不规则状的固态降水天气现象,通常伴随大风、暴雨灾
害天气出现。

（9）霜冻灾害性天气

是指由于强冷空气活动致使地面气温下降到 0℃以下,造成动、植物受害的天气
现象。

（10）大雾灾害性天气

是指悬浮于近地面层空气中的大量水滴或冰晶微粒,使水平能见度降到 500 米
以下的天气现象。

（11）霾灾害性天气

是指由于大量极细微的尘粒均匀浮游空中,使水平能见度小于 10 千米,影响空
气质量的天气现象。

（12）道路结冰灾害性天气

是指由于强冷空气活动致使道路表面温度低于 0℃，造成道路结冰影响交通安全的天气现象。

(13)森林火险灾害性天气

是指连续 3 天出现 4 级以上森林火险气象等级，且未来 2 天以上还将出现 4 级以上森林火险气象等级，可能引发森林火灾的天气过程。

3.重庆市学校气象灾害风险源

根据重庆市教育委员会安全稳定办公室提供的 2003—2011 年重庆市学校安全事故情况统计资料和中国灾害性天气引发学校安全事故文献资料以及 2010 和 2011 年重庆市学校气象灾害敏感单位安全管理试点经验，结合重庆市地方标准《气象灾害敏感单位安全气象保障技术规范》关于重庆市气象灾害敏感单位的气象灾害种类及灾害性天气的规定以及《国家气象灾害应急预案》第 4 条 4.4 款关于气象灾害分灾种响应的要求，重庆市气象局组织有关专家经过认真研究分析，明确了作为重庆市气象灾害敏感单位之一的重庆市学校的气象灾害风险源主要有雷电灾害、暴雨灾害、高温灾害、大风灾害、大雾灾害和低温冷害风险源 6 类；其中低温冷害将暴雪、寒潮、道路结冰等 3 个灾害性天气对学校安全影响的风险内容纳入其风险范畴，高温灾害风险源将森林火险灾害性天气对学校安全影响的风险内容纳入其风险范畴，大雾灾害风险源将霾灾害天气对学校安全影响的风险内容纳入其风险范畴；而冰雹灾害天气常常与雷电、暴雨、大风等灾害性天气同时发生，其造成的损失已分别纳入雷电灾害、暴雨灾害、大风灾害等风险源的风险范畴，干旱灾害风险源引发学校安全事故不显著，并且干旱灾害天气常常与高温灾害性天气同时发生，其造成的损失已纳入高温灾害风险源的风险范畴。因此，重庆市学校气象灾害风险源只考虑了 6 类气象灾害风险源。

(五)学校气象灾害风险评估实用模型

1.学校气象灾害风险评估实用模型产生的背景

由于学校气象灾害风险评估是针对学校这种小尺度的局地天气气候背景、地质地貌、经济社会发展状况和学校自身防御气象灾害的能力等诸多因素复杂多变条件下，开展和实施气象灾害风险评估，具有评估对象空间尺度小但受灾害天气影响的时间尺度长、评估的灾害天气"风险源"种类多且局地性与突发性强、评估的气象灾害风险引发的事故后果的社会影响大等特征；另外，各种风险评估方法都有各自的特点和适用范围，在选用时应根据评估方法的特点、具体条件和需要，针对评估对象的实际情况、特点和评估目标分析、比较，慎重选用，况且无论采用哪种评估方法都有相当大的主观因素，都难免存在一定的偏差和遗漏。因此，需要在目前学校气象灾害风险评估的 LEC 法、MES 法、MLS 法、人工神经网络法、安全模糊综合法、安全状况灰色系统评估法、系统危险性分类法、危险概率法、FEMSL 法、模糊评估法等基本评估方法的基础上,结合重庆市学校气象灾害风险评估试验点工作经验,从科学性、实用性、操作性等方面参考并吸收当前常用的自然灾害风险评估方法和气象灾害风险评估方法以及安全生产评价方法的优点,建立了在 MES 评估方法基础上优化改进的学校气象灾害风险评估实用方法,也即学校气象灾害风险评估的实用模型——CQMES 模型。

2.学校气象灾害风险评估实用模型建模

(1)评估实用模型 CQMES 的计算公式及其物理意义

1)评估实用模型 CQMES 计算公式

CQMES 计算公式为:

$$R_{1K} = M_K E_K S_{1K} \qquad R_1 = \sum_{K=1}^{N} R_{1K} = \sum_{K=1}^{N} M_K E_K S_{1K}$$

$$R_{2K} = M_K E_K S_{2K} \qquad R_2 = \sum_{K=1}^{N} R_{2K} = \sum_{K=1}^{N} M_K E_K S_{2K}$$

2)CQMES 计算公式各参数的物理意义

①R_{1K} 表示 K 类别灾害性天气事件引发学校安全事故造成人员伤害的风险程度;

②R_1 表示学校在同一定时段内有 N 个类别灾害性天气事件叠加引发学校安全事故造成人员伤害的综合风险程度;

③R_{2K} 表示 K 类别灾害性天气事件引发学校安全事故,造成设施、设备、房屋等财产损失的风险程度;

④R_2 表示学校在同一定时段内有 N 个类别灾害性天气事件叠加引发学校安全事故,造成设施、设备、房屋等财产损失的综合风险程度;

⑤N 表示学校在同一定时段内存在的引发学校安全事故的气象灾害"风险源"类型个数。

⑥K 表示学校存在的气象灾害"风险源"类型的具体类别,也即影响学校的灾害性天气类型的具体类别;

⑦M_K 表示学校为应对 K 类别灾害性天气事件引发学校安全事故而采取的工程性和非工程性控制措施的状态;

⑧E_K 表示学校及其师生暴露在影响学校及其师生的 K 类别灾害性天气频繁程度,也即灾害性天气发生频率的大小;

⑨S_{1K} 表示 K 类别灾害性天气事件引发学校安全事故造成的人员伤害的情况;

⑩S_{2K} 表示 K 类别灾害性天气事件引发学校安全事故,造成的设施、设备、房屋等财产损失情况。

(2)评估实用模型的参数选择原则

1）K 参数最大值选择原则

K 参数最大值是根据学校所在地气象历史资料和学校由于灾害性天气导致的安全事故的历史资料统计分析获得的学校气象灾害"风险源"类型的总数量，也即影响学校的灾害性天气类型的总数量。例如：重庆的 K 参数最大值为 6。

2）K 参数具体值选择原则

K 参数具体值是根据学校所在地气象历史资料和学校由于灾害性天气导致的安全事故的历史资料统计分析获得的学校气象灾害"风险源"类型的具体类别的特征符号，也即影响学校的灾害性天气类型的具体类别的特征符号，以区别各气象灾害"风险源"类型。例如重庆的 K 参数具体值的选择原则如表 5-4 所示。

表 5-4 重庆的 K 参数具体值选择原则表

K	1	2	3	4	5	6
灾害天气	暴雨	高温	大风	大雾	低温冷害	雷电
说 明	1.低温冷害风险源将暴雪、寒潮、道路结冰等 3 个灾害性天气对学校安全产生影响的风险内容纳入其风险范畴； 2.高温灾害风险源将森林火险灾害性天气对学校安全产生影响的风险内容纳入其风险范畴； 3.大雾灾害风险源将霾灾害天气对学校安全产生影响的风险内容纳入其风险范畴； 4.由于冰雹灾害天气常常与雷电、暴雨、大风等灾害性天气同时发生，其造成的损失分别纳入雷电灾害、暴雨灾害、大风灾害等风险源的风险范畴； 5.干旱灾害风险源引发学校安全事故不显著，并且干旱灾害天气常常与高温灾害性天气同时发生，其造成的损失纳入高温灾害风险源的风险范畴。					

3）N 参数选择原则

N 参数是根据学校所在地气象历史资料和学校由于灾害性天气导致的安全事故的历史资料统计分析获得的学校在同一定时段内存在的引发学校安全事故的灾害性天气类型个数，也即学校在同一时段内存在的学校气象灾害"风险源"类型个数。

4）M_K 参数选择原则

M_K 参数是根据学校应对 K 类别灾害性天气事件引发学校安全事故而采取的工程性和非工程性控制措施的状态差异来确定其值大小。M_K 参数的选择原则如表5-5所示。

表 5-5　M_K 参数选择原则表

M_K	学校应对 K 类别灾害性天气事件引发安全事故的控制措施状态
5	无控制措施
3	有减轻事故后果的应急措施。例如报警系统、应急预案等非工程性措施,具体可按照《气象灾害敏感单位安全气象保障技术规范》第 9 条气象灾害敏感单位安全气象保障措施规定评判。
1	有预防措施。例如:建立了气象灾害预警信息接收系统和发布系统,安装了防御雷电灾害的雷电防护装置及年度安全性能检测合格等工程性措施,具体可按照《气象灾害敏感单位安全气象保障技术规范》第 9 条气象灾害敏感单位安全气象保障措施规定评判。

5)E_K 参数选择原则

E_K 参数是学校及其师生暴露在影响学校及师生的 K 类别灾害性天气的暴露频繁程度,一般是根据学校所在地气象历史资料统计分析导致学校安全事故的 K 类别灾害性天气出现频率按照一定原则给予赋值。E_K 参数的选择原则如表 5-6 所示。根据表 5-6 的数据可以推导出 K 类别灾害性天气出现频繁程度介于每天出现 1 次至每 365 天出现 1 次之间或 K 类别灾害性天气出现频率 $P(P=N_1$ 年内出现 K 类别灾害性天气的天数$/N_1$ 年总天数)介于 100% 至 0.2740% 的 E_K 值计算公式如下:

表 5-6　E_K 参数选择原则表

E_K	K 类别灾害性天气出现频繁程度	K 类别灾害性天气出现频率(%)
10	每天出现 2 次或 2 次以上	200
6	每天出现 1 次	100
3	每 7 天出现 1 次	14.2857
2	每 30 天出现 1 次	3.3333
1	每 180 天出现 1 次	0.5556
0.5	每 365 天出现 1 次或 1 次以下	0.2740

当 0.2740% $<P<$ 14.2587% 时,$E_k=0.06204\ln P+1.3178$

从图 5-14 可知,该公式计算的 E_k 与 P 关系曲线同表 5-6 获得 E_k 与 P 关系的图解曲线非常吻合,因此该公式计算的 E_k 非常可信。

当 14.2587% $<P<$ 200% 时,$E_k=0.00003P^2+0.0319P+2.5385$。

从图 5-15 可知,该公式计算的 E_k 与 P 关系曲线同表 5-6 获得 E_k 与 P 关系的图解曲线非常吻合,因此该公式计算的 E_k 非常可信。

6)S_{1K} 参数选择原则

S_{1K} 参数选择的核心是确定 K 类别灾害性天气事件引发学校安全事故造成人员

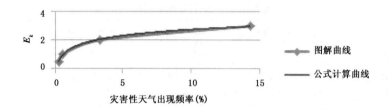

图 5-14　$P<14.2587\%$ 的 E_k 与 P 关系的公式计算曲线与图解曲线比较

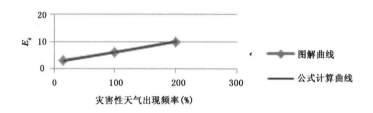

图 5-15　$P>14.2587\%$ 的 E_k 与 P 关系的公式计算曲线与图解曲线比较

伤害状况 SS_{1K}。SS_{1K} 的确定有以下几种方式：

①根据学校近 10 年以上 K 类别灾害性天气事件引发学校安全事故造成人员伤害的历史资料统计分析出 K 类别灾害性天气事件引发学校安全事故造成人员伤害 1 年的平均值，即为该校的 SS_{1K}。

②根据学校所在地同一个天气气候背景下的省或地或县行政区域内近 N_1 年（大于 5 年）灾害性天气事件引发事故导致人员伤害的历史资料和人口资料分别统计分析出该行政区域内灾害性天气事件引发事故造成的人员死亡人数、受伤人数、人口数量的年平均值 S_{11}、S_{12}、S_{13}，并将 S_{11}、S_{12} 分别除以 S_{13} 然后乘以该学校师生人数即为学校灾害性天气事件引发事故导致人员伤害的总人数 S_1；最后将 S_1 除以学校气象灾害"风险源"类型的总类别数，从而获得该学校的 SS_{1K}。

③根据学校所在地的同一个天气气候背景下的省或地或县行政区域内近 N_1 年（大于 5 年）自然灾害引发事故导致人员伤害的历史资料和人口资料分别统计分析出该行政区域内自然灾害引发事故造成的人员死亡人数、受伤人数、人口数量的年平均值 S_{14}、S_{15}、S_{16}，并将 S_{14}、S_{15} 分别除以 S_{16}，然后根据"1992 年至 2001 年世界气象组织统计的气象灾害占了同期各类自然灾害 90% 左右的结论"乘以 0.9，再乘以该校师生人数即为学校灾害性天气事件引发事故导致人员伤害的总人数 S_1；最后将 S_1 除以学校气象灾害"风险源"类型的总类别数，从而获得该学校的 SS_{1K}。

根据该学校的 SS_{1K}、S_{1K} 参数的选择原则如表 5-7 所示。

表 5-7　S_{1K} 参数选择原则表

S_{1K}	发生人身伤害事故后果（SS_{1K}）
10	有多人死亡
8	有 1 人死亡
4	永久失能
2	需要医院治疗
1	轻微受伤，仅需要急救

7）S_{2K} 参数选择原则

S_{2K} 参数选择的核心是确定 K 类别灾害性天气事件引发学校安全事故造成设施、设备、房屋等财产损失状况 SS_{2K}。SS_{2K} 的确定有以下几种方式：

①根据学校近 10 年以上 K 类别灾害性天气事件引发学校安全事故，造成设施、设备、房屋等财产损失的历史资料，统计分析出 K 类别灾害性天气事件引发学校安全事故造成设施设备房屋等财产损失的 1 年平均值，即为该校的 SS_{2K}。

②根据学校所在地同一个天气气候背景下的省或地或县行政区域内近 N_1 年（大于 5 年）灾害性天气事件引发事故，导致设施、设备、房屋等财产损失的历史资料和 GDP 资料分别统计分析出该行政区域内灾害性天气事件引发事故，造成设施、设备、房屋等财产损失、GDP 的年平均值 S_{21}、G_1，同时统计出该校 N_1 年 GDP 的年平均值 G_2；将 S_{21} 除以 G_1 然后乘以该校 GDP 的年平均值 G_2 即为该校灾害性天气事件引发事故导致设施、设备、房屋等财产损失的总损失量 S_2；最后将 S_2 除以学校气象灾害"风险源"类型的总类别数，从而获得该校的 SS_{2K}。

③根据学校所在地的同一个天气气候背景下的省或地或县行政区域内近 N_1 年（大于 5 年）自然灾害引发事故导致设施、设备、房屋等财产损失和 GDP 的历史资料，分别统计分析出该行政区域内自然灾害引发事故，导致设施、设备、房屋等财产损失、GDP 的年平均值 S_{22}、G_3，同时统计出该校 N 年的 GDP 年平均值 G_4；将 S_{22} 除以 G_3，然后根据"1992 年至 2001 年世界气象组织统计的气象灾害造成的经济损失为 4460 亿美元，占了同期所有自然灾害经济损失的 65％ 的结论"乘以 0.65，再乘以该学校 GDP 年平均值 G_4，即为该校灾害性天气事件导致设施、设备、房屋等财产损失的总损失量 S_2；最后将 S_2 除以学校气象灾害"风险源"类型的总类别数，从而获得该学校的 SS_{2K}。

根据该学校的 SS_{2K}，S_{2K} 参数的选择原则如表 5-8 所示。

表 5-8　S_{2K} 参数选择原则表

S_{2K}	单纯财产损失事故后果（人民币）
10	$SS_{2K} \geqslant 1$ 亿元
8	1000 万元 $\leqslant SS_{2K} < 1$ 亿元
4	100 万元 $\leqslant SS_{2K} < 1000$ 万元
2	3 万元 $\leqslant SS_{2K} < 100$ 万元
1	$SS_{2K} < 3$ 万元

8)R_{1K} 参数选择原则

R_{1K} 参数是根据上述参数通过公式计算出的 K 类别灾害性天气事件引发学校安全事故造成人员伤害的风险程度，用风险等级表示。R_{1K} 参数的选择原则如表 5-9 所示。

表 5-9　R_{1K} 参数选择原则表

风险源等级	R_{1K}（发生人身伤害事故）	危险程度	整改时效
一级	$R_{1K} \geqslant 180$	师生极其危险	停课整改
二级	$90 \leqslant R_{1K} < 180$	师生高度危险	立即整改
三级	$50 \leqslant R_{1K} < 90$	师生显著危险	需要整改
四级	$18 \leqslant R_{1K} < 50$	师生一般危险	需要注意
五级	$R_{1K} < 18$	师生稍有危险	可以接受

9)R_1 参数选择原则

R_1 参数是根据上述参数通过公式计算出的学校在同一时段内有 N 个类别灾害性天气事件叠加引发学校安全事故造成人员伤害的综合风险程度，用风险等级表示。R_1 参数的选择原则如表 5-10 所示。

表 5-10　R_1 参数选择原则表

风险源等级	R_1（发生人身伤害事故）	危险程度	整改时效
一级	$R_1 \geqslant 180$	师生极其危险	停课整改
二级	$90 \leqslant R_1 < 180$	师生高度危险	立即整改
三级	$50 \leqslant R_1 < 90$	师生显著危险	需要整改
四级	$18 \leqslant R_1 < 50$	师生一般危险	需要注意
五级	$R_1 < 18$	师生稍有危险	可以接受

10)R_{2K} 参数选择原则

R_{2K} 参数是根据上述参数通过公式计算出的 K 类别灾害性天气事件引发学校安

全事故造成设施、设备、房屋等财产损失的风险程度,用风险等级表示。R_{2K} 参数的选择原则如表 5-11 所示。

表 5-11 R_{2K} 参数选择原则表

风险源等级	R_{2K}(单纯财产损失事故)	危险程度	整改时效
一级	$R_{2K} \geqslant 24$	财产极其危险	停课整改
二级	$12 \leqslant R_{2K} < 24$	财产高度危险	立即整改
三级	$6 \leqslant R_{2K} < 12$	财产显著危险	需要整改
四级	$3 \leqslant R_{2K} < 6$	财产一般危险	需要注意
五级	$R_{2K} < 3$	财产稍有危险	可以接受

11)R_2 参数选择原则

R_2 参数是根据上述参数通过公式计算出的学校在同一时段内有 N 个类别灾害性天气事件叠加引发学校安全事故造成设施、设备、房屋等财产损失的综合风险程度,用风险等级表示。R_2 参数的选择原则如表 5-12 所示。

表 5-12 R_2 参数选择原则表

风险源等级	R_2(单纯财产损失事故)	危险程度	整改时效
一级	$R_2 \geqslant 24$	财产极其危险	停课整改
二级	$12 \leqslant R_2 < 24$	财产高度危险	立即整改
三级	$6 \leqslant R_2 < 12$	财产显著危险	需要整改
四级	$3 \leqslant R_2 < 6$	财产一般危险	需要注意
五级	$R_2 < 3$	财产稍有危险	可以接受

(3)CQMES 的适用范围

CQMES 除不适用于雷电灾害性天气引发学校安全事故的风险评估外,其他灾害性天气引发学校安全事故的风险评估均适用。雷电灾害性天气引发学校安全事故的风险评估不适用于 CQMES 模型的主要原因如下:

1)由于 CQMES 模型的 E_K 参数是学校及其师生暴露在影响学校及师生的 K 类别灾害性天气的暴露频繁程度,其时间尺度主要是日、月、年。而雷电灾害天气的形成机制非常复杂,雷电放电生命周期在毫秒级以内,因此,雷电发生频率不以日、月、年时间尺度来评估,而是以秒、分钟、小时时间尺度来评估。例如:造成 2007 年重庆市开县义和镇兴业村小学学生 51 伤亡(死亡 7 人,轻伤 44 人)的雷电灾害天气是在 5 月 23 日 16 时 10 分左右发生事故的 16 时－16 时 30 分,共发生了 162 次闪电,平均每分钟发生 5 次以上;又如:造成 2005 年重庆市綦江县古南镇重庆东溪化工有限公司乳化车间发生爆炸导致 31 人伤亡(死亡 19 人,轻伤 12 人)的雷电灾害天气在 4

月 21 日 22 时 25 分前后发生事故的 22—23 时,共发生了 6091 次闪电,平均每分钟发生 101 次以上、每秒钟发生 1 次以上。

2)雷电灾害天气引发学校安全事故的风险非常复杂,雷电侵入学校的危害途径不仅可从空中雷电直击方式入侵,还可从空间雷电电磁脉冲方式入侵;不仅可从地面通过雷电波方式入侵、而且还可从地下雷电地电位反击发生入侵;真是无孔不入,具有典型立体三维侵入方式。

3)雷电灾害天气导致的灾害事故损失惨重,如重庆市"十五"期间,据不完全统计因雷电灾害造成经济损失高达 11.2 亿元,人员伤亡 84 人。而重特大雷电灾害事故时有发生。例如:重庆开县一次雷击事故可造成学生 7 死亡,重庆市綦江县古南镇重庆东溪化工有限公司次雷击事故可造成 19 人死亡。

基于上述三个方面原因使雷电灾害风险评估非常复杂而又非常重要,因此,中外都高度重视雷电灾害评估工作,国际电工委员会第 81 技术委员会制定并颁布了《雷电防护第二部分:风险管理(Protection against Lightning—Part 2:Risk management)》,中国也等同采用了该标准制作了"雷电风险评估技术"国家推荐性技术规范,国务院防雷行政主管部门——中国气象局制定并颁布了《雷电灾害风险评估技术规范》,重庆市也制定并颁布了《雷电灾害风险评估技术规范》。这些技术标准都非常明确地规定了雷电灾害评估的技术方法和计算公式,必须严格遵照执行。

所以,学校气象灾害风险评估实用模型—CQMES 模型,只适用于除雷电灾害天气之外的其他灾害性天气引发学校安全事故的风险评估。

但是,为了确保 CQMES 在学校多灾种气象灾害叠加风险分析的通用性,根据学校雷电灾害风险评估结论确定的学校防雷类别,参考《建筑物防雷设计规范》等有关规范关于建筑物防雷类别划分标准的物理意义、《气象灾害敏感单位安全气象保障技术规范》关于气象灾害敏感单位类别划分标准的物理意义、CQMES 模型关于灾害性天气事件引发学校安全事故造成人员伤害的风险等级(R_{1K})与造成设施、设备、房屋等财产损失的风险等级(R_{2K})的物理意义,结合重庆市学校气象灾害风险评估试验点工作研究成果,经有关专家从科学性、实用性、操作性等方面研究表明:一类防雷建筑物的学校 R_{16}、R_{26} 参数值可分别赋值为 90、12;二类防雷建筑物的学校 R_{16}、R_{26} 参数值可分别赋值为 50、6;三类防雷建筑物的学校 R_{16}、R_{26} 参数值可分别赋值为 18、3;无类别防雷建筑物的学校的 R_{16}、R_{26} 参数值可分别赋值为 5、1。

(4)CQMES 模型评估结论应用原则

1)CQMES 模型评估的人员伤害与财产损失的风险等级的处置原则

CQMES 模型评估的人员伤害与财产损失的风险等级处置原则是当灾害性天气事件引发学校安全事故造成人员伤害的风险等级和造成设施、设备、房屋等财产损失的风险等级同时存在时,以造成人员伤害的风险等级为主,只造成设施、设备、房屋等财产损失的风险等级达到二级以上时,才将 R_{2K}、R_2 参数值的 13.738％分别叠加到 R_{1K}、R_1 参数值。

2)学校气象灾害敏感单位 CQMES 评估的风险等级与敏感类别的关系处置原则

根据 2010—2011 年重庆市学校气象灾害敏感单位安全管理试点经验,结合重庆市地方标准《气象灾害敏感单位安全气象保障技术规范》关于重庆气象灾害敏感单位的气象灾害损失等级划分和敏感单位分类的规定,学校气象灾害敏感单位 CQMES 评估的风险等级与敏感类别的关系处置原则如表 5-13 所示。

表 5-13　学校气象灾害敏感单位的风险等级与类别关系表

CQMES 评估的风险等级	敏感单位的类别
一级	一类
二级	二类
三级	三类
四级	四类
五级	

3.CQMES 模型评估工作程序

CQMES 模型评估工作步骤主要分为受理学校气象灾害风险评估申请;审查被评估学校提供的申请资料是否完整、准确,根据评估需求收集相关资料;辨识学校气象灾害风险源;分析计算学校气象灾害风险明确风险等级;提出学校防御气象灾害的工程性与非工程性措施以及进一步完善学校气象灾害风险管理的建议。CQMES 评估的具体工作程序见图 5-5。

4.CQMES 评估报告编写大纲

CQMES 模型的评估报告编写大纲如下:

1　概述

1.1　引言

简要介绍学校基本情况。主要包括学校占地面积、建筑物长宽高、建筑物数量、运动场、广场面积;学校配电系统介绍;学校弱电系统(电教室、实验室、广播、消防、计算机网络、通讯)等介绍;学校学生、教职工数量;学校 GDP 等。

简要论述目前学校气象灾害防御现状及存在问题、学校防御气象灾害的紧迫性、灾害性天气引发学校安全事故的成灾机制等。

1.2　气象灾害风险概述

简要论述学校气象灾害风险基本概念、学校气象灾害风险评价的基本原则、学校气象灾害风险评价的基本理论、学校气象灾害风险的分级方法与评估程序、学校气象灾害风险可接受原则等。

1.3　评估目的及意义

论述学校气象灾害风险评估的目的、意义等。

1.4　评估范围

论述学校气象灾害风险评估包含的范围。

1.5　评估依据

给出学校气象灾害风险评估依据的法律法规、规范性文件、技术标准等,如《气象灾害防御条例》、《重庆市气象灾害预警信号发布与传播办法》、《气象灾害敏感单位安全气象保障技术规范》、《雷电防护第二部分:风险管理/Protection against Lightning—Part 2:Risk management》、《雷电灾害风险评估技术规范》、《雷电灾害风险评估技术规范》等。

2　气象灾害风险分析

2.1　重庆市气象灾害敏感单位的气象灾害种类及灾害性天气

结合重庆市实际情况,分析确定重庆地区气象灾害敏感单位的气象灾害种类及灾害性天气。

2.2　学校气象灾害风险源辨识

根据重庆市学校安全事故情况统计资料和中国灾害性天气引发学校安全事故文献资料以及重庆市学校气象灾害敏感单位安全管理试点经验,结合重庆气候背景实际情况,研究分析辨识重庆学校气象灾害风险源。

3　学校气象灾害风险评估

3.1　评估模型

3.1.1　模型计算公式

论述重庆学校气象灾害风险评估实用模型—CQMES模型的建模背景、计算公式和CQMES模型参数的物理意义与参数选择原则,CQMES模型的适用范围与评估结论应用原则。

3.1.2　评估工作程序

明确CQMES模型的评估工作步骤,给出评估工作程序框图。

3.2　学校分灾种气象灾害风险评估

3.2.1　学校暴雨灾害风险评估

详细分析研究学校所在地暴雨灾害天气时间特征、暴雨灾害天气对学校的影响与危害、学校暴雨灾害天气风险识别、学校暴雨灾害天气风险特征,提出学校防御暴雨灾害天气风险的处置措施与对策建议。

3.2.2　学校高温灾害风险评估

详细分析研究学校所在地高温灾害天气时间特征、高温灾害天气对学校的影响与危害、学校高温灾害天气风险识别、学校高温灾害天气风险特征,提出学校防御高温灾害天气风险的处置措施与对策建议。

3.2.3　学校大风灾害风险评估

详细分析研究学校所在地大风灾害天气时间特征、大风灾害天气对学校的影响与危害、学校大风灾害天气风险识别、学校大风灾害天气风险特征,提出学校防御大风灾害天气风险的处置措施与对策建议。

3.2.4　学校大雾灾害风险评估

详细分析研究学校所在地大雾灾害天气时间特征、大雾灾害天气对学校的影响与危害、学校大雾灾害天气风险识别、学校大雾灾害天气风险特征,提出学校防御大雾灾害天气风险的处置措施与对策建议。

3.2.5　学校低温冷害风险评估

详细分析研究学校所在地低温冷害天气时间特征、低温冷害天气对学校的影响与危害、学校低温冷害天气风险识别、学校低温冷害天气风险特征,提出学校防御低温冷害天气风险的处置措施与对策建议。

3.2.6　学校雷电灾害风险评估

详细分析研究学校所在地雷电灾害天气时间特征、学校所在大气雷电环境特征、雷电灾害天气对学校的影响与危害、学校雷电灾害天气风险识别、学校雷电灾害天气风险特征,提出学校防御雷电灾害天气风险的处置措施与对策建议。

3.3　学校多灾种气象灾害叠加风险综合评估

详细论述学校多灾种气象灾害叠加风险事件的定义、多灾种气象灾害叠加风险事件发生状况、学校多灾种气象灾害叠加风险特征,综合分析给出学校多灾种气象灾害叠加引发学校安全事故造成人员伤害的综合风险程度与设施、设备、房屋等财产损失的综合风险程度,确定学校气象灾害敏感单位类别等。

4　评估结论及建议

根据 CQMES 模型评估得到的学校气象灾害风险等级与学校气象灾害敏感单位类别,按照《气象灾害敏感单位安全气象保障技术规范》的有关规定,提出学校防御气象灾害的工程性措施及非工程性措施以及学校气象灾害管理的建议等。

上述学校气象灾害风险评估工作和学校气象灾害敏感单位认证工作的开展,为学校充分认识学校气象灾害风险源,进一步强化本校气象社会管理、公共气象服务以及气象灾害防御工作职能职责及其工作任务,落实学校气象灾害防御主体责任提供了理论支撑和有益的实践与探索。因此,将 GLDLSP 网格立体管理模型应用于分析学校气象灾害风险评估和学校气象灾害敏感单位认证全过程,学校在科学认识本校气象灾害风险源,积极采取措施提升本校防御气象灾害能力,有效防止或减少了学校气象灾害,获得了显著的安全效益、社会效益、经济效益,充分体现了学校在气象灾害防御中主体作用。

第六章　重庆加强基层气象社会管理与公共服务的实践

第一节　强化社会单位主体责任的"气象灾害敏感单位认证管理"创新实践

近年来,重庆市气象局以开展气象灾害敏感单位类别认证管理为突破口,采取法规与标准互动,通过在重庆市北碚区、大渡口区和重庆市交通行业部分单位的试点工作,进一步强化了气象社会管理和公共气象服务职能,初步探索出了一条社会单位依据《重庆市气象灾害预警信号发布与传播办法》《气象灾害敏感单位安全气象保障技术规范》等规章、标准积极参与气象灾害防御的新路子,实现了社会单位在气象灾害预警信号发出后,主动采取有针对性的工程性与非工程性防御措施防御气象灾害,从而充分发挥了气象部门的"消息树"作用,有效落实了社会单位参与气象防灾、减灾的主体责任,提高了各社会单位的防灾、减灾能力。该项工作受到了中共重庆市委、重庆市政府的高度关注与大力支持,市政府应急办、市安监局、市公安消防局等相关部门积极参与,取得了较好成效。2009 年,时任重庆市市长王鸿举在 2009 年第 37 次市政府常务会上强调"加强气象灾害敏感单位认证工作,对提升我市气象灾害防御能力有着十分重要的意义"。

一、创新工作的背景

近年来,全国各类气象灾害频发,给人民群众生命财产造成了较大损失。仅在重庆市,2006 年气象灾害造成的经济损失便高达 101.4 亿元。面对如此严峻的气象灾害防御形势,当气象部门作为"消息树"发出了气象灾害预警信号后,如何切实落实"政府主导、部门联动、社会参与"的防灾、减灾机制是我们一直探索的课题。其中,社会参与机制是气象灾害防御体系的基础。而在社会参与机制中如何依法规定气象灾害敏感单位是防灾、减灾责任主体,怎样科学进行气象灾害敏感单位类别认证,如何有针对性地指导与规范气象灾害敏感单位采取安全气象保障措施,关系到气象防灾、减灾工作的成效。因此,根据相关法律、法规与技术标准的要求,重庆市气象局开展了气象灾害敏感单位认证工作的实践。

二、创新工作的主要内容

(一)强化法规与标准建设,奠定气象灾害敏感单位类别认证工作基础

气象灾害防御工作必须依法进行。重庆市从法规、规范性文件与技术标准建设入手,为开展气象灾害敏感单位类别认证工作提供了有力的法制保障和技术支撑。

一是出台了相应的政府规章、规范性文件。2009年,重庆市政府出台《重庆市气象灾害预警信号发布与传播办法》,首次界定了"气象灾害敏感单位"的概念,即"气象灾害敏感单位是指根据其地理位置、气候背景、工作特性,经重庆市气象主管机构确认,在遭受暴雨、雷电、大雾等灾害性天气时,可能造成较大气象灾害的单位。"明确了气象灾害敏感单位是防御气象灾害的责任主体,规定"气象灾害敏感单位应当建立预警信号接收责任制度,设置预警信号接收终端。收到预警信号后,应当按照应急预案的要求立即采取有效措施做好气象灾害防御工作,避免或者减少气象灾害损失","气象灾害敏感单位违反本办法规定,未建立预警信号接收责任制度、设置预警信号接收终端的,由气象主管机构责令限期改正"。其后,在重庆市政府出台的《重庆市人民政府关于进一步明确安全生产监督管理职责的决定》中进一步明确,重庆市气象局"负责对气象灾害敏感单位的认定和气象灾害风险评估的管理工作,依法督促气象灾害敏感单位建立气象灾害预警信号接收制度,设置预警接收终端,制订气象灾害应急预案,做好预警信号接收和灾害防御工作";《重庆市开展落实企业安全生产主体责任行动实施方案》再次强调"市气象局负责协助有关部门检查、督促暴雨、大风、雷电等气象敏感企业安全气象方面的级别评估及隐患排查整改工作"。

二是重庆市气象局牵头组织市政府相关部门,制定了中国首部气象灾害敏感单位安全管理的强制性地方标准——《气象灾害敏感单位安全气象保障技术规范》。该标准是实施气象灾害敏感单位类别认证管理的具体规范,对气象灾害敏感单位进行了分类,规定了气象灾害敏感单位的灾害损失等级,规定了气象灾害敏感单位类别认证的范围、原则、程序,规定了不同类别的气象灾害敏感单位应采取的安全气象保障措施,提供了气象灾害敏感单位气象灾害应急预案范本。

(二)建立"五项机制",推进气象灾害敏感单位类别认证管理

重庆市以落实社会单位气象防灾、减灾责任为重点,依据《重庆市气象灾害预警信号发布与传播办法》和《气象灾害敏感单位安全气象保障技术规范》,探索建立了气象灾害敏感单位类别认证管理"五项机制",即类别认证、应急服务、应急响应、考核督查、效益评估等五项机制,确保气象灾害敏感单位制度落到实处。

1. 气象灾害敏感单位类别认证机制

气象灾害敏感单位类别认证是开展安全气象保障服务、落实安全气象保障措施的基础。《气象灾害敏感单位安全气象保障技术规范》规定了"气象灾害敏感单位应根据相关规定向当地气象主管机构申请气象灾害敏感单位类别认证",明确了类别认证的范围:制造、使用或贮存大量易燃易爆、有毒有害等危险物质等10类单位必须依法主动申请认证。同时,制定了清晰的类别认证流程,即通过"气象灾害敏感单位根据相关规定自评申报,区、县气象主管机构对气象灾害敏感单位初审分类,重庆市气象主管机构组织专家对气象灾害敏感单位类别评估确认,重庆市气象主管机构对气象灾害敏感单位类别进行审核认证",具体认定气象灾害敏感单位类别,并以公告、文件、授牌等形式公布。

2.气象灾害敏感单位应急服务机制

针对气象灾害敏感单位安全气象保障需求,重庆市气象局出台了"五个一"措施:一是建立了一个针对气象灾害敏感单位的安全气象保障监测预警、预报系统;二是开通了一个纯公益的专门用于气象灾害预警信息发布的平台—10639121;三是建立了一套为气象灾害敏感单位做好气象灾害防御提供完善指导的方案,包括应急预案的制定,预警信息接收设施的建立,应急工作的开展等;四是建立了一套气象灾害敏感单位培训制度,坚持举办"安全气象自动监测设施维护、保养、使用"、"气象灾害预警、预报信息应用"、"防御气象因素引起安全事故的应急预案制定"、"气象因素引起敏感单位的安全事故调查鉴定技术"等气象灾害敏感单位安全气象保障技术应用培训;五是编制了一套气象灾害敏感单位科普宣传手册,要求气象灾害敏感单位据此定期开展科普宣传,普及气象防灾、减灾知识和避险自救技能。

3.气象灾害敏感单位应急响应机制

气象灾害敏感单位在类别认证通过后,应按照《气象灾害敏感单位安全气象保障技术规范》的要求,对照建立相应的安全气象保障措施。如一类气象灾害敏感单位就要求成立负责气象灾害防御工作的领导与工作机构,开展气象灾害风险评估分析,绘制气象灾害风险图,建立特种安全气象自动监测站,制定防御气象灾害应急预案,组建专职应急队伍,建立手机、电子显示屏、计算机网络的安全气象预警、预报信息接收终端,参加市气象主管机构举办的气象灾害敏感单位安全气象保障技术应用培训等16项安全气象保障措施。

4.气象灾害敏感单位考核督查机制

一是政府与气象、应急、安监以及其他相关行业主管部门将气象灾害敏感单位类别认证管理工作纳入安全生产管理范围,作为其安全生产工作目标考核的重要内容;二是气象灾害敏感企业的气象灾害防御工作开展情况被重庆市政府列为企业安全等级考核评分的重要内容。2010年出台的《重庆市开展落实企业安全生产主体责任行动实施方案》、《重庆市人民政府安全生产委员会办公室关于印发〈重庆市落实企业安全生产主体责任评估细则(共性部分)〉的通知》与《重庆市人民政府安全生产委员会办公室关于印发〈重庆市非煤矿山、危险化学品、烟花爆竹、冶金企业落实安全生产主体责任评估细则(行业要求)〉的通知》规定,开始对重庆市企业安全生产主体责任进行量化考评,共计1000分(包括共性部分与行业要求两部分),在评分基础上,将企业安全评级从高到低分为A、B、C、D四级。其中,企业建立安全气象设施不仅被纳入共性部分的考评,而且在行业要求考评中,企业安全气象保障工作开展情况也占有较大的分值,如液化石油气经营行业考评400分中,仅"充装站(瓶装供应站)应定期进行防雷防静电装置安全性能监测并取得检测合格证"一项就占了60分;三是每年由政府牵头,组织相关部门对相关行业气象灾害敏感单位安全气象保障工作落实情况进行督查和通报,并责令其对安全隐患进行限期整改。

5.气象灾害敏感单位确认工作效益评估机制

气象灾害敏感单位各项制度实施后,重庆市政府应急办、市政府督查室组织市气象局、市安监局等相关部门定期对其运行情况进行效益评估,及时总结经验,改进不足,不断完善。

(三)点面结合,开展气象灾害敏感单位类别认证管理试点工作

气象灾害敏感单位类别认证管理是一项创新工作。为稳妥推进该项工作,在地方政府和相关行业、部门的支持下,重庆市2010年在北碚、大渡口两个区和市交通行业部分单位开展了试点工作。北碚区政府下发了《关于进一步加强雷电暴雨等突发气象灾害敏感单位安全管理工作的通知》(北碚府办〔2010〕173号),把气象灾害敏感单位申报认证工作纳入安全生产管理范畴,并作为对各行业主管部门安全生产工作目标的考核内容。北碚区第一批气象灾害敏感单位认证,涉及易燃易爆、危险化学品、医疗、教育等多个行业。通过认证的单位制定了防御气象灾害的相关制度和应急预案,建立了接收气象灾害预警、预报信息的电子显示屏,大磨滩小学还编制了《气象科技教育》专题读本。在大渡口区(未设置气象主管机构),重庆市气象局与区政府签订了气象灾害敏感单位安全管理合作协议,该区所有应急避难场所、中小学等敏感单位都开展了安全气象保障工作,统一安装了气象灾害预警电子显示屏,建立了应急预案,开展了气象灾害防御知识培训。重庆市气象局与市道路运输管理局联合下发《关于加强道路运输气象灾害敏感单位安全气象保障工作的通知》(渝气发〔2010〕159号),要求重庆市2000多家客运企业、客运站等敏感单位积极申报气象灾害敏感单位认证,落实相应的安全气象保障措施。各级运管处(所)、各级气象主管机构共同对辖区内客运站、客运企业进行安全气象方面的级别评估和气象保障工作专项督促检查。重庆市交巡警总队将气象灾害预警信息与交通安全防范措施结合起来,制定了交通部门气象灾害敏感单位应急预案,同时通过其所辖的固定、车载移动电子显示屏、广播电视频道、网络、交巡警平台及时传播道路安全气象预警信息,并在气象部门指导

下,督促交巡警平台完善防雷设施。

三、主要创新点

（一）明确了气象灾害敏感单位防御气象灾害的主体责任

通过地方立法，将气象灾害敏感单位纳入防灾、减灾的责任主体，要求其承担"建立气象灾害预警信号接收责任制度，设置预警信号接收终端"，"按照应急预案的要求立即采取有效措施做好气象灾害防御工作，避免或者减少气象灾害损失"等义务，有效调动了全社会力量共同参与气象灾害防御。

（二）建立了气象灾害敏感单位等级划分标准

地方标准规定，通过开展气象灾害风险评估，根据气象灾害敏感单位在气象灾害来临时可能受到的灾害损失等级，将其划分为一、二、三、四类。以多灾种气象灾害的综合损失为划分标准，更加直观易行。

（三）确立了气象灾害敏感单位类别认证机制

在地方标准中，明确了气象灾害敏感单位"申报—初审—评估—认证—公布"的类别认证工作流程，与《重庆气象灾害预警信号发布与传播办法》中规定的确认制度互补，实现了法规与标准的结合，完善了程序规定，增强了操作性。

（四）确立了气象灾害敏感单位分类指导原则

针对四类气象灾害敏感单位，分别指导其建立相应的安全气象保障措施，这样，既有效搭建起了安全气象保障防护网，又结合了不同气象灾害敏感单位的实际需求，增强了防灾、减灾的针对性，最大限度地降低了防灾成本。

（五）建立了有效的气象灾害防御工作考评机制

除了将社会单位气象灾害防御工作开展情况纳入政府和行业的目标考核，更重要的是将气象灾害敏感企业安全气象方面的级别评估纳入重庆市企业安全等级评定中，进行量化打分，实现了企业安全气象保障措施的建立情况与企业安全等级直接挂钩，与企业的生存及贷款信用、政策扶持等紧密联系，提高了企业对这项工作的重视与投入程度。

四、取得的效益

（一）进一步强化了气象社会管理职能

《重庆气象灾害预警信号发布与传播办法》规定，"气象灾害防御有关行政管理部门应当与气象主管机构建立联动机制，依据易燃易爆场所、有毒有害场所、重要公共场所、大型公共设施的气象灾害风险评估等级，制定防御气象灾害应急预案，做好预警信号接收和灾害防御工作。"因此，我们通过地方立法与标准制定，建立起气象灾害敏感单位类别认证管理的类别认证、应急服务、应急响应、考核督查、效益评估等"五项机制",既进一步明确了政府、部门和社会在防灾、减灾中的职责分工,又加强了部门联动与合作,从而将防灾、减灾的气象社会管理职能真正落到实处。

(二)较好落实了社会单位参与气象防灾、减灾的主体责任

一方面,通过开展气象灾害敏感单位类别认证和建立"政府—部门—企事业单位"的层层考核体系,依托各级政府的领导、协调,相关行业主管部门的配合和考核督查,落实了企事业等社会单位防御气象灾害的主体责任,各项安全气象保障措施得到较好的贯彻落实。另一方面,通过广泛宣传,积极协调,充分调动了各行各业的积极性,仅北碚区第一批气象灾害敏感单位认证申报就达百余家,被确认的气象灾害敏感单位都加大了安全气象保障投入,实现了制度上墙、责任到人、措施到位。

(三)显著提升了气象灾害防御社会经济效益

通过开展气象灾害敏感单位类别认证管理工作,使社会单位增强了气象防灾、减灾的意识,明确了责任,知晓了如何科学地、有针对性地开展气象防灾、减灾工作。同时,由于社会单位建立了相应的安全气象保障措施,防灾、减灾能力显著提升。据初步统计,2010年气象灾害敏感单位类别认证管理工作给北碚区减少因气象灾害造成的损失约2.5亿元,特别是在2010年"7.5"大暴雨、"7.12"和"9.6"区域性暴雨中,全区所有水库没有因暴雨灾害出现险情,所有煤矿没有因暴雨灾害出现渗水安全事故,所有易燃易爆和危险化工行业等单位没有因暴雨雷电灾害出现危险安全事故,所有建立气象灾害敏感单位安全气象保障措施的单位没有因气象灾害造成人员伤亡和重大财产损失,受到了北碚区委书记雷政富的高度赞扬。据重庆市交巡警总队统计,2010年1—10月全市道路死亡人数、受伤人数两项指标同比下降14.51%和24.7%,其中,安全气象保障措施的建立完善起到了非常重要的作用。大渡口区中小学2010年因气象灾害造成的人员伤亡为0,财产损失与去年同比也有大幅度减少。

第二节　强化部门联动的"永川自然灾害应急联动预警体系建设"创新实践

重庆市永川区以突发事件预警信息发布平台建设为契机,紧密结合气象为农服务两个体系建设,充分利用政府和社会资源,拓展和加深突发事件预警信息发布平台建设的外延和内涵,主动融入政府的防灾、减灾和应急管理工作体系,探索建立了以"一个工作体系、两个主干网络、五个功能平台"为架构的自然灾害应急联动预警体系,提升了应急管理的科技支撑,完善了应急处置的科学流程,创建了在全市推广建设的永川模式。重庆市政府刘学普副市长评价体系建设"鲜活、实用、有科技含量"。中国气象局矫梅燕副局长指出"永川模式"以开放式发展、融入式实践的特色,体现了综合防灾、减灾和资源集约共享的发展理念,使气象工作由专业技术型向发挥公共服

务和社会管理职能的转变,形成了"政府组织、整体规划、科技支撑、注重实效"的先进经验。重庆市政府应急办公室张邦平主任认为"永川区气象局探索建设自然灾害应急联动预警体系非常有意义,是政府应对自然灾害的重要支撑"。

一、创新工作的背景

在总结自然灾害的预防预警能力、部门应急联动、预警信息发布能力等方面的新需求、新挑战基础上,提出了创建自然灾害应急联动预警体系示范区的设想,得到了中共重庆市委、市政府和永川区委、区政府及区级相关部门的大力支持,并达成了共识,要建立多部门联动、多环节一体化的预防应对工作机制,探索建立一套跨部门的多灾种监测、灾害风险预警,多部门共享、预警信息实时广覆盖发布的技术支撑体系。

二、创新工作的主要内容

（一）建立了由政府有力组织,部门联合共建的工作体系

中共永川区委、区政府坚持预防为主、防抗救相结合的方针,打破条块分割和常规运行模式,设立了"自然灾害预警预防办公室（突发事件预警信息发布中心）",构建了由区政府应急办统筹协调管理、区气象局牵头组织实施,由包括农业、国土、水利、林业为主要部门的 20 个区级部门和 23 个镇街组成的全区自然灾害预警、预防工作体系。区政府印发了自然灾害预警、预防管理办法,明确了各部门和镇街的工作职责,制定了涵盖信息汇交共享、协同分析研判、预警发布应用、联动响应处置、灾情速报汇总等环节的制度和流程,使之规范化和常态化。

（二）完善了两个主干网络

1. 健全了自然灾害监测网络

将全区 32 个暴雨监测站、1 个新一代天气雷达站、10 个农业及生物灾害监测点、12 个地质灾害监测点、32 个水库水文监测点、6 个林业灾害监测点、23 个镇街灾情速报点的监测信息,以自动传输、桌面系统、手持终端、电话语音等方式实现及时汇交与实时共享,健全了永川区自然灾害监测网络。

2. 拓展了预警信息发布网络

充分利用政府、部门和社会资源,完善和建立了手机短信、农村大喇叭、电子显示屏、专用预警终端、移动智能终端、电视、电台、电话、IVR、网站、报纸等手段的多渠道、全覆盖的预警信息发布网络。

（三）建立了五个功能平台

1. 建立了多灾种灾害监测平台

实现了自然灾害监测数据的实时汇交。绘制了不同自然灾害的重点防御分布图。初步实现了实时监测报警信息快速发布到指定区域和指定人群,形成一个集约

化的多种灾害"早发现"平台。

2.建立了多专业协同研判平台

搭建了应急办、农业、国土、水利、林业、气象等部门之间的可视会商系统。组建了不同专业的专家队伍,建立了协同研判会商的流程和机制,共同研判各类自然灾害的演变趋势和灾前、灾中、灾后的影响评估及风险评估,初步形成了一个多专业的自然灾害风险早研判平台。

3.建立了多渠道预警信息发布平台

初步建立了上接市级,平联区政府,下连部门和镇街以及重点村居、农业种植基地、灾害敏感单位的区级突发事件预警信息发布平台。形成了八类发布渠道。一是应急决策人员配备了移动智能终端和多媒体信息电话;二是在人员密集场所建立了110块电子显示屏;三是手机短信系统覆盖各级领导和村居防灾信息员6000余人;四是部门、镇街和重要村居、农业种植基地、灾害敏感单位配备了专用预警终端;五是建立了公共气象服务网站;六是建立了农村气象综合信息服务平台;七是实现了电视台和广播电台的即时插播;八是通过播控前端机实现了全区5344只大喇叭的直播功能。

4.建立了多部门联动响应平台

通过专用预警终端,实现了预警信息的实时共享,实现了应急响应指令的二次发布,实现了预警信息查阅、处置状态和发布渠道设备运行状况的实时监控和报警功能。形成了以预警信息为"消息树"和"发令枪",多部门联动的早响应和早处置平台。

5.建立了多类别灾情速报平台

分灾种建立了灾前、灾中、灾后不同阶段的灾情调查收集和及时报送的流程与制度,实现了以统计分析表和分布图形式的灾情自动快速汇总,形成了集灾情收集、直报、汇总、分析等功能的多类别、多阶段的灾情速报汇总平台。

三、主要创新点

(一)实践了政府组织、整体规划、科技支撑、注重实效的建设理念

重庆市政府和重庆市永川区政府召开多次会议并出台了一系列文件进行部署推进。平台建设充分考虑了市、区(县)两级平台与市、区(县)两级政府综合应急指挥平台以及与相关部门的内部应急平台之间的互联互通,并且在硬件、软件、流程等方面统一了标准和规范,充分应用了高分辨地理信息系统、信息处理和移动通讯等先进技术,建立了部门之间的共享数据库,建立了涵盖自然灾害应急联动预警全流程的多个功能模块。

(二)融入了政府防灾、减灾和应急管理体系

重庆市永川区政府在区气象局设立了"自然灾害预警预防办公室(突发事件预警

信息发布中心)"正科级公益一类事业单位,核定了 5 名财政全额拨款的地方事业编制,构建了全区自然灾害预警、预防工作体系。

(三)转变和创新了气象事业发展模式和发展路径

在发展模式上,充分应用和发挥了气象现代化建设的科技内涵和效益;在发展路径上,充分利用了政府资源和社会资源,有效加强了防灾、减灾和信息发布等公共服务和社会管理职能,初步实现了气象部门由专业技术型向发挥公共服务和社会管理职能的转变,进一步提高了气象部门在服务型政府中的作用和地位,为区(县)级气象部门的转型发展奠定了良好的基础。

四、取得的效益

(一)示范带动效益

2011 年 7 月,重庆市政府发文要求在一年内完成全市各区、县永川模式突发事件预警信息发布平台建设任务。截至 2012 年 11 月 26 日,重庆市 39 个区、县,已有 38 个区、县政府落实预警平台建设经费 1.68 亿元,18 个区、县批准成立了突发事件预警信息发布中心等正科或副处级事业机构,落实一类事业编制 95 人,10 个区、县的预警平台已基本建成并投入试运行,22 个区、县正在施工建设,6 个区、县政府已批准平台建设方案。2011 年 11 月 13-14 日,全国气象为农服务"两个体系"建设交流研讨会暨国家突发公共事件预警信息发布系统建设交流会在永川召开,会议以现场交流会议的形式组织考察了该体系建设,会上中国气象局郑国光局长要求各级气象部门要认真学习借鉴"永川模式"的经验,大力推进国家突发公共事件预警信息发布系统建设。

(二)部门联动效益

永川区政府应急办、各相关部门、镇街积极参与并投入体系建设。各镇街成立了防灾应急工作站,落实分管领导、工作人员。区政府、相关部门和乡镇通过平台实现了预警信息的实时共享、查阅、处置和二次发布,形成了以预警信息为"消息树"和"发令枪"的多部门联动早响应和早处置机制。

(三)防灾、减灾效益

2011 年 3 月 17 日,永川区政府通过平台发布"我区食盐量足价稳,市民不必盲目抢购"的信息,受日本核电站泄漏事故影响出现的食盐抢购情况立即得到有效平息。在 2011 年 6 月 17 日和 6 月 23 日两次暴雨灾害应急联动、8 月 30 日市政府组织扑灭永川森林火灾过程中,平台都发挥了显著作用,重庆市森林防火指挥部还向重庆市气象局发来感谢信。2011 年 10 月 19 日,中国气象报头版头条以《气象灾害防御体系向农村延伸》为题报道了"永川模式"创建之路。2011 年 11 月 14 日,中央电视台新闻联播及晚间新闻、人民网、新华网、中国政府网、中国国际广播电台、中国气象报、重庆日报、重庆卫视新闻联播、重庆广播电台纷纷报道"永川模式",中国气象局网站还进行了专题报道。

第三节　强化基层台站综合实力的"三平台一基础建设"创新实践

近年来,重庆市基层气象台站工作坚持以科学发展观为指导,以"三平台一基础"建设为抓手,以不断满足气象业务服务发展需要为出发点,努力构建"精细化、程序化、社会化"管理体制,大力推进"四个一流"建设,取得一定成效,基层台站综合能力得到极大的提升,为现代气象业务体系建设提供了坚实物质基础。"三平台一基础"是指以建设预报预测会商业务平台、公共气象服务业务平台、气象综合观测业务平台和业务服务基础设施为依托,根据"坚持面向需求、服务引领,坚持一流目标、科学发展,坚持科技创新、人才强业,坚持统筹集约、协调发展,坚持改革创新、扩大开放"的发展原则,通过制定统一标准,细化管理工作,积极利用社会资源,拓展社会管理职能,逐步形成"精细化、程序化、社会化"管理体制,保质保量地做好重庆市气象部门的基层台站建设工作,最大化满足气象业务发展需要。

一、创新工作的背景

重庆市气象局组建时间不长,基础局站经历了多次管理机构的调整,基础差、底子薄,但发展又充满了活力和潜力。为了"抓基础,求突破,上台阶,争一流","十一五"以来,重庆市气象局以"三平台一基础"为抓手,突出重点,统筹兼顾,统一标准,规范流程,全面加强基层台站业务服务能力建设和基础设施建设。通过近几年来的努力,"四个一流"建设初具规模,综合实力实现了跨越式发展。

二、创新工作的主要内容

(一)预报、预测会商业务平台

从 2011 年开始,重庆市气象局拟用三年左右时间建设全市 34 个区、县气象局预报业务平台。主要包括会商功能区和预报服务功能区两部分。通过预报业务平台建设,整合上下级之间实况监测、预警预报、视频会商等综合信息资源,提高灾害性天气监测、预警能力和天气会商现代化水平,提高天气业务运行效率。

(二)公共气象服务业务平台

在未来几年内,重庆市气象局拟在全市范围内全面标准化建设基于公共气象服务的要求,满足决策气象服务、公众气象服务、专业专项气象服务的不同需要,集公共气象服务产品制作、发布于一体的业务平台。主要功能包括:一产品制作功能,根据气象监测、预报、预测提供的资料和数据,分析制作形成公共气象服务产品(按服务对象不同,分为决策气象服务产品、公众气象服务产品、专业专项气象服务产品);二自然灾害应急联动预警功能。依托突发事件预警信息发布平台,建成永川模式自然灾害应急联动预警体系,实现多灾种灾害监测、多专业协同研判、多渠道预警信息发布、多部门联动响应、多类别灾情速报。

(三)气象综合观测业务平台

从2009年开始,重庆市气象局开展气象综合观测业务平台标准化建设工作,主要工作内容如下:

1.制定了《重庆市地面气象场室标准化改造方案》(以下简称"方案"),并先后在渝北、万州召开现场会推进测报业务平台标准化建设工作。

2.所有地面气象观测场按"方案"进行了标准化改造,对观测场中部分不合"方案"要求的地沟、小路、电路等进行了整改,仪器布局、安装均按"方案"标准进行了调整。

3.统一更换了观测场百叶箱,全部更换为新型玻璃钢百叶箱。

4.按"方案"要求增设了各种标牌和观测场标志等。

5.对部分值班室设备进行了更新,各站按"方案"要求制作了统一格式的各种规章制度、气候概况、能见度目标物图等展示牌,并上墙。

6.将气象综合观测业务平台与重点工程建设有机结合,通过山洪气象保障工程和县级气象非工程项目中的"县级综合业务平台"建设,完成了重庆市各区、县气象局数据处理中心建设,使重庆市基层台站的综合信息处理能力进一步增强。

(四)业务服务基础设施建设

按照"一流台站"要求,加快推进并组织实施了基础配套设施对业务服务的适应性、标准化建设工程。该工程的主要建设内容如下:

1.印发《重庆市气象局加强基层气象台站基础设施建设指导意见》,制定了基础设施建设和功能配套的标准。

2.组织实施完成了业务平台基础设施标准化改造先期试点。

3.积极争取地方专项投入,已先后组织实施了三期15个台站基础设施标准化建设。

4.结合探测环境保护要求,由重庆市政府投入,组织实施完成12个台站观测场标准化建设,改造观测场地和环境,完善配套功能。

5.加强探测环境保护,积极争取专项、重点投入,完成了《台站探测环境保护专项规划》工作,取得较好成效,缓解了气象探测环境保护压力。

6.改善气象台站基础设施条件,排除危旧设施安全隐患,通过重庆市财政投资,2012年组织实施完成大足等6个台站基础设施整治项目。

7. 在全国省级气象部门首创,专门为公共气象服务系统新建业务综合用房(1 万余平方米),促进了公共气象服务中心建立和完善,为现代气象业务体系建设提供了坚实物质基础,为加快建成重庆市气象现代化体系预留了足够的发展空间。

三、主要创新点

(一)加强制度建设和顶层设计,实现项目建设标准化、精细化、集约化管理

加强制度建设和顶层设计,统一建设标准,规范建设流程,实行标准化、精细化、集约化管理。制定下发了《重庆区县(自治县)气象局预报服务业务平台标准化改造方案(试行)》(渝气发〔2010〕24 号)、《重庆市气象局加强基层气象台站基础设施建设指导意见》(渝气发〔2009〕141 号)、《关于调整基层气象台站基础设施建设部分规模和标准的通知》、(渝气办发〔2010〕114 号)、《关于加强基础设施建设项目工程质量控制的通知》(渝气计函〔2011〕12 号)、《关于进一步规范区县气象局预报服务业务平台大屏系统建设有关事项的通知》(渝气办发〔2011〕65 号)、《重庆市气象部门重点建设项目预可行性研究管理办法》(渝气发〔2012〕124 号)、《关于印发重庆市气象局集中采购管理办法的通知》(渝气发〔2011〕154 号)等文件,完善项目储备、立项、实施、验收评审等各个环节的管理制度及统一建设标准,保证建设项目的规划有序性和项目质量,有效整合资源,充分发挥了各专项资金的效益,实现项目建设标准化、精细化、集约化管理,形成了以"三平台一基础"建设项目为核心的基层标台站"标准化、精细化、集约化"建设新模式。例如:结合重庆市气象部门两级管理,市级直接管理对象单元较多的特点,制定了区、县级公共气象服务平台建设遵循两级一体化原则——即平台软件由重庆市气象局统一组织设计,区、县气象局直接安装使用;硬件由市气象局统一规定标准,区、县气象局自行建设。既兼顾了区、县的实际情况,又充分整合了各方资源,还保证了对外服务产品的一致性和标准化、流程化、信息化。

(二)多方统筹资金,保障"三平台一基础"建设

拓展资金筹措渠道,多方筹集资金,建立稳定的投资机制,保障"三平台一基础"建设资金需求。下发《关于匹配全市预报服务业务平台大屏系统建设资金的通知》(渝气发〔2011〕43 号),多方筹集建设资金。总体上,建设资金按重庆市气象局 50%、地方财政和单位自筹 50%的原则筹集,并综合考虑各区、县经济发展水平,市气象局对各区、县气象局投资的匹配额度体现出差异性,对经济发展较落后地区和艰苦边远台站予以重点支持;但未落实地方财政补助资金和单位自筹资金,原则上市气象局不予下拨匹配资金。同时下发《关于推进区县(自治县)自然灾害应急联动预警平台建设的通知》(渝气办发〔2011〕70 号)等文件,指导区、县在自然灾害应急联动预警平台和突发事件预警信息发布平台建设中,统筹考虑预报业务平台建设并落实建设经费。

（三）突出特色，不断促进基层台站综合能力提升

重庆集大城市、大农村、大库区、大山区等特点于一体，地域经济发展不平衡。为此，重庆市气象局结合基层台站实际情况，加强调研，博采众长，注重特色，致力创新，因地制宜，因时制宜，因站而异开展"三平台一基础"建设。预报会商业务平台重点突出"市—区（县）一体化"的特点。如：气象信息共享子平台实现了重庆市资料信息的实时共享、强对流天气预警一体化子平台实现了市—区、县灾害性天气实时自动监测报警，气象要素精细化预报制作一体化子平台实现了市—区（县）上下互动。公共气象服务业务平台注重气象防灾、减灾和公众服务的有机融合，以气象防灾、减灾为首要任务，深化、细化气象监测、灾害研判、预警信息发布、联动响应、灾情速报等重点环节，强化部门联动、资源共享，为基层气象台站履行政府公共服务和社会管理职能奠定了基础。气象综合观测业务平台强调标准统一、布局科学、高度集约，并创新性地将当地气候概况展示牌统一制作上墙，以便及时服务和科普宣传，得到中国气象局相关职能司的好评，并在全国推广；基层气象台站基础设施建设坚持"统筹规划、分步实施，立足当前、兼顾长远，配套适用、经济美观"的原则，做到解决当前突出问题同实现"一流台站"长远目标相结合，速度与效益统一，着力突出基层气象台站的行业特色、地域特色和民族特色，实现一站一景，并根据当地社会经济发展实际，实事求是地对建设标准进行动态调整，因地制宜、因时制宜、因站而异地开展基层台站基础设施建设，实现了各个平台之间和各个平台与气象台站基础设施之间相互协调、相互适应、相互优化，共同保障、不断促进基层气象台站综合能力提升。

（四）示范带动，以点带面推动基层"四个一流"台站建设

在推进"三平台一基础"建设过程中，重庆市局始终坚持"树立精品、以点带面、示范带动"的建设思路，先后涌现了一批具有重要示范带动作用的先进台站。如：永川区气象局在推动公共气象业务服务平台建设过程中，以突发事件预警信息发布平台建设为契机，率先探索建立了永川自然灾害应急联动预警体系，形成了在重庆市乃至全国均具有示范意义的防灾、减灾"永川模式"。2012年，重庆市政府将其纳入全市应急工作目标进行考核，并实行一票否决，要求重庆市所有区、县2012年年底前必须按"永川模式"全部完成建设任务，区、县政府已批准建设资金达1.26亿元。同时在台站基础设施建设过程中，重庆市气象局更新观念，加强调研，主动吸收其他省、市气象台站建设先进经验，结合自身特点，突出本地特色，建设了如武隆县气象局、璧山县气象局、永川区气象局、沙坪坝区气象局等一批功能齐全、整体配套、优美适用的基层台站，做到每建设一个、每改造一个，都能成为一面旗帜、一道风景，带动其他基层气象台站不断比、赶、超，形成了良好的有序竞争氛围，推动了重庆市基层气象台站"四个一流"建设。

（五）"三平台一基础"建设，为基层气象业务现代化奠定了坚实的物质基础

区、县气象局"三平台一基础"标准化、精细化、集约化建设，确保了建设质量，较好地协调了基层气象现代化各系统之间的关系，明显提高了基层气象现代化建设速度、规模、质量、结构和效益的协调性，切实提高了基层气象业务服务的现代化建设整体水平。按照与"三平台"相互协调、相互适应、相互促进，共同保障、共同满足基层台站气象业务服务的现代化的要求，制定了起点高、标准高、规模适度超前、适应重庆市区、县经济社会发展的新建业务综合用房及配套基础设施建设标准，改善了基层气象局业务服务基础条件，增强了台站基础设施对业务服务发展的适应性，提升了基层气象台站综合能力，为基层气象业务现代化建设奠定了坚实的物质基础。

四、取得的效益

（一）强化预报、预测会商业务平台现代化建设，提升基层预报、预测准确率

通过预报、预测会商业务平台现代化建设，改进和增强了预报、预测会商现代化手段，显著提升了基层气象台站预报、预测准确率，进一步强化了基层公共气象服务能力和气象灾害防御服务能力。目前，重庆市区、县气象局的预报、预测会商业务平台已完成 20 个平台建设和改造升级工程。高清大屏会商系统、气象信息共享子平台、实况降水监测报警子平台、强对流天气预警一体化子平台、气象要素精细化预报一体化子平台等建成投入业务运行，明显改进和增强了市—区（县）预报、预测会商现代化手段，进一步强化了市气象局对区、县气象局的指导能力和带动能力，显著提升了市—区（县）天气监测、预警能力，使区、县气象局的决策服务和专业专项预报服务的针对性更加突出，预报产品的表现形式更加丰富和多样，进一步满足了不同的服务需求，实现了区、县综合预报质量 2010、2011 年分别比上年提高了 3.9% 和 0.9%，2012 年 1—10 月的区、县气象局短期灾害性天气预报质量又比 2011 年同期提高了 7.0%。因此，预报、预测会商业务平台现代化建设是促进了基层气象局预报、预测准确率提升的重要基础。

（二）强化公共气象服务业务平台现代化建设，提升基层公共气象服务满意率

通过公共气象服务业务平台现代化建设，改进和增强了公共气象服务现代化手段，显著提升了基层公共气象服务满意率，进一步强化了基层公共气象服务能力和气象灾害防御服务能力。目前，重庆市区、县气象局的公共气象服务业务平台已有 11 个平台建成、22 个区、县正在按照公共气象服务业务平台的统一标准进行建设。多灾种灾害监测子平台、多专业协同研判子平台、服务产品制作与发布一体化子平台、多渠道预警信息发布子平台、多部门联动响应子平台、多类别灾情速报子平台等建成投入业务运行，明显改进和增强了市—区（县）公共气象服务现代化手段，进一步强化了重庆市气象局对区、县气象局的指导能力和带动能力，显著提升了市—区（县）公共

气象服务能力和防御气象灾害服务能力,使区、县气象局的公共气象服务和防御气象灾害服务的满意率不断提升。例如,2012年7月21—22日重庆市永川区16个镇街遭遇100毫米以上大暴雨袭击,20—24日,永川区政府及区气象局、水务局、国土房管局、安监局、煤管局等涉灾部门以及23个镇、街道办事处向6000余名防灾应急处置人员通过12类预警发布渠道及时发布监测、预警信息和应急处置指令22次,农村大喇叭广播7次,形成了政府、部门、群众联动防灾的局面,信息覆盖全区广大群众,及时帮助灾害威胁最大地区群众撤离,安全转移安置258人,避免了重大人员伤亡,将灾害损失降低到最低限度,使永川区气象局的公共气象服务和防御气象灾害服务工作获得了"永川区人民群众的认可"、"气象同行专家的认可"、"参与防灾抗灾救灾的区政府、镇(街)、村民委员会(居民委员会)、部门和社会单位的认可"。因此,公共气象服务业务平台现代化建设是促进基层公共气象服务满意率提升的重要手段。

(三)强化气象综合观测业务平台现代化建设,提升基层气象综合观测效益

通过气象综合观测业务平台现代化建设,改进和增强了气象综合观测现代化手段,显著提升了基层气象综合观测效率,进一步强化了基层气象综合观测能力。目前,重庆市各区、县气象局的气象综合观测业务平台已建成,有几个区、县气象局由于观测场地搬迁,气象综合观测业务平台正在升级改造。现代化的观测值班室、观测场防雷设施、观测场配电通讯设施、实时观测系统、数据处理系统、数据质量监控系统、视频防盗监控系统、红外防盗监控系统等建成投入业务运行,尤其是质控疑误数据查询平台及市级实时数据质量控制系统——人机交互监控子平台的业务应用,更有效地提高了基层气象观测数据的可用率,明显改进和增强了市—区(县)气象综合观测现代化手段,有效地保护观测场周边环境和仪器设备的正常运转,进一步强化了气象探测数据的代表性、准确性和可比性,显著提升了市—区(县)气象业务部门应用气象综合观测数据保障能力,充分发挥了气象综合观测数据在公共气象服务和防御气象灾害服务的效益。因此,气象综合观测业务平台现代化建设是促进基层气象综合观测效率提升的核心环节。

(四)强化基层项目标准化、精细化、集约化建设,提升资金统筹率

通过重庆市区、县气象局"三平台一基础"项目标准化、精细化、集约化建设,增强了基层气象综合观测系统、气象预报预测系统、公共气象服务系统、业务服务基础配套设施建设资金之间相互协调性、相互适应性、相互促进性、相互保障性和基层项目建设资金的集约、节约、绩效,显著提升了基层项目建设资金统筹率,进一步增强了项目建设资金统筹引领、项目综合带动、预算保障、财务监督对基层气象事业协调发展能力,促进了基层气象事业协调发展、科学发展。2009年至2012年11月26日,重庆市气象局通过"三平台一基础"实施,统筹到国家级、市级、区县级基层气象综合观测系统、气象预报预测系统、公共气象服务系统、业务服务基础配套设施等各类建设

资金 3.17 亿元,给区县气象局新增土地 453.5 亩、新增基层台站业务办公等公共用房 21355.09 平方米,新配置工作用车 21 辆,建成了 20 个区、县级预报、预测会商业务平台,11 个区、县级公共气象服务业务平台,35 个区、县级气象综合观测业务平台,为基层气象现代化建设提供了坚实物质基础。因此,基层项目标准化、精细化、集约化建设是促进基层项目建设资金的集约、节约、绩效,提升基层项目建设资金统筹率的根本途径。

附录 《加强基层气象社会管理和公共服务的对策研究》课题总结报告

《加强基层气象社会管理和公共服务的对策研究》课题是经中国气象局政策法规司《关于下达 2012 年度气象软科学研究项目的通知》(气法函〔2011〕53 号)立项的 2012 年度中国气象局软科学课题重点项目(〔2012〕第 007 号)。项目由重庆市气象局承担。经过课题组全体科研人员一年多的辛勤努力,通过大量的文献研究、走访调研、案例分析、研究成果应用实践等一系列科研工作,圆满完成课题研究任务,达到预期目的。

一、研究意义

目前,中国政府正处于强化政府公共服务和社会管理职能,以人为本,建设服务型政府,逐步实现基本公共服务均等化的行政管理体制改革时期。党的十八大报告强调"必须从维护最广大人民根本利益的高度,加快健全基本公共服务体系,加强和创新社会管理,推动社会主义和谐社会建设。要围绕构建中国特色社会主义社会管理体系,加快形成党委领导、政府负责、社会协同、公众参与、法治保障的社会管理体制,加快形成政府主导、覆盖城乡、可持续的基本公共服务体系,加快形成政社分开、权责明确、依法自治的现代社会组织体制,加快形成源头治理、动态管理、应急处置相结合的社会管理机制。完善促进基本公共服务的均等化。健全基层公共服务和社会管理网络。提高社会管理科学化水平,必须加强社会管理法律、体制机制、能力、人才队伍和信息化建设。改进政府提供公共服务方式,加强基层社会管理和服务体系建设,增强城乡社区服务功能,充分发挥群众参与社会管理的基础作用。"中共中央总书记胡锦涛同志在 2011 年的《中央党校省部级主要领导干部"社会管理及其创新"专题研讨班》开班仪式上,就当前"加强和创新社会管理"的重点工作,强调"进一步加强和完善社会管理格局,切实加强党的领导,强化政府管理职能,强化各类企事业单位社会管理和服务职责,引导各类社会组织加强自身建设、增强服务社会能力,支持人民团体参与社会管理和公共服务,发挥群众参与社会管理的基础作用。进一步加强和完善基层社会管理和服务体系,把人力、财力、物力更多投到基层,努力夯实基层组织、壮大基层力量、整合基层资源、强化基础工作、强化城乡社区自治和服务功能,健全新型社区管理和服务体制"。温家宝总理在 2011 年的《政府工作报告》中也强调"各级政府一定要把社会管理和公共服务摆到更加重要的位置,切实解决人民群众最关心、最直接、最现实的利益问题"。

气象部门是经各级政府行政授权,既承担气象工作行政管理职责的政府机构,又是承担公共气象服务的事业单位,当然也离不开强化公共气象服务和气象社会管理职能及面向决策、面向民生、面向生产提供优质的、均等化的公共气象服务的行政管理体制改革。因此,中国气象局在 2007 年 12 月,组织了部分省、市气象局局长专题研讨"强化公共气象服务和社会管理职能"问题;2008 年全国气象局局长会议专门就强化气象社会职能和科学管理进行部署,强调要把强化公共气象服务和社会管理职能作为重要任务抓紧、抓好,并且 2008 年中国气象局在直属事业单位中增设了国家级的公共气象服务机构,随后各省、自治区、直辖市气象部门相继成立了公共气象服务机构;2008 年 4 月中共中国气象局党组中心组学习会议再次研究"强化公共气象服务和社会管理职能"的问题;2009 年中国气象局机关机构和职能调整中,还专门成立了气象社会管理机构——中国气象局政策法规司社会管理处;2010 年 3 月中国气象局郑国光局长在中国气象局司局级领导干部提高"四个能力"学习与研讨班上,做了关于"转变发展方式,提升四个能力,不断提高气象工作的地位和水平"的报告,就"发展公共气象服务与加强社会管理问题"做了专题论述;2011 年中共中国气象局党组向各省(区、市)气象局党组下发了《关于开展基层气象台站综合改革调查研究工作的通知》,基层气象台站综合改革调查研究的重点内容是"面对新形势、新要求、新挑战,如何科学认识基层气象台站在经济社会发展中的职能作用和在气象事业发展中的功能定位,如何正确把握基层气象台站综合改革的方向、重点和着力点,如何推动基层气象台站事业结构、服务结构、业务结构、管理结构的调整。"其核心是基层气象的"职能作用"、"功能定位"、"事业结构"、"服务结构"、"业务结构"、"管理结构"的调查研究;2012 年中共中国气象局党组向各省(区、市)气象局党组,各直属单位党委,各内设机构下发了《中国气象局党组关于推进县级气象机构综合改革指导意见》,其核心就是坚持公共气象的发展方向,全面履行公共服务和社会管理职能;尤其是2012 年 11 月郑国光局长在中共中国气象局党组中心组学习中国共产党第十八次全国代表大会精神专题会上的《深刻领会党的十八大精神坚持和拓展中国特色气象发展道路》专题报告中,就加强和创新公共气象服务和气象社会管理还专门强调"建立健全基层公共气象服务组织机构;加快实现服务业务现代化、服务队伍专业化、服务机构实体化、服务管理规范化。充分调动社会资源发展公共气象服务。要进一步统筹社会资源,充分利用社会资源参与气象服务,增加公共气象服务提供主体,增强公共气象服务供给能力,实现城乡基本公共气象服务均等化,满足全面建成小康社会对公共气象服务的需求,使公共气象服务的效益最大化。做好防灾、减灾工作是各级政府履行公共服务和社会管理职能的重要组成部分。气象服务社会化是国家社会事业体制改革的重要内容,是公共气象服务改革发展的主要方向,是提高气象服务能力和效益的必然选择。要真正把发展公共气象服务作为一项重要的社会事业,作为公共气象服务持续健康发展的一条重要途径,把人民群众的满意度作为衡量公共气象服务水平的一项重要指标,使气象工作真正融入社会、融入经济社会发展的各行各业、融入百姓生产、生活。要着力做到社会各界充分参与、社会力量充分调动、社会资源充分利用、社会需求充分满足。加快形成政府主导、覆盖城乡、可持续的基本公共服务体系。"

气象社会管理和公共气象服务是政府实施社会管理和公共服务的重要组成部分,而基层气象是气象业务服务的基础,是气象事业发展的基石,是加强和创新气象社会管理与公共气象服务的基点,同时也是气象部门行使气象社会管理职能和公共气象服务的最基本载体和一线窗口。因此,基层气象的公共气象服务和气象社会管理综合改革是气象部门改革的重点和难点,也是实现气象现代化的关键环节。虽然近年来,中国气象局和省级气象局先后出台了一系列加强基层气象事业发展的意见,取得了较为明显的成效,为基层气象的公共气象服务和气象社会管理综合改革与发展提供了可以推广借鉴的经验和做法。但是基层气象事业发展中还面临着一系列严峻的挑战和棘手的难题。在加快气象事业发展、深化事业单位改革、强化基层基础工作、推进统筹集约等的形势下,完善基层气象的工作格局、运行机制和政策措施,面临较大压力。尤其在经济社会发展对气象工作的需求越来越多、要求越来越高的背景下,强化基层气象社会管理职能、完善业务技术体制、健全基层公共气象服务机制,面临很大挑战。所以加强区(县)、乡(镇、街道办事处)、村民委员会(居民委员会)三级基层行政管理机构和区(县)、乡(镇、街道办事处)二级基层行业管理机构的气象社会管理和公共气象服务水平的对策研究,对强化三级基层行政管理机构、二级基层行业管理机构和基层行政管理机构管理辖区内基本社会单位的气象建设,明确三级基层行政管理机构和二级基层行业管理机构的公共气象服务和气象社会管理责任,落实基本社会单位防御气象灾害主体责任,认清基层气象部门的公共气象服务和气象社会管理改革发展面临的新形势、新要求、新任务、新挑战,发现制约基层气象事业发展的关键问题和薄弱环节,找准基层气象的公共气象服务和气象社会管理综合改革的着力点与突破口,夯实基层气象发展的基础与实力,提升基层气象社会管理和公共气象服务水平具有重大的现实意义和理论指导。

二、研究目的

基层气象部门是气象业务服务的基础,是气象事业发展的基石,是气象工作发挥作用和效益的落脚点,同时也是气象部门行使气象社会管理职能和公共气象服务的基本载体和一线窗口。因此,基层气象部门的公共气象服务和社会管理综合改革是气象部门改革的重点和难点,也是实现气象现代化的关键。本课题通过对基层气象社会管理和基层公共气象服务基本概念、基层气象社会管理和基层公共气象服务现状、强化基层社会管理和基层公共气象服务对策以及 GLDLSP 网格立体管理模型的研究,为找准强化基层气象社会管理和公共气象服务的着力点与突破口,强化区(县)、乡(镇、街道办事处)、村民委员会(居民委员会)三级基层管理机构和区(县)级气象部门及区(县)、乡(镇、街道办事处)有关部门的气象工作职责,落实基本社会单位防御气象灾害主体责任,提升基层气象社会管理和公共气象服务水平,夯实基层气象发展的基础与实力提供理论指导和实践经验。

三、研究方法与技术路线

本项目研究采取系统理论、统计、归纳、分层、排除、表格调查、案例分析和信息等理论与方法,根据重庆市基层气象台站的实际情况制定了《关于开展基层气象台站综合改革调查研究实施方案》,研究分析重庆市基层气象台站的现状、存在问题和强化气象基层基础工作的主要经验以及地方政府及相关部门在强化基层基础工作的经验做法,提出加强基层气象台站综合改革的建议、制定加强基层气象社会管理和公共服务水平的对策措施,从而为建设"四个一流"基层气象台站,推动基层气象台站事业、服务、业务和管理等结构的调整,提升基层气象台站业务科技实力、气象服务能力、科学管理水平提供理论指导和实践经验。

四、研究的主要内容

本项目研究的内容主要有以下几方面:
(一)基层气象社会管理与基层公共气象服务基本概念;
(二)基层气象社会管理与基层公共气象服务现状分析;
(三)强化基层气象社会管理的对策措施研究;
(四)强化基层公共气象服务的对策措施研究;
(五)基层气象社会管理与公共服务的 GLDLSP 网格立体管理模型研究;
(六)重庆市加强基层气象社会管理与公共气象服务的实践。

五、主要研究成果

(一)明确了基层气象社会管理的具体职能、方式以及管理的主体、对象,给出了基层气象社会管理的定义——是指区(县)级气象管理部门以公益为目的,经过县级人民政府或县级以上气象管理部门授权,依据相关法律、法规和部门规章对区(县)和乡(镇、街道办事处)级有关部门、乡(镇、街道办事处)、村民委员会(居民委员会)以及村民委员会(居民委员会)管理辖区内基本社会单位的气象工作进行计划、组织、指导、协调、控制和监督的活动和过程。

(二)在各级气象部门气象社会管理关系的研究分析中,发现了各级气象部门气象社会管理之间的辩证关系,即"基层气象社会管理是国家、省、地(市)级气象部门气象社会管理的有机组成部分,是国家、省、地(市)级气象部门履行气象社会管理的基础,是加强和创新气象社会管理的基点;基层气象社会管理是国家、省、地(市)级气象部门在基层履行气象社会管理的具体表现形式;没有完善的基层气象社会管理,国家、省、地(市)级气象部门的气象社会管理职能的履行就存在局限,很难完整履行,就是不完整的气象社会管理;国家、省、地(市)级气象部门的气象社会管理对基层气象部门的气象社会管理具有指导性,基层气象部门的气象社会管理对国家、省、地(市)级气象部门的气象社会管理具有拓展性、牵引性和检验性。"得到了"没有基层气象社会管理,各级气象部门的气象社会管理就很难融入当地政府加强和创新社会管理中,很难促进气象工作政府化。"的重要结论。

(三)明确了基层公共气象服务的目的,即以积极、主动、敏锐的服务意识和科学高效的服务手段,及时、主动、准确地将服务传递给区(县)、乡(镇、街道办事处)、村民委员会(居民委员会)三级基层行政管理机构的决策部门和村民委员会(居民委员会)管理辖区内基本社会单位以及社会公众,并让用户了解和掌握一定气象科学知识,将公共气象服务自觉应用于自身的决策、管理和生产生活实践中,最终为防灾减灾、应对气候变化、趋利避害、可持续发展等提供科学支撑。给出了基层公共气象服务的定义——是指区(县)级气象部门使用各种公共资源或公共权力,向区(县)、乡(镇、街道办事处)、村民委员会(居民委员会)三级基层行政管理机构和区(县)与乡(镇、街道办事处)级有关部门以及村民委员会(居民委员会)管理辖区内基本社会单位以及社会公众提供气象资源和气象保障的活动与过程,包括提供气象信息、气象产品、气象咨询、气象保障和气象技术支持等内容。

(四)在各级气象部门公共气象服务关系的研究分析中,发现了各级气象部门公共气象服务之间的辩证关系,即"基层公共气象服务是国家、省、地(市)级气象部门公共气象服务的有机组成部分,是国家、省、地(市)级气象部门开展公共气象服务的基础,是加强和创新公共气象服务的基点;基层公共气象服务是国家、省、地(市)级气象部门开展公共气象服务窗口和具体表现形式,没有基层公共气象服务,国家、省、地(市)级气象部门的公共气象服务就存在局限性,甚至国家、省、地(市)级气象部门就无法开展公共气象服务;国家、省、地(市)级气象部门的公共气象服务对基层气象部门的公共气象服务具有指导性,而基层气象部门的公共气象服务对国家、省、地(市)级气象部门的公共气象服务具有拓展性、牵引性和检验性。"得到了"没有基层气象部门的公共气象服务,国家、省、地(市)级气象部门的公共气象服务就很难融入和服务当地经济社会发展大局,很难促进气象服务社会化。"的重要结论。

(五)在基层气象社会管理与基层公共气象服务相互关系的研究分析中,发现了基层气象社会管理与基层公共气象服务之间的辩证关系,即"基层气象社会管理与基层公共气象服务既相互区别又密切联系,两者之间相辅相成、相互支撑,既不能割裂,也不能对立。一方面,基层公共气象服务的效益发挥和放大有赖于基层气象社会管理职能的充分履行;另一方面,基层公共气象服务能力与水平的提高也有助于基层气象社会管理的强化;基层公共气象服务是基层气象社会管理的基础、具体表现形式,同时也是强化基层气象社会管理的助推器,并且在服务中实施管理,在管理中体现服务。"得到了"基层气象社会管理为基层公共气象服务提供可靠保障,基层公共气象服务为基层气象社会管理奠定坚实基础。"的重要结论。

(六)在基层气象社会管理现状及存在问题的研究分析中,凝练出基层气象部门在履行社会管理职能方面取得的成效:一是基层气象部门履行社会管理职能的环境和氛围越来越好;二是法律、法规和标准体系日趋完善;三是能力不断增强,履职范围逐步拓展;四是履职意识不断增强,基层气象社会管理体制日趋完善。存在的突出问题表现为:一是基层气象社会管理的政策研究和基层气象社会管理的法律、法规和标准基础还比较薄弱,法定的基层气象社会管理职能还比较少;二是基层气象部门履职行为还不规范,基层气象社会管理与技术服务、市场经营纠缠不清,导致社会和其他部门对基层气象社会管理的认知度还比较低,使基层气象部门履行气象社会管理职能的难度还比较大;三是基层气象部门自身对气象社会管理的认识还不到位,重业务管理、轻职能发挥,重部门管理、轻行业管理,重提供公共气象服务、轻气象社会管理,使基层气象部门的气象社会管理还没有形成合力;四是基层气象社会管理的体制机制还不健全,基层气象社会管理手段单一、领域狭窄,基层气象部门的社会管理工作还非常薄弱。

(七)在基层公共气象服务现状及存在问题的研究分析中,凝练出基层气象部门在履行公共气象服务方面取得的成效是:基层公共气象服务业务体制和技术体系逐步完善,服务产品极大丰富,服务领域逐渐拓宽,服务手段更加多样。存在的突出问题表现为:一是基层气象部门干部职工对坚持公共气象服务的发展方向以及公共气象服务的定位与内涵还存在着思想认识方面的偏差;二是适应基层公共气象服务健康快速发展的体制机制仍未建立;三是基层公共气象服务业务系统、流程与规范还很不完善;四是基层气象部门的气象预报预测能力、气象防灾减灾能力、应对气候变化能力、开发利用气候资源能力与公共气象服务的总体要求还有差距,还不适应当地经济社会发展需求;五是基层公共气象服务领域拓展不够,缺乏进一步面向不同用户所需的个性化、专门化、针对性的服务产品,存在以预报代替服务的问题,服务产品缺乏通俗性,不利于服务对象应用,基层公共气象服务质量有待进一步提高;六是基层公共气象服务的科技支撑薄弱、机构不健全、人才匮乏、预警信息接收仍存在盲区;七是基层公共气象服务应有的服务流程、服务链条还需进一步完善、基层公共气象服的效益还未能充分发挥;八是基层公共气象服务与国际气象服务发展进程不相适应,缺乏迎接经济全球化挑战的准备。

(八)在强化基层气象社会管理对策措施研究分析中,凝练出强化基层气象社会管理职能的 3 个"完善"、2 个"坚持"、3 个"提升"的"323 系统工程",即"完善地方气象法规体系,强化基层气象社会管理职能的合法性;完善地方气象标准体系,强化基层气象社会管理职能的权威性;完善"政府主导、部门联动、社会参与"机制,强化基层气象社会管理职能的操作性;坚持继承中创新,强化基层气象社会管理职能拓展性;坚持公共气象服务引领,强化基层气象社会管理职能的服务性;提升公共气象服务能力,强化基层气象社会管理职能的科学性;提升气象科普知识普及率,强化社会接受基层气象社会管理的自觉性;提升公共财政的支撑力度,强化基层气象社会管理职能的绩效性。"

(九)在提高公共财政投入与降低气象灾害损失关系的研究分析中,发现和揭示了"头年公共财政投入与次年气象灾害损失之间的负相关性",获得了"公共财政对气象事业投资的效益发挥具有一年的滞后性,其投资的同比增长率与气象灾害损失占GDP 的百分比之间具有负相关"的重要结论,证明了随着公共财政支撑气象事业力度的提升,气象现代化支撑的气象社会管理水平将不断增强,气象社会管理的防灾、减灾效益将显著提高,气象社会管理职能的绩效性更加突出,为公共财政加大对气象事业投入提供了理论支持,为基层气象部门争取更广泛的投入提供了理论依据。

(十)在加强基层公共气象服务的对策措施研究分析中,凝练出加强基层公共气象服务对策措施的 4 个"完善"、2 个"提升"、1 个"健全"、1 个"拓展优化"的强化基层公共气象服务职能的"4211 系统工程",即"完善基层气象体制机制,扎实推进基层气象机构综合改革;完善气象灾害风险评估,强化基层公共气象服务的敏感性;完善气象灾害应急预案,强化基层公共气象服务的前瞻性;完善气象灾害隐患排查,强化基层公共气象服务的动态性。提升气象防灾、减灾能力,强化基层公共气象服务的系统性;提升气象预测、预报能力,强化基层公共气象服务的准确性。健全安全气象责任链条,强化基层公共气象服务的社会性。拓展优化公共气象服务,强化基层公共气象服务的满意性。"

(十一)在完善气象灾害风险评估,强化基层公共气象服务的敏感性研究分析中,得到了"基层气象部门加强和完善本行政区域和本行政区域内气象灾害敏感单位的气象灾害风险评估,强化基层公共气象服务敏感性是进一步做好基层公共气象服务的基本前提"的重要结论。

（十二）在完善气象灾害应急预案，强化基层公共气象服务的前瞻性研究分析中，得到了"基层气象部门加强和完善本行政区域和本行政区域内气象灾害敏感单位的气象灾害应急预案，强化基层公共气象服务前瞻性是进一步做好基层公共气象服务，有效防御气象灾害的根本保障"的重要结论。

（十三）在完善气象灾害隐患排查，强化基层公共气象服务的动态性研究分析中，得到了"完善气象灾害隐患普查、排查、监管、报告、备案、检查、督查、治理工作机制，强化基层公共气象服务的动态性是进一步做好基层公共气象服务，有效防御气象灾害的关键环节"的重要结论。

（十四）在提升气象防灾减灾能力，强化基层公共气象服务的系统性研究分析中，得到了"充分利用全社会资源，形成国家、地方、社会资金共同依法投入基层气象防灾、减灾能力建设的防御气象灾害新格局，以系统观念建立适应气象社会管理和公共服务全过程的业务流程和业务链条，提升基层气象防灾、减灾能力，有效强化基层公共气象服务的系统性是提高基层公共气象服务水平和防御气象灾害不可缺少的环节与重要的支撑"的重要结论。

（十五）在提升气象预测预报能力，强化基层公共气象服务的准确性研究分析中，得到了"通过落实气象灾害敏感单位防御气象灾害的主体责任，实现气象灾害敏感单位安全气象保障的工程性和非工程措施与基层气象部门的气象预测、预报能力的有机结合、互动、共享，来完善和提升基层气象预报、预测能力是进一步强化基层公共气象服务准确性，有效防御气象灾害的新途径"的重要结论。

（十六）在健全安全气象责任链条，强化基层公共气象服务的社会性研究分析中，得到了"基层气象部门必须以基层气象机构综合改革为契机，以落实区（县）、乡（镇、街道办事处）、村民委员会（居民委员会）三级基层行政管理机构和区（县）级气象部门及区（县）、乡（镇、街道办事处）有关部门以及气象灾害敏感单位防御气象灾害的主体责任为抓手，建立健全适应基层公共气象服务与气象防灾减灾服务的区（县）、乡（镇、街道办事处）、村民委员会（居民委员会）三级基层行政管理机构和区（县）级气象部门及区（县）、乡（镇、街道办事处）有关部门以及气象灾害敏感单位等气象防灾、减灾全过程的'安全气象责任链条'，明确区（县）、乡（镇、街道办事处）、村民委员会（居民委员会）三级基层行政管理机构和区（县）级气象部门与区（县）、乡（镇、街道办事处）有关部门以及气象灾害敏感单位在基层公共气象服务与气象防灾、减灾服务每个环节的公共气象服务责任与气象防灾、减灾服务安全职责，才能形成'政府主导、部门联动、社会参与'的全社会齐抓共管、各负其责，共铸基层公共气象服务与气象防灾、减灾服务新格局，才能确保基层公共气象服务与气象防灾、减灾服务全过程中，上下衔接沟通无接头，左右并联协作无缝隙，才能实现全社会参与的、服务全社会的、服务一流的基层公共气象服务"的重要结论。

　　(十七)在拓展优化公共气象服务,强化基层公共气象服务的满意性研究分析中,得到了"基层气象部门不仅要拓展气象灾害敏感单位的气象灾害风险评估服务领域与服务能力,实现从气象灾害风险区划向气象灾害风险区划与气象灾害敏感单位的气象灾害风险评估并重转变,在宏观层面上指导区(县)、乡(镇、街道办事处)、村民委员会(居民委员会)三级基层行政管理机构做好公共气象服务和气象防灾、减灾服务,在微观层面上指导区(县)、乡(镇、街道办事处)级有关部门以及村民委员会(居民委员会)管理辖区内气象灾害敏感单位做好本部门、本单位公共气象服务和气象防灾、减灾服务;而且还要拓展对被服务单位应用公共气象服务产品和气象防灾、减灾服务产品的指导内涵与指导能力,实现从追求公共气象服务产品和气象防灾、减灾服务产品的预测、预报准确率向追求公共气象服务产品和气象防灾、减灾服务产品的预测、预报准确率与公共气象服务产品和气象防灾减灾服务产品的应用效益率并重转变,优化健全公共气象服务和气象防灾、减灾服务全过程业务链条,确保区(县)、乡(镇、街道办事处)级有关部门以及村民委员会(居民委员会)管理辖区内气象灾害敏感单位既能获得准确的预测、预报公共气象服务产品和气象防灾、减灾服务产品,又能获得如何将准确的预测、预报公共气象服务产品和气象防灾、减灾服务产品自觉应用于自身决策、管理和生产实践中产生效益的有针对性技术培训和技术指导,有效地增强公共气象服务和气象防灾、减灾服务,促进区(县)、乡(镇、街道办事处)级有关部门以及村民委员会(居民委员会)管理辖区内气象灾害敏感单位科学发展、安全发展的政治、经济、社会、生态、防灾减灾和安全等效益。才能进一步充分发挥公共气象服务和气象防灾、减灾服务的政治、经济、社会、生态和安全等效益,才能实现基层气象部门的公共气象服务和气象防灾、减灾服务的加强与创新,才能使基层公共气象服务和气象防灾、减灾服务经得起科学检验、社会检验、历史检验,获得人民群众认可、市场经济认可、同行专家认可,最终让政府满意、单位满意、社会满意"的重要结论。

　　(十八)在强化基层气象社会管理与公共气象服务,提升气象防灾、减灾能力,充分发挥气象防灾、减灾效益的研究分析中,创建了"按照《气象灾害防御条例》的规定,通过气象灾害防御的安全气象责任链条,结合'德清模式'、'永川模式'、'气象灾害敏感单位分类及认证管理模式'等创新工作实践经验,进一步明确各级行政管理机构、气象主管机构、行业管理机构和社会单位等在气象社会管理、公共气象服务以及气象灾害防御方面的具体工作职能、职责及其工作任务;既解答了在气象工作中各级行政管理机构'主导什么——怎么主导'、各级气象主管机构'管什么——怎么管'、各级行业管理机构'联动什么——怎么联动'、社会单位'参与什么——怎么参与'等问题,又释疑了各级行政管理机构、气象主管机构、行业管理机构和社会单位等在气象工作中'做什么——怎么做'的困惑;从而健全完善了'政府主导、部门联动、社会参与'的气象社会管理、公共气象服务以及气象灾害防御的工作体系,实现了气象社会管理与公共气象服务以及气象灾害防御工作'政府主导自上而下,部门联动横向到边、纵向到底,社会参与到点(具体社会单位)'管理方式"的 GLDLSP 网格立体管理模型(图1)。为基层气象主管机构应用计算机数据库技术、通信网络技术建立社会单位气象社会管理与公共气象服务流程、实现基层气象社会管理与公共气象服务的信息化、标准化、程序化、便捷化奠定了坚实基础。

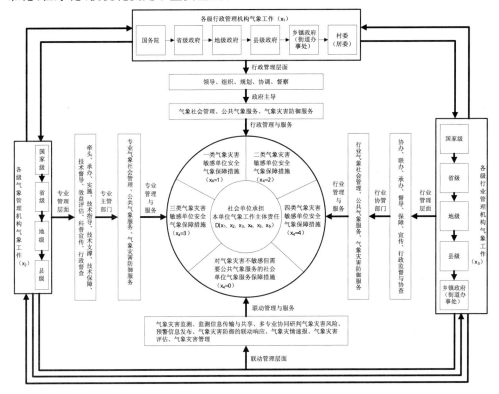

图 1 GLDLSP 网格立体管理模型示意图

(十九)结合重庆学校气象灾害风险评估试验点工作经验,从科学性、实用性、操作性等方面参考并吸收当前常用的自然灾害风险评估方法和气象灾害风险评估方法以及安全生产评价方法的优点,探索并深刻阐述了在 MES 评估方法基础上进行优化改进的学校气象灾害风险评估实用方法,创建了学校气象灾害风险评估的实用模型——CQMES 模型。

评估实用模型 CQMES 的计算公式:

$$R_{1K} = M_K E_K S_{1K}$$

$$R_{2K} = M_K E_K S_{2K} \qquad R2 = \sum_{K=1}^{N} R_{2K} = \sum_{K=1}^{N} M_K E_K S_{2K}$$

式中各参数的物理意义如下：

①R_{1K}表示 K 类别灾害性天气事件引发学校安全事故造成人员伤害的风险程度；

②R_1表示学校在同一定时段内有 N 个类别灾害性天气事件叠加引发学校安全事故造成人员伤害的综合风险程度；

③R_{2K}表示 K 类别灾害性天气事件引发学校安全事故造成设施、设备、房屋等财产损失的风险程度；

④R_2表示学校在同一定时段内有 N 个类别灾害性天气事件叠加引发学校安全事故造成设施、设备、房屋等财产损失的综合风险程度；

⑤N 表示学校在同一时段内存在的引发学校安全事故的气象灾害"风险源"类型个数；

⑥K 表示学校存在的气象灾害"风险源"类型的具体类别，也即影响学校的灾害性天气类型的具体类别；

⑦M_K 表示学校为应对 K 类别灾害性天气事件引发学校安全事故而采取的工程性和非工程性控制措施的状态；

⑧E_K 表示学校及其师生暴露在影响学校及其师生的 K 类别灾害性天气频繁程度，也即灾害性天气发生频率的大小；

⑨S_{1K}表示 K 类别灾害性天气事件引发学校安全事故造成的人员伤害的情况；

⑩S_{2K}表示 K 类别灾害性天气事件引发学校安全事故造成的设施、设备、房屋等财产损失情况。

明确了评估实用模型的各参数选择原则、适用范围、评估结论应用原则，给出了的评估报告编写大纲。并进行了学校气象灾害风险管理创新实践。

（二十）在提高省级建设项目预算管理水平研究分析中，提出并制定了确保建设项目的预算执行和按期完成并发挥效益的"项目实施一批、项目储备一批、项目可研一批"管理工作机制，强调了在基层项目可行性研究中要高度注意并避免气象专业知识"太专"、"太深"、"太理论"对基层气象事业科学发展影响和创新限制的问题。为重庆市气象局落实规划引领和导向作用，发挥建设项目对气象事业科学发展的带动和促进作用，加快建设项目的预算执行和按期完成，并发挥效益奠定了坚实的管理基础。

（二十一）在北京"7.21"特大暴雨带给气象影视人的反思的研究分析中，发现有 70% 的社会公众不知道或说不清暴雨预警分几级，有 80% 的社会公众并不知道在获知暴雨预警信号后，应该做哪些防护措施的社会现象，提出了充分利用气象影视科普传播的途径，搭建一个更广泛合作的气象科普影视资源交流共享平台和传播平台，采取气象影视节目制作多元化、电视气象科普传播立体化的措施，从而推动气象科普知识的传播与普及,提高社会公众气象防灾、减灾意识和自救、互救能力。

六、取得的科学发现、技术发明和技术创新

(一)发现并深刻阐述了各级气象部门的气象社会管理之间、公共气象服务之间、气象社会管理与公共气象服务之间的辩证关系,得到了"没有基层气象社会管理与公共气象服务,各级气象部门的气象社会管理与公共气象服务就很难融入当地政府加强和创新社会管理、很难融入和服务当地经济社会发展大局,很难促进气象工作政府化、气象服务社会化;基层气象社会管理为基层公共气象服务提供可靠保障,基层公共气象服务为基层气象社会管理奠定坚实基础"的科学判断。提出并实践了突出基层气象社会管理职能合法性、权威性、操作性、拓展性、服务性、科学性、自觉性、绩效性等"八性"的3个"完善"、2个"坚持"、3个"提升"的"323系统工程"和突出基层公共气象服务敏感性、前瞻性、动态性、系统性、准确性、社会性、满意性等"七性"的4个"完善"、2个"提升"、1个"健全"、1个"拓展优化"的"4211系统工程"。

(二)发现和揭示了公共财政对气象事业投资的效益发挥具有一年的滞后性,其投资的同比增长率与气象灾害损失占GDP的百分比之间存在负相关关系。为公共财政加大对气象事业投入提供了理论支持,为基层气象部门争取更广泛的投入提供了理论依据。

(三)提出并实践了"加强和完善气象灾害敏感单位气象灾害的风险评估、应急预案和气象灾害隐患普查、排查、监管、报告、备案、检查、督查、治理工作机制,是强化基层公共气象服务敏感性、前瞻性和动态性,做好基层公共气象服务,有效防御气象灾害的基本前提、根本保障和关键环节。"和"依法充分利用全社会资源,共同建立适应气象社会管理和公共服务全过程的业务流程与业务链条,是强化基层公共气象服务的系统性,提高基层公共气象服务水平、防御气象灾害不可缺少的环节和重要支撑"的管理新理念。

(四)提出并实践了"依法落实气象灾害敏感单位防御气象灾害的主体责任,实现气象灾害敏感单位安全气象保障的工程性与非工程性措施与基层气象部门气象预测、预报能力的有机结合、互动、共享,来完善和提升基层气象预报、预测能力,强化基层公共气象服务准确性"的新途径。

(五)探索并进行了"通过依法建立、健全适应公共气象服务与气象防灾、减灾服务全过程的'安全气象责任链条',明确各级行政管理机构和气象部门及有关部门、社会单位在基层公共气象服务与气象防灾、减灾服务每个环节的安全职责与服务责任,形成了'上下衔接沟通无接头、左右并联协作无缝隙'的全社会'齐抓共管、各负其责、共铸安全'的基层公共气象服务与气象防灾、减灾服务体系"的创新实践。

(六)提出了"基层气象部门要树立从气象灾害风险区划向气象灾害风险区划与

气象灾害敏感单位的气象灾害风险评估并重转变,从追求服务产品的预测、预报准确率向追求服务产品的预测、预报准确率与服务产品的应用效益率并重转变的管理新理念,优化健全服务全过程业务链条,拓展对气象灾害敏感单位应用服务产品的指导内涵与指导能力,确保其既能获得预测、预报准确的服务产品,又能将服务产品自觉应用于自身决策、管理和生产实践中,实现科学发展、安全发展。"的新观点。

(七)依据气象灾害防御的安全气象责任链条,创建了使各级行政管理机构、气象主管机构、行业管理机构和社会单位等在气象社会管理、公共气象服务以及气象灾害防御方面主体定位、职能职责、具体工作、工作流程更加明晰、精准的 GLDLSP 网格立体管理模型,既解答了在气象工作中各级行政管理机构"主导什么——怎么主导"、各级气象主管机构"管什么——怎么管"、各级行业管理机构"联动什么——怎么联动"和社会单位"参与什么——怎么参与"等问题,又释疑了各级行政管理机构、气象主管机构、行业管理机构和社会单位等在气象工作中"做什么——怎么做"的困惑,实现了"政府主导自上而下,部门联动横向到边、纵向到底,社会参与到点(具体社会单位)。"的管理方式,健全完善了"政府主导、部门联动、社会参与"的气象工作体系。

(八)探索并深刻阐述了在 MES 评估方法基础上进行优化改进的学校气象灾害风险评估实用方法,创建了学校气象灾害风险评估的实用模型——CQMES 模型,进行了学校气象灾害风险管理创新实践。

(九)提出了基层气象部门建设项目可行性研究中要高度注意并避免气象专业知识"太专"、"太深"、"太理论"对基层气象事业科学发展影响与创新限制的问题,制定了确保项目预算执行和按期完成并发挥效益的"项目实施一批、项目储备一批、项目可研一批"的管理工作机制。

七、技术报告、专著、论文

(一)《加强基层气象社会管理与公共服务的对策研究成果主报告》;

(二)《学校气象灾害敏感单位认证管理与实践》(气象出版社,2012);

(三)《7·21 特大暴雨带给气象影视人的反思》(全国气象影视与传媒委员会2012 年会,2012 年 10 月,沈阳);

(四)《提高省级建设项目预算管理水平的思考》(重庆气象,2012,第 4 期)。

八、研究进度

本课题组严格依据中国气象局软科学研究项目"加强基层气象社会管理和公共服务的对策研究"申请书研究进度安排和 2012 年度中国气象局软科学研究项目的时间要求,按以下进度开展研究:

(一)2011 年 11—12 月,重庆市气象局强化基层气象社会管理和公共服务的主

要经验分析;

(二)2012 年 1—3 月,重庆地方政府及相关部门强化基层基础工作的经验分析;

(三)2012 年 3—9 月,加强基层气象社会管理和公共气象服务的对策措施研究,出版课题研究成果之一《学校气象灾害敏感单位认证管理与实践》;

(四)2012 年 9—12 月,加强基层气象社会管理和公共服务的对策措施研究技术报告征求意见和修改技术报告,发表课题研究成果之一《7·21 特大暴雨带给气象影视人的反思》和《提高省级建设项目预算管理水平的思考》两篇论文,编写加强基层气象社会管理和公共服务水平的对策措施研究课题总结报告;

(五)2012 年 12 月—2013 年 1 月,项目验收准备,结题。

九、主研人员及所承担的研究任务

李良福(重庆市气象局,研究员/博士):课题组长。负责课题的方案设计、课题总结、"强化基层气象社会管理的对策措施研究"、"强化基层公共气象服务的对策措施研究"、"强化基层气象社会管理与公共服务的 GLDLSP 网格立体管理模型研究"、"重庆加强基层气象社会管理与公共气象服务的创新实践案例研究"和研究成果应用实践研究工作。负责课题技术报告、课题总结报告的执笔撰写工作,负责课题研究成果之一的《学校气象灾害敏感单位认证管理与实践》和《提高省级建设项目预算管理水平的思考》执笔撰写工作。指导"基层气象社会管理与基层公共气象服务基本概念分析研究"、"基层气象社会管理与基层公共气象服务现状分析研究"。

王银民(重庆市气象局,高工/局长):负责课题总体协调、课题技术报告与课题总结报告的审阅工作和"重庆加强基层气象社会管理与公共气象服务的创新实践工作"。指导课题的方案设计和"基层气象社会管理与基层公共气象服务基本概念分析研究"、"基层气象社会管理与基层公共气象服务现状分析研究"、"强化基层气象社会管理的对策措施研究"、"强化基层公共气象服务的对策措施研究"、"强化基层气象社会管理与公共服务的 GLDLSP 网格立体管理模型研究"、"重庆加强基层气象社会管理与公共气象服务的实践案例研究"。

杨利敏(重庆市气象服务中心,高工/硕士):负责"基层气象社会管理与基层公共气象服务基本概念分析研究"、"基层气象社会管理与基层公共气象服务现状分析研究"和《"7·21"特大暴雨带给气象影视人的反思》执笔撰写工作。参加课题的方案设计、课题总结、"强化基层气象社会管理的对策措施研究"、"强化基层公共气象服务的对策措施研究"、"强化基层气象社会管理与公共服务的 GLDLSP 网格立体管理模型研究"、"重庆加强基层气象社会管理与公共气象服务的创新实践案例研究";参加课题研究成果之一《学校气象灾害敏感单位认证管理与实践》和课题技术报告、课题总结报告执笔撰写工作及其审阅工作。

覃彬全(重庆市防雷中心,高工/硕士):参加课题的方案设计和课题总结;参加"重庆加强基层气象社会管理与公共气象服务的创新实践案例研究"以及课题技术报告、课题总结报告编写和审阅工作,参加课题研究成果之一的《学校气象灾害敏感单位认证管理与实践》编写工作。

青吉铭(重庆市黔江区气象局,工程师/局长):负责课题研究成果在重庆市黔江区的一系列应用实践工作。参加课题的方案设计和强化社会单位主体责任的"气象灾害敏感单位认证管理"创新实践工作与"强化基层台站综合实力的'三平台一基础'建设创新实践工作"。

冯萍(重庆市气象局政策法规处,主任科员):参加课题的方案设计和课题总结;参加课题技术报告、课题总结报告审阅工作和强化社会单位主体责任的"气象灾害敏感单位认证管理"创新实践工作,参加课题研究成果之一的《学校气象灾害敏感单位认证管理与实践》编写工作。

刘飞(重庆市气象局政策法规处,副处长):参加课题的方案设计和课题总结报告审阅工作以及强化社会单位主体责任的"气象灾害敏感单位认证管理"创新实践工作,参加课题研究成果之一的《学校气象灾害敏感单位认证管理与实践》编写工作。

盖长松(重庆市气象服务中心,工程师/硕士):参加"GLDLSP 网格立体管理模型的部门联动研究成果在学校应用创新实践工作"。

段溯舸(重庆市气象局人事处,高工/处长):参加"完善基层气象体制机制,扎实推进基层气象机构综合改革调研工作"。

唐学术(重庆市气象局办公室,副主任):参加"重庆加强与创新气象社会管理与公共服务的基层气象台站综合改革调研工作"。

刘虹(重庆市气象局计财处,高工/处长):参加"强化基层台站综合实力的'三平台一基础'建设创新实践工作"。

向波(重庆市气候中心,高工):参加"公共财政投入与降低气象灾害损失的关系研究工作",参加课题研究成果之一的《学校气象灾害敏感单位认证管理与实践》编写工作。

李锡福(重庆市气象局监察审计处,高工/处长):参加"强化部门联动的永川自然灾害应急联动预警体系建设创新实践工作"。

付钟(重庆市气象信息与技术保障中心,高工/副主任):参加"强化基层台站综合实力的'三平台一基础'建设创新实践工作"。

李平(重庆市气象局观测与网络处,高工/处长):参加"强化基层台站综合实力的'三平台一基础'建设创新实践工作"。

杨智(重庆市气象局应急与减灾处,高工/硕士):参加"强化部门联动的永川自然灾害应急联动预警体系建设创新实践工作"和"强化基层台站综合实力的'三平台一基础'建设创新实践工作"。

周国兵(重庆市气象局科技与预报处,高工/博士生):参加"强化基层台站综合实力的'三平台一基础'建设创新实践工作"。

参考文献

S·泰森,T·杰克逊.高筱苏译.1997.组织行为学.北京:中信出版社.

《气象事业科学管理体系研究》课题组.1999.气象事业科学管理研究与实践,北京:气象出版社.

艾伦.H.森特,弗兰克.E.沃尔什.熊源伟,相丽萍译.1988.公共关系案例.湖南:湖南文艺出版社.

北京减灾协会.1998.城市可持续发展与灾害防御.北京:气象出版社.

常俊.2001.气象服务市场前景广阔气象信息产业大有作为.内蒙古气象,(1):8-11.

陈庆云.1996.公共政策分析.北京:中国经济出版社.

陈双溪.1999.气象与领导.北京:气象出版社.

陈雪莲.2010.社会应急管理体制研究指引刍义.中国应急管理,(1):14-18

陈振林,郑江平,邵洋等.2010.公共气象服务系统发展研究.气象软科学,(5):86-100.

戴淑芬.2000.管理学教程.北京:北京大学出版社.

董颖.2009.地质灾害风险评估理论与实践.北京:地质出版社.

杜顺义,薛增军,段成钢等.2012.加强气象部门政府公共管理职能若干问题研究.气象软科学,
　　(1):1-8.

方健宏.2010.广东图书馆公共服务的新探索.求是,(8):26-28.

高建国.2010.应对巨灾的举国体制.北京:气象出版社.

高庆华,李志强,刘惠敏等.2008.自然灾害系统与减灾系统工程.北京:气象出版社.

高学浩,姜海如.2011.加强气象社会管理有关问题研究.气象软科学,(2):4-28.

顾青峰译.2004.气象服务中的公平和效率.气象软科学,(1):162-167.

胡鹏,梅连学,王梅华等.2010.一流人才与人才体系建设思路.气象软科学,(5):51-71.

黄崇福.2005.自然灾害风险评价理论与实践.北京:科学出版社.

黄强.2000.领导科学.北京:高等教育出版社.

黄清贤.1996.危害分析与风险评估.台北:三民书局股份有限公司.

黄少军,何华权.1997.政府经济学.北京:中国经济出版社.

黄宗捷,蔡久忠.1996.气象服务效益概论.北京:气象出版社.

贾薇薇,魏玖长.2011.经济开发区潜在突发事件的风险评估研究及其应用.中国应急管理,(1):
　　24-28.

姜海如,陈贤.2001.论气象服务业一般特征及发展.气象软科学,(1):54-61.

姜海如.2001.社会气象服务需求分析与研究.气象软科学,(3):86-92.

姜海如.2010.关于气象事业发展方式转变的思考.气象软科学,(6):31-36.

姜岩.1999.知识经济发展战略.北京:北京科学技术出版社.

矫梅燕.2010.健全农业气象服务和农村气象灾害防御体系.求是,(6):56-57.

金磊.1997.城市灾害学原理.北京:气象出版社.

科学管理与党的建设研究小组. 2010.加强气象科学管理推动气象事业更大发展.气象软科学,(5):203-212.

赖邦凡. 2002.西部开发与政府管理研究.北京:国家行政学院出版社.

李德荣. 2001.新领导模式.北京:九州出版社.

李栋.2012.公共产品和外部经济理论视角下公共气象服务的政府职责.气象软科学,(2):23-27.

李家启,李良福,覃彬全等.2007.雷电灾害典型案例分析.北京:气象出版社.

李建华,黄郑华.2010.事故现场应急施救.北京:化学工业出版社.

李良福,覃彬全. 2011.气象灾害敏感单位安全气象保障技术规范.北京:气象出版社.

李良福,杨利敏,覃彬全等.2011.气象社会管理与公共气象服务的思考与实践.北京:气象出版社.

李良福. 2003.拓展气象事业防雷减灾新领域的实践. 北京:气象出版社.

李良福. 2009.强化气象社会管理职能的实践与思考.重庆气象,(2):2-6

李良福.2003.区县气象事业"四个一流"建设的思考与实践.北京:气象出版社.

李良福等. 2012.学校气象灾害敏感单位认证管理与实践.北京:气象出版社.

李亿龙. 2011把加强社会管理置于更加突出的位置.求是,(7):40-41.

李泽椿,巢纪平,李黄等.2004.中国气象事业发展战略研究——气象与经济社会发展卷,北京:气象出版社.

刘厚金. 2008.我国政府转型中的公共服务.北京:中央编译出版社.

刘嘉林,游国经. 1999.行政决策读本.北京:中国铁道出版社.

刘淇. 2010.创新社会服务和管理 推动首都社会主义和谐社会建设.求是,(23):3-6.

刘铁民. 2010.脆弱性——突发事件形成与发展的本质原因.中国应急管理,(10):32-35.

刘向东. 2010.暴雨,城市不能承受之重?——"5月暴雨"中的广州城市交通之反思.中国应急管理,(6):57-59.

吕淑然,刘春锋,王树琦编著.2010.安全生产事故预防控制与案例评析.北京:化学工业出版社.

罗伯特·霍尔,约翰·泰勒著.张帆等译. 2000.宏观经济学(第三版).北京:中国人民大学出版社.

罗慧. 2011.探索气象社会管理和公共气象服务机制创新.气象软科学,(2):36-40.

罗锐韧. 1998.哈佛管理全集.北京:企业管理出版社.

罗云,宫运华,刘斌等.2010.企业安全管理诊断与优化技术.北京:化学工业出版社.

罗云等. 2010.风险分析与安全评价.北京:化学工业出版社.

罗云峰,李慧,张爱民等. 2010.气象科技创新体系建设研究与思考.气象软科学,(5):137-152.

马东辉. 2010.安全与防灾减灾.北京:中国建筑工业出版社.

马和励. 2004.建立有效的灾害信息系统.中国减灾,(5):37.

马鹤年. 2002.气象服务产业化若干问题探讨.气象软科学,(3):20-34.

孟卫东,张卫国,龙勇. 2004.战略管理:创建持续竞争优势.北京:科学出版社.

缪旭明,郭起豪. 2010.我国暴雨的特点及防御.中国应急管理,(8):56-58.

庞鸿魁,顾青峰,韩霄等. 2010."十二五气象现代化重大工程项目研究".气象软科学,(5):153-163.

平川. 2005.危机管理.北京:当代世界出版社.

秦大河,孙鸿烈,孙枢等. 2004.中国气象事业发展战略研究总论卷.北京:气象出版社.

秦大河. 2004.加强气象灾害应急管理能力.中国减灾,(6):9-10.

邱大燮. 1995.公共关系概论.北京:中国商业出版社.

全国气象服务发展规划研究组. 2003.面向国家需求的气象服务领域.气象软科学,(2－3):78-84.

阮均石. 1997.气象信息服务.北京:气象出版社.

沈长泗,史国宁. 1977.气象信息与最优经济决策导论.北京:气象出版社.

沈亚平. 1993.行政学.天津:南开大学出版社.

水延凯等.1996.社会调查教程.北京:中国人民大学出版社.

斯蒂芬·P·罗宾斯.孙健敏等译. 1997.组织行为学(第七版).北京:中国人民大学出版社.

宋立根. 2008.强化公共财政政策,调整和优化财政支出结构.中国发展观测,(10):28-30.

宋雅杰,李健.2008.城市环境危机管理.北京:科学出版社.

苏联科学院社会学研究所编.曹中德等译. 1985.科研工作的组织管理,沈阳:辽宁人民出版社.

孙健,裴顺强. 2010.加强公共服务的几点思考.气象软科学,(3):36-42.

孙健,裴顺强. 2011.转变气象服务发展方式刻不容缓.气象软科学,(2):29-35.

汤绪,张洪广. 2001.现代气象服务体系若干问题研究.气象软科学,(3):80-85.

童名谦. 2011.做实群众工作创新社会管理.求是,(8):41-42.

汪中求. 2004.细节决定成败.北京:新华出版社.

王建国,杨国峰,周爱春. 2012.政府主导基层公共气象服务体系建设研究.气象软科学,(1):9-15.

王绍玉,冯百侠. 2010.城市灾害管理.北京:化学工业出版社.

王晓云,陈绍有,李昌兴等. 2010.综合气象观测系统发展研究.气象软科学,(5):125-136.

王志强,周韶雄,桑瑞星等. 2010.浅淡气象社会管理.气象软科学,(5):176-185.

王志强. 2011.转变事业发展方式:从法制角度的一种思考.气象软科学,(1):19-21.

魏娜,张璋. 1999.公共管理中的方法与技术.北京:中国人民大学出版社.

魏娜,张璋等. 1999.公共管理中的方法与技术.北京:中国人民大学出版社.

温州市瓯海区人民政府. 2010.积极推进村级应急管理"五个一"建设.中国应急管理,(7):45-46.

吴江.2004.建立灾害应急管理科学决策体系.中国减灾,(6):14-15.

肖爱民. 1992.安全系统工程学.北京:中国劳动出版社.

薛恒等. 2011.公共气象管理学基础.北京:气象出版社.

薛华成. 1999.管理信息系统(第三版).北京:清华大学出版社.

杨金月,刘洪利. 2004.论我国商业气象服务业的发展.经济纵横,(4):20-22.

杨利敏,李良福.2006.气象信息与安全生产.北京:气象出版社.

杨绍华,易赛键. 2010.以改革创新精神破解社会管理难题.求是,(17):54-55.

杨政敏. 2001.影响气象科技服务效益的若干要素.湖北气象,(4):40-42.

姚学祥.1999.气象与现代管理.北京:气象出版社.

余世维. 2005.赢在执行.北京:中国社会科学出版社.

宇如聪. 2011.在全国气象依法行政工作会议上的总结讲话.气象软科学,(1):12-18.

袁曙宏. 2008.不断完善中国特色社会主义行政管理体制.求是,(7):27-29.

约翰·奈斯比特,[德]多丽丝·奈斯比特著,魏平译. 2009.中国大趋势:新社会的八大支柱.吉林 & 北京:吉林出版集团 & 中华工商联合出版社.

约翰·奈斯比特著,魏平译. 2010.世界大趋势.北京:中信出版社.

运筹学教材编写组. 1990.运筹学.北京:清华大学出版社.

曾明德,罗德刚等. 1999.公共行政学.北京:中共中央党校出版社.

詹姆斯·R·麦圭根,R·查尔斯·莫耶,弗雷德里克·H·B·哈里斯著,李国津译. 2003.管理经济学:应用、战略与策略(第九版).北京:机械工业出版社,

张国庆. 1989.行政管理学概论.北京:北京大学出版社.

张海峰,杨涛等. 1999.知识经济与企业创新发展.广州:华南理工大学出版社.

张文龙. 1999.气象产品及其商品化的理论与实证分析.资源开发与市场,(5):306-308.

张小丽,潘进军. 2012.以创新气象社会管理为切入点促进公共气象服务大发展.气象软科学,(2):9-14.

张秀兰,张强. 2010.社会抗逆力:风险管理理论的新思考.中国应急管理,(3):36-42.

郑国光. 2000.国际防灾减灾面临的一些问题和我国气象防灾减灾工作的基本思路.气象软科学,(2):36-43.

郑国光. 2011.在全国气象依法行政工作会议上的讲话(代序).气象软科学,(1):3-11.

郑国光. 2010.加快转变发展方式全面推进气象现代化.气象软科学,(6):4-18.

中国气象局发展研究中心专题研究组. 2010.气象事业发展现状、形式与需求.气象软科学,(5):44-13.

中央政法委调研组. 2011.创新社会管理体系提高社会管理科学化水平,求是,(6):36-37.

钟儒祥,翁俊铿. 2005.应用模糊理论进行专业气象服务方法探讨.广东气象,(1):32-33.

周福. 1994.经济和社会发展对气象服务的新需求及对策.浙江气象科技,(3):52-54.

周福. 2002.关于我国的气象服务问题.气象软科学,(3):35-41.

竺乾威. 2000.公共行政学.上海:复旦大学出版社.

祝燕德,胡爱军,何逸等. 2008.重大气象灾害风险防范:2008年湖南冰灾启示.北京:中国财政经济出版社.

左雄,官昌贵,桑瑞星等. 2010.提高公共灾害意识增强公共应对气象灾害能力.气象软科学,(3):99-102.